ジオデザインの
フレームワーク

A Framework for Geodesign

カール・スタイニッツ 著

石川幹子・矢野桂司 編訳

地域住民
THE PEOPLE
OF THE PLACE

地理科学
GEOGRAPHIC
SCIENCES

デザイン
専門家
DESIGN
PROFESSIONS

情報技術
INFORMATION
TECHNOLOGIES

デザインで環境を変革する

古今書院

A Framework for Geodesign

Changing Geography by Design

by Carl Steinitz

Original published by Esri Press
© Carl Steinitz 2012

まえがき

　地理学とデザインの学問分野は長い間存在していたが、20世紀の後半において、この2つの領域は、コンピュータ技術と共に進化し始めた。ある小さなグループの人々が数学とコンピュータを用い、地図と地理学的情報を重ね合わせることにより、「コンピュータ上の地理学」の新たなフロンティアを開拓し始めた時、私たちの世界の見方、理解の仕方は変化していくこととなった。同様の展開が、環境へ大きな変化をもたらすデザイン領域における、コンピュータ技術の適用においても生じたのである。

　Carl Steinitzは、私のハーバード時代の恩師であり、この激動する変化において中心的役割を果たしてきた。彼の仕事は、一般的にはGISと呼ばれる地理情報システムを、広範囲で適用するための基礎をつくったことにある。Carlの先駆的な仕事は、私自身も含めて、世界中の多くの人々により広げられ、地理学についての考え方と土地をどのように変化させていくかについて、全く新しい強力な方法論を生み出していったのである。

　GIS技術は確実に成功を収めてきた。いまや何百万もの組織が、大規模であれ小規模であれ、GIS技術を取り込み、意思決定を判断する一助として活用している。しかしながら、この成功は始まりに過ぎない。いま、私たちの将来の基礎を創り出す地理学の理解につながる、新しい概念が生まれつつある。そして、Carlはこの新たな動きの先頭に立っている。

　地理学の新たな時代の夜明け、すなわちデザインの時代である。それは、どのように、なぜ、世界が動いているのかという単なる理解のための学問ではなく、私たちの意思決定が地球に与える影響を包括的に捉え、世界をよりよい場所にするために、情報を活用しようとする新しい学問である。このことにより、環境と私たちの関係は再定義されることとなるだろう。そして、これこそが私たちがジオデザインと呼ぶものに他ならない。

　ジオデザインは、地理学的知識を、行動的で思慮深いデザインに展開するためのヴィジョンである。それは、地理学とデザインの双方を結びつけ、次世代を生み出していくだろう。Carlの本が強力に主張していることは、地理的な科学とデザインの手法との間に共通の基盤を見出したことである。この本の出版は、ジオデザインの進化のマイルストーンを刻んだ。それは、私たちの共通の未来を作り出すためのフレームワークとして、多くの世代により用いられていくことになるだろう。

Jack Dangermond
カリフォルニア州レッドランド
2012年7月

謝辞

　私は、Peter Rogers、Michael Flaxman、Juan Carlos、Vargas-Moreno、Michael Batty、Kiril Stanilov、そして Stephen Ervin に、彼らの事例研究への多大な貢献について感謝したい。

　私は、また、Diana Sinton に心からの感謝の意を表したい。彼女は、編集者として極めて重要な役割を引き受けてくれたことに留まらず、元々口述的であり、ダイアグラム的である私の表現スタイルを、この本が示すような形に、優雅で、優れた技術により創り出してくれたのである。

　Bill Miller と Tess Canfield は、執筆のすべての過程で極めて有用なコメントと助言を提供してくれた。

　また、私は、Mary Daniels と Kevin Lau に、ハーバード大学デザイン大学院における助力について感謝をしたい。

　私は、以下に示す多くの人々に感謝をしたい。私は彼らから、私の専門家としてのキャリアと、この本に影響を与えた様々なことについて学んだ。

　Sahul Amir, Donald Appleyard, Scott Bassett, Donald Belcher, Mirka Benes, Allan Bernholz, Peter Bol, Peter Burrough, Michael Binford, H.James Brown, Erich Buhmann, Tom Canfield, Ethan Carr, Cristina Castel-Branco, Paul Cote, Joseph Disponzio, William Doebele, Garrett Eckbo, Tom Edwards, Robert Faris, Albert Fein, Howard Fisher, Aaron Fleisher, Richard Forman, Schri Fultineer, Jose Gomez-Ibanez, Christina von Haaren, Charles W. Harris, Gary Hilderbrand, Guoping Huang, Kristina Hill, Angus Hills, David Hulse, Peter Jacobs, Craig Johnson, Lawrie Jordan Ⅲ, Sylvia Karasik, Kimberly Karish, Jerold Kayden, Hugh Keegan, Hans Kiemstedt, Niall Kirkwood, Nurit Lissovsky, Kevin Lynch, Philip Lews Jr., Ian McHarg, Tom Maddock Ⅲ, Ivan Marusic, David Mouat, Arancha Munoz-Criado, Tim Murray, Joan Nassauer, Ben Niemann, Dusan Ogrin, Douglas Olson, Ten Broeck Patterson, Richard Peiser, Bruce Rado, Lloyd Rodwin, Peter Rowe, Hideo Sasaki, Allan Schmidt, Alan Shearer, Jond Stilgoe, Simon Swaffield, Eric Teicholz, Dana Tomlin, Richard Toth, Michael Van Valkenburgh, William Warntz, Douglas Way, Arnold Weddle, Christian Werthmann, Denis White, Ping Xu, Keiji Yano, Kongjian Yu, Ervin Zude、そして私が共に働いたすべての多くの学生たちに。

　私はニューヨーク市の公立学校ですばらしい教育を受けたこと、ハーバード大学での長いアカデミックキャリアを通して多くのことを得たことに感謝する。私の心からの感謝を、長年、私にこのような本を書くよう薦めてくれた Jack Dangermond とその他の友人に捧げたい。

　この本は私の両親と私の家族への敬意を表して書かれたものである。私は、この本がデザインの専門家、地理的領域に携わる科学者、情報技術者、そしてジオデザインの挑戦を共に行っていこうとしている多くの人々にとって価値あるものとなることを願っている。

Carl Steinitz
2012

序文

　この本はデザインについての本であるが、その中でも特にジオデザインについて書いたものである。ジオデザインは、理念として地理学に基礎を置く科学と多様なデザインに携わる職能との間に、とりわけ彼らが環境や社会の改善に意欲的である場合、極めて効果的で、かつ象徴的な協働関係を築くことを可能にする潜在力を有している。この協働作業は不可欠のものであり、私は、本書で共有しようとしているフレームワークが、この目標を達成する上で貢献できることを期待している。変革を必要とする社会的、環境的問題は、決して単独の行動で解決できるものではない。それは、様々なデザインの専門家と地理学研究者からなる、多くの参加者によるチームの努力に依拠するものである。それは、適切なコミュニケーションとフィードバックを有する手法に基づき、地域住民との間に透明性の高いコミュニケーションを積み重ねていくことで、初めて達成できるものである。このような協働の必要性こそが、ジオデザインを求めているのである。

　人口の増加、気候変動、生物多様性の変化、食糧と水への脅威、メガシティの増大などが顕在化してくると、行政が対応しなければならないサービスは、特定の地区から地域、更には大陸的スケールへと大きく変化してくる。このような社会的要請に応えるためには、共通の言語、科学的根拠を有する定量的、定性的時空間情報を用いて、適切な変化をもたらすデザイン・プロセスをマネジメントする新たな方法論が必要となる。これらの方法論は、環境に関わる重要な意思決定を導くために不可欠なものである。どのようなスケールにおいても、デザインという行為は、社会規範や上位の行政計画から、理論的、法的影響を受ける。このことは、あらゆるスケールにおいて専門家の活動を変容させることとなり、地理学分野の専門家とデザインに関わる専門家間の協働作業が、より一層強く求められるようになる。

　ジオデザインは創り出された用語であり、とても、有用な言葉である。それは、デザイナーの職能、地理学研究者、情報学研究者など、単一の職能を超えたものを示すのに、非常に適した言葉である[1]。ジオデザインは、動詞であると共に、名詞でもある[2]。

- 動詞としてのデザイン:「表現し、認識し計画すること。目的を有すること。機能を引き起こすために工夫をすること。」(*Merrian-Webstere* の *Collegiate Dictionary*、改訂 10 版)。ジオデザインは未来を見ている。私にとってジオデザインとは、デザインという行為により土地を改変させるプロセスを意味する。
- 名詞としてのデザイン:「よく考えられた目的のある計画。人による生産につながる基本的要素の配置。背景にあるスキーム。」(*Merrian-Webstere* の *Collegiate Dictionary*、改訂 10 版)。デザインは、同じく未来を見ている。

　動詞としてのデザインは問いかけを行うことであり、名詞としてのデザインはそれに対する答えである。両方の意味合いは、いかなるデザイン活動においても統合される必要があるが、教師として言うならば、私は動詞の方が名詞よりも遥かに重要であると信じている。それは、「どのように考えるか」ということを学ぶことの方が、「何を考えるか」を学ぶよりも重要だからである。このことは、ジオデザインは、名詞としての単なる思考の産物に留まってはいけないということを意味している。名詞としてのジオデザインの成果は、その内容や大きさにより、例えば"マレーシアにおける新たな大都市のデザイン"、"アマゾン川流域における生物多様性の保全"などと称される。私はジオデザインが職能の1

つとして定義できるものとは思っていない。また、名詞としての意味だけで用いる「ジオデザイナー」とか「ジオデザイン」という用語は、空疎であるがゆえに避けるべきと考えている（これは私見であり、あまり同意を得られないのだが）。

　ジオデザインが動詞としての意味と、名詞としての意味の双方を包含しているため、特殊な課題が生まれてくる。それは、「入り混じったメッセージ」を提示することになるという点である。ジオデザインには、一方では共通言語や約束、方法論が必要とされる。過去の経験、歴史、科学、事例の積み重ね、文献などから導き出されるものは、過去の知識を敷衍したものであり、究極的には熟練した専門知識を必要とする。しかしもう他方では、個人的な経験、自己認識、解釈や表現、すなわち創造性そのものが求められる。私たち教師や専門家は、専門的領域と個人的創造性との間に存在するある種の緊張関係とうまく付き合っていかなければならない。そのことは、教育や訓練をより一層挑戦的なものとするが、他方では戦略的に思考と行動を統合させる方法論が是が非でも必要となる。

　スケールや規模は、ジオデザインにとって非常に重要な要素である。小規模なプロジェクトではデザインの専門家達は、すべての面を首尾よく管理できることもある。しかし、中には地理学的科学技術の方が、遥かに大きな能力を有している地球的、広域的課題も存在している。デザイン能力に優れており、また地理的プロセスを理解しているというだけでは、多様なスケールや規模のプロジェクトを包括的に扱うことができるとは限らない。私は、個人的には大きな変化に直面している生態的価値や文化的価値を有する大規模な景観のデザインに関心を持っている。このような状況下では、私自身の理解が及ばない事象は数多く存在しており、だからこそ私は他の人々との協働を行ってきたのである。

　ジオデザインにおける協働の対象は、特定のスケールと規模を有しているが、実際の領域は広範な裾野を対象としている。問題の多い敷地での建築計画といった比較的小規模なプロジェクトから、都市再開発や市域全体の景観計画などの中規模プロジェクト、更には拡大するメトロポリスや地域保全施策などの大規模プロジェクトなどもジオデザインの領域である。私は、土地自体を改変するような大きな変化をもたらすデザインを、どのようにして体系化していくかという方法論について焦点を絞り、述べていくこととしたい。

　この本では、ジオデザインの戦略を組み立てるための思考のフレームワークについて記述し、最終的には、動詞としてのデザインと名詞としてのデザインの統合化を目指したい。解説するフレームワークの内容は、私が直接関わってきた著述や事例研究により構成されている。このフレームワークを提示するにあたって、私は教育者としての立場をとることとしたい。ジオデザインをするにあたって、戦略的レベルでは、まず最初に協働し、専門性を持って行動する必要がある。これが実現できてから初めて、戦術的な段階で個人的に創造的に進めることができるのである。始めに、私たちは可能な限り深く世界のことを理解しなければならない。深い理解に基づくことにより、対象とするプロジェクトの固有性を明らかにすることができるのである。これこそが、地理的な科学がジオデザインに貢献できる中核的なものである。私の方法論は、個人的経験と表現というレンズを通して世界を理解する芸術家の立場はとらない。芸術家の感受の仕方は教えを受けるものでもなく、また必ずしも伝達できるものである必要もない。私の立場は、教育者としてのものであり、教えることができ、また他への応用が可能な方法論と道筋があると確信している。

　しかしそれでは、"創造性"とは、何なのであろうか。創造性は、ジオデザインを教授する際の最もやっかいな問題である。私は、創造性に潜む本質的神秘について教えることは不可能であると考えてい

る。私たちは、学生に対して自分自身で挑戦することを手助けし、また、理論、歴史、事例、方法論、行動のモデルなどを提示することができる。私たち自身の限界の中で、革新性を見出すこともできる。しかしながら、ジオデザインをする中で、創造性が必ずしも良い結果をもたらすとは限らない。また創造性が必ずしも肯定的な変化をもたらすとも限らない。このことを認識することにより、難問が浮かび上がってくると共に、複製・応用可能な慣例及び検証可能な理論や方法論と、創造的で挑戦的な理論構築との間に、ある種の葛藤が生み出される。いずれもジオデザインにおいて重要であり、また限界とも言える。私たちはすべてを知ることはできず、他方では歴史学者の John Lukacs (1924-) が言うように、「すべての主義は時代遅れの主張」[3] でもある。

　ジオデザインは、ジェネラリストとスペシャリストの両方の仕事を必要とする。私は建築学専攻の学生としてスタートし、その後、都市地域計画とアーバン・デザインを学び、現在は45年間にわたりランドスケープ・アーキテクチャ専攻で教えてきた。私は、学際的領域で教え、多くの分野横断型のワークショップを開催し、教育を行ってきた。私は、デザインの専門家の同僚たち、例えば建築家、都市・地域プランナー、土木技術者、ランドスケープ・アーキテクトなどと同様に、地理学者、生態学者、水文学者、交通エンジニア、空間経済学者、社会学者など、地理科学や地理学に関連する分野の専門家と実践活動を展開してきた。多様な専門的背景を持つ参加者と協働し、ジオデザインを実践しようとする時には、「なぜ、どうして？」、「何を何処で？」、「いつ？」" という3つの問いを共有する必要がある。そしてこの質問から、ジオデザインのフレームワークが形づくられ、この本の目指すテーマとなっていくのである。

　重要な社会的要請に関わる仕事に取組むのであれば、スペシャリストそしてジェネラリストとしての知識と、デザインをする上での*協働*を実現する能力が不可欠である。まず1人ひとりの参加者は、他者ができない、もしくは行わない何がしかの貢献をすることができるということを認識する必要がある。彼らが持ち合わせるべき専門的知識は、対象とする土地の特性により変わってくる。例えば気候、地形、水理、生態系、植生、歴史といった対象地域の内容であり、これらの特性はデザインに関わる職能における、分析と総合化の方法論の中に見出されるといってよいだろう。デザインにより土地を改変するためには、地理的科学とデザインの専門性を統合していく必要がある。しかし、このプロセスの中で、誰も専門家もしくは科学者としてのアイデンティティを失う必要はない。この協働作業は、方法論的なアプローチのデザインをも含めて、プロジェクトや研究のすべての段階で必要となる。これまでも繰り返して述べてきたように、ジオデザインを実践する人々は、全体を少しずつ理解すると同時に、1つのことについては非常に深く理解している必要がある。

　この本には、抽象的なことと具体的なことの両方が書かれている。メッセージを伝えると共に、具体的な手法を教授することを意図している。この本は、極めて個人的なものであり、独断的であり、論議を呼ぶものであるかも知れない。私は、未来志向の人間であり、一層複雑化する社会や環境に、奇をてらわない方策を積み重ねてジオデザインを実践することに向いている。私は、デザイナーにとって革新性が、重要な価値基準では必ずしもないと考えている。社会的利益こそが、主たる目的であると考える。ジオデザインに関するこの本は、学者としてのアプローチではなく、むしろ、どのようなことが成し遂げられるかということを表わしていきたいと考えている。私は、ジオデザインの実践で得られる実質的恩恵に関心があるのである。

この本において私は、ジオデザインの現時点での位置づけについて述べ、今後どのような研究や教育的取り組みが引き続いて行われるべきかを示したい。私はこれまで多くの同僚と協働して様々なプロジェクトを実践してきた。その中では考える限りの失敗をしてきたが、成功もしてきた。この本はその経験から生まれたものである。私は、デザイナーとしての視点から、また長年に渡り分野横断型のジオデザインを組織し実践してきた1人として書いていこうと思う。私は教師として長い間、多くの学生たちと共にプロジェクトに取り組んできた。彼らの中には、今は教員の立場になっている者もいるし、公的セクター・民間セクターにおいてジオデザインを実践する立場の者もいる。また実践経験を積んでいる最中の者もいる。そのような実践経験を数多く持った教師としての立場から、この本を書いていく。

この本は、ハウツー本ではない。技術的なマニュアル本でもなく、ジオデザインが応用可能な重要なものであり、急速に進歩しつつある技術を強調するものでもない。ジオデザインに関連する技術については、多くの文献、ウェブサイト、教育コースや商業的な情報などを通じて、数多くのことを知ることができる。私は、多くの人々がジオデザインの発達に貢献してきたことは熟知しているが、私はこの本を引用と脚注で埋めることはしなかった。それは、過去の取り組みを紹介することがこの本の目的ではないからである。もちろん、私自身が紹介したり、引用したりするものとよく似た事例は実際に数多く存在する。しかしここでは、大規模で複雑なジオデザインを実施していく上で、取り組むべき課題と選択肢を図示し、事例を通して議論のプロセスを可視化したものとして提示することを考えた。大規模で複雑なジオデザインでは、推察や判断が求められ、またその過程では、いくつかの解決できない質問が問いかけられたり、更なる調査研究が必要になったりする。これらについても議論していく。

ジオデザインの手段と方法は、今起こりつつある急速な変化の中に見出される。実際にジオデザインの基盤を創り、情報を与えてくれるものは、加速度的勢いで変化している。直面している社会的・環境的問題、デザインのスケールと内容、選択肢を導くための意思決定や評価モデル、現在の状況や潜在的将来像のインパクトについて理解を深め、アクセスするためのプロセス・モデル、デザインするための実際の手法、使用する様々な技術などである。ジオデザインにより導かれる選択肢を通じたガイダンスこそが、このフレームワークを提示する主要な目的であり、この本で述べるところの究極の知識である。

Carl Steinitz

【注】

1) ジオデザインの起源は、明確ではなく、それぞれ独立した出自ではあるが、以下の2つをここに紹介する。

From H-G. Schwarz-v.Raumer and A. Stokman, "Geodesign Approximations of a Catchphrase," in *Teaching Landscape Architecture*, eds. E. Buhmann, S. Ervin, D. Tomlin, and M. Pietsch. (Proceedings, Digital Landscape Architecture, Anhalt University of Applied Sciences. Dessau, Germany, May 2011), 106-15. "Not later than 1993 Kunzmann ["Geodesign: Chance oder Gefahr?" in Planungskartographie und Geodesign. Hrsg.: Bundesforschungsanstalt fur Landeskunde und Raumordnung, *Informationen zur Raumentwicklung*, Heft 7.1993, 389-96.] uses the term "Geodesign" to discuss opportunities and threats related to illustrative sketches communicating ideas of spatial structures like the 'European Banana'" (an urbanization pattern in Europe with implications for economic productivity and social welfare).

From Bill Miller (Director of GeoDesign Services, Esri), personal communication, August 12, 2010:"Jack [Dangermond] invented the word "geodesign" about four years ago, just after we completed our first edition of ArcSketch. I was presenting ArcSketch to Jack [and] demonstrating the sketching tools and…said, 'See, now you can do design in geographic space.' And Jack said, 'Geodesign!'…and that was it."

2) C. Steinitz, "Design Is a Verb; Design Is a Noun," *Landscape Journal* 4, no.2 (1995): 188-200.

3) J. Lukacs, "The Stirrings of History: A New World Arises from the Ruins of Empire," *Harper's* (August 1990): 41-48.

目次

まえがき　i
謝辞　ii
序文　iii

第Ⅰ部　ジオデザインのフレームワークをつくる　1

第1章　協働の必要性　2
デザインの専門家と地理科学者　4
共生的協働　8
ジオデザインは新しいものではない　10
ジオデザインは異なっている　14
初期の事例：アメリカ合衆国マサチューセッツ州ボストン　15

第2章　ジオデザインの内容　20
地理的文脈　20
スケール　20
規模　23

第Ⅱ部　ジオデザインのためのフレームワーク　27

第3章　問いかけと反復　28
フレームワークにおける6つの問いかけ　28
フレームワークを通じた3度の繰り返し　29
実践のフレームワーク　39

第4章　フレームワーク1巡目の作業：ジオデザインの全体を展望する　41
問いかけ1から6とその関連モデル　43
仮定、目的および要件のシナリオ　50
ジオデザインは前に進む上で、ベストのものであるか？　51

第5章　フレームワーク2巡目の作業：研究の方法をデザインする　55
意思決定モデル　56
インパクト・モデル　59
変化モデル　61
評価モデル　76
プロセス・モデル　79
表現モデル　87

第6章　フレームワーク3巡目の作業：研究の実行　96
質問1から6とモデルの実行　96
最初の決定：No・そうかも知れない・Yes　99
フィードバック戦略　99

スケールや規模の変更　100
　　　「Yes」、そして意思決定者の評価へ　100
　　　注意：適応性　101

第Ⅲ部　ジオデザインの事例研究　105

第 7 章　確実性とジオデザイン　106
　　　予見的変化モデル（アメリカ合衆国カリフォルニア州キャンプ・ペンドルトン地域）　106
　　　参加型変化モデル（コスタリカ、オサ地域）　115
　　　継続的変化モデル（バミューダの廃棄物集積所）　124

第 8 章　不確実性とジオデザイン　130
　　　抑制型変化モデル（イタリア、サルディーナ州、カリャリ）　130
　　　組み合わせ型変化モデル（イタリア、パドヴァ、ロンカイェッテ公園と産業ゾーン）　139

第 9 章　ルールが所与の場合のジオデザイン　147
　　　ルール型変化モデル（メキシコ、バハ・カリフォルニア・スル、ラ・パズ）　148
　　　最適型変化モデル（アメリカ合衆国コロラド州テルライド地域）　158
　　　エージェント・ベース型変化モデル（アメリカ合衆国カリフォルニア州アイディルワイルド）　168
　　　混合型：継続的とエージェント・ベース型変化モデル（英国・西ロンドン）　177

第Ⅳ部　ジオデザインの未来　187

第 10 章　ジオデザインの研究に関する含蓄　188
　　　ツール、技法、手法　188
　　　ジオデザインに対する研究の必要性　189
　　　研究質問：空間分析の複雑さはどのレベルか？　192
　　　研究質問：デザイニングのどの方法？　193
　　　研究質問：可視化とコミュニケーションのいずれかの方法？　194
　　　ジオデザインに対する支援システム　195

第 11 章　ジオデザインにおける教育と実践に関する含蓄　199
　　　指揮者を教育すること VS 独奏者を訓練すること　199
　　　歴史と慣例の役割　201
　　　失敗の研究　203
　　　ジオデザインのカリキュラムに向けて　205
　　　ジオデザインの修士レベルでのカリキュラム　206

第 12 章　ジオデザインの未来　210
　　　ジオデザイン教育の未来　210
　　　ジオデザイン実践の未来　211
　　　いくつかの最後の言葉　215

文献　216
著者について　226

第Ⅰ部　ジオデザインのフレームワークをつくる

　ジオデザインは、土地をデザインによってつくり変えていく。それは、私たちがある地域を理解し、変革していこうとする時に必要とされる一連のデザインのプロセスについての展開と適用の道筋である。土地に対する変革は、デザインのみにより達成されるものではない。それは、空間領域に基礎を置く既存の科学技術や、デザインの専門領域の排他的領域でもない。むしろ、ジオデザインは、建築、ランドスケープ・アーキテクチャ、都市地域計画、土木技術など、様々なデザインに関わる専門領域と地理学の結びつきから生み出されてきた新しい分野であるということができる。

　第Ⅰ部では、（私は）ジオデザインが最も良く機能するいくつかの状況について述べる。この実現のためには、2つの複雑な挑戦が必要となる。その1つは、第1章で詳述するが、科学者とデザイナー間に必要とされる協働作業に関するものである。彼らの思考様式の違いが、なにゆえ、伝統的に協働を行うことを困難にしてきたかについて議論をしていく。

　第2章では、ジオデザインの研究対象地域に焦点を絞る。私は科学技術もしくはデザインのいずれもが、既存の方法論を安易に適用し問題を解決できるとは考えていない。むしろ、彼らの原則と方法論は、考察すべき課題の複雑さ、領域のスケールの大きさ、そこに暮らす人々の文化に応じて、新たに考案され変革が行われるべきと考えている。第1章で述べた課題と並んで、これらはジオデザインにおける協働を成功に導くために不可欠であり、理解を深め克服していかなければならない重要な挑戦である。

第1章　協働の必要性

　デザインの最も優れた定義は、経済学者であり政治学者である Herbert Simon (1916-2001) によってなされた。「現状をより好ましいものへと変化させていくために、自らの行動の在り方について考えている人は、誰でもデザインをしているといえる。」[1] 人々がデザインする方法は非常に多様である。「デザインの手法」などは存在しない。デザインの手法は、ただ1つではないため、ジオデザインの手法や道筋も一筋縄ではいかない。

　しかしながら、本書で述べようとしていることは、地理学的な研究対象地域（地理的文脈）の問題を解決しデザインをしていこうとする場合、次に述べる6つの問いかけに答えることにより、系統立てて論じることが可能となるということである。これが、本書で提案するフレームワークの基礎となるものである[2]。

1. どのように対象地域は説明されるべきか？
2. どのように対象地域は機能するのか？
3. 現状の対象地域はよく機能しているのか？
4. どのように対象地域は変化するだろうか？
5. どのような違いが変化によってもたらされるか？
6. どのように対象地域は変えられるべきか？

　ジオデザインは、広域に及ぶ複雑で重要なデザイン上の問題を解く上で必要とされる、一連の問いかけと手法に基づいて形作られる。対象範囲を地理的スケールでみると、例えば、近隣の空間から都市全体、景観の領域から流域圏などに及ぶ。世界中の様々な問題と同じく、それらは十分に定義されておらず、分析は簡単ではなく、そして容易に解決できるものではない。私たちは、この非常に複雑な世界で混乱し、しばしば、それが容易なものであると考えようとする。しかしながら、私たちが問題を理解できるのはわずかな部分にすぎない。私たちの暮らす場は、長い時間をかけて進化してきたものであり、互いに意見を異にする多くの登場人物を巻き込んでいるからである。私たちが明確に認識すべきは、その問題が非常に重要であり、個々の人間の思想信条や方法論の領域をはるかに超えたものであるということである。それゆえに、この問題を解決するためには、協働作業が必要となる。同時にこの協働作業を実現に移すための系統立てた手法の開発が必要となる（図1.1）。人々は、複雑性を理解することから始め、次に連携する手法を考え出さなくてはならない。これは、私たちの誰1人として、全ての事を知ることはできないという単純な理由によるものである。私たちは、私たちが知らないことを知っている人々を見つけ出し、ともに働く方法を考え出す必要があるのだ。

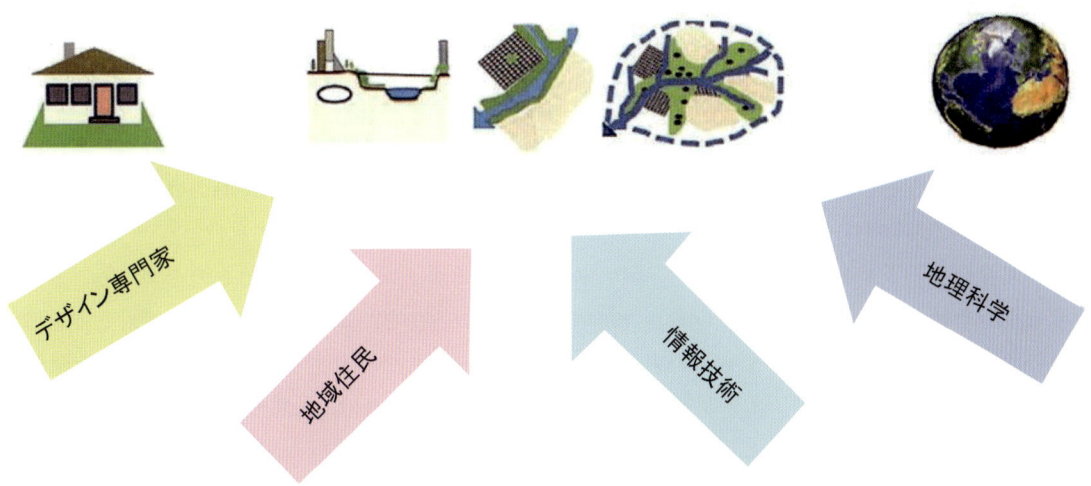

図 1.1　地理的環境はジオデザインにおける協働作業携によって変化させることができる（出典：Carl Steinitz）

　ジオデザインの実践は、デザインの専門家、地理学者、情報技術者、地域住民の間の連携を必要とする(図1.2)。本書を記す根源的な意図は、これらの確立された方法論を有する多くの専門家が、より深く、そしてより効果的に協働作業を行うことができるフレームワークを創り出すことにある。この貢献こそが、この本の主要な目的である。

　4つの重要な集団が、この連携の為に必要となり、ジオデザイン・チームを構成する。第一は、地域に暮らす人々で、対象地域の機能を変化させる役割を担う。地域住民は、2つの基本的役割を有している。彼らは、ジオデザイン研究が地域において最も必要とされるものの実現に貢献するよう要請する必要があり、また、何が、どこに、どのようにして変化がもたらされるかについてレビューをし、最終的な意思決定を行わなければならない。3つのその他の参加グループは、(1) 空間的・地理的領域で研究を行っている自然科学者、社会学者、すなわち、地理学者、水文学者、生態学者、経済学者、社会学者など、(2) デザインの専門家：建築家、プランナー、都市デザイナー、ランドスケープ・アーキテクト、土木技術者、銀行家、法律家、(3) 関連する技術者である。

　これらの集団間や、集団の中においても、大きな相違、かなりの重複や競合が存在している。しかし、彼らは、なんとかして、協働しなくてはならない。どこに協働の基軸となるものがあるのだろうか？多くのデザイナーは様々な技術を駆使し、科学技術にも熟達している。しかし、彼らが地域住民と話すことは、ほとんどない。地理空間を対象とする領域に関わる科学者のほとんどは、環境をモデル化し、理解するために技術を用いるが、未来への変化を提案することはない。地域住民が技術を活用し、自分たちの地図をつくっている場合もあるが、このような成果は他の人々にとって、どのような意味があるのかを問い直されなければならない。技術者は、このような協働の困難さについて、特にその人間的側面において、おそらく過小評価をしていると思われる。なぜなら、彼らは、解決策はコンピュータ・プログラムの中に存在していると思いがちだからである。私の見方では、技術的側面は、協働作業における最も簡単な部分に相当する。地域住民の問題は、最も複雑な部分であり、そしてジオデザイン・チームは、彼らを理解しなくてはならない。彼らは私たちが研究を遂行するように要請する人々であり、また将来何が起こるのかを決定する人々である。

デザインの専門家と地理学者の間の関係は、ジオデザイン・チームの中で、論議を生む関係の1つである。地理学者は、過去と現在に基づくモデルを構築し、それを将来に適用することを試みる方法論を前提としている。そのような科学者は、過去と現在を理解することについては優れているが、将来に向かうことはあまり得意ではない。デザイナーは将来について多くのことを考えるが、過去と現在については、十分に理解しているとは言い難い。そして、このことは必要とされる協働の機会と場を提示しているが、あまりに明白であるにも関わらず、実現は容易ではない。それ故に私は「ジオデザイナー」と自分自身を呼ぶ人々を生み出すことや、何らかの「ジオデザイン」と呼ばれるものをつくることには大きな関心を払っていない。私は、自分自身が何をやっているかを認識しており、それに対して確信があり、デザインのプロセスの中で自らのアイデンティティを失わない人々と協働作業を行うことに関心を持っている。これが、私がジオデザインと考えるものである。それは、人間でもなく、ものでもない。ジオデザインは一連の問いかけと手法に基づく、協働作業のプロセスである。

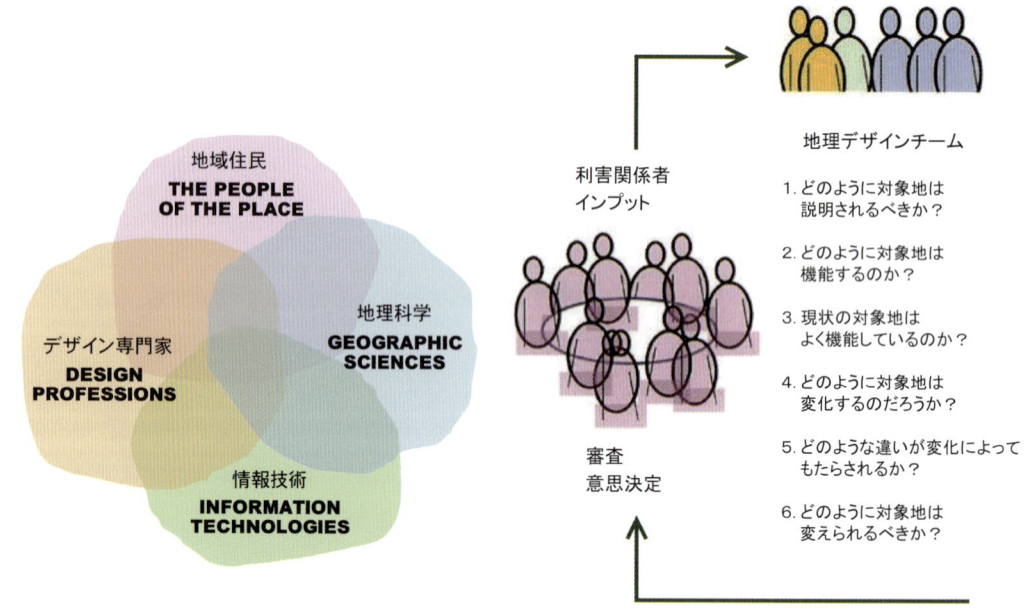

図1.2 ジオデザインはデザイン専門家、地理学者、情報技術者、地域住民の間の協働作業を必要とする（出典：Carl Steinitz）

デザインの専門家と地理学者

デザインの専門家と地理学者の間の関係は、根本的なジオデザインの課題であり、慎重に対応する必要がある。これらのグループの間の連携と協力は、決して、新しいものではなく、また知られていないものでもない。実際には、長い成功の歴史がある。しかし、競合や非協力によって生じた失敗もまたよく見られる。なぜなら、この協働作業は自動的に起きるものでもなく、容易なものでもないからだ。すでに述べたように、この本は、デザイナーと地理学者の間の関係が効率的で生産的に行われることを、主要な目的とするものである。このことは、相違点についての周知と理解を進め、何がしかの手法により結び付ける必要があることを意味している。

初めに、それぞれのグループは、異なる深く根差した文化的な立場から、ジオデザインに参加する。重要な用語も、異なる概念で用いられる。例えば「theory」だ。メリアム・ウェブスター大学辞書第

10版によると、「theory」は、「事実や現象の集団を説明する為に生み出された一連の論理や原則である。繰り返しテストされ、広く受け入れられてきたものであり、予測するために用いることができる」。そして「行動を導いたり、理解や判断を助けたりする信念や原則」である。実務レベルでは、デザイナーの「theory」は科学者にとっては、「仮説」にすぎない。

規模とスケールはジオデザインにおける2つの重要な事柄である。しかし、デザイナーと科学者とでは、世界を異なったスケールのレンズを通して見ることにより、全く正反対の方向からこの問題に取り組んでいる。多くのデザインの専門家は、小規模で、比較的に単純なプロジェクトからスタートし、徐々に大きくより複雑になっていく過程を通して学習する。この一方で、実践的な地理学者は、異なった方向から働きかける。世界的スケールで動いている長期的プロセスを理解することから始めて、徐々に小さな規模へと入っていく。実際には、これらの教育的モデルのどちらも、対象のすべてを包含するものではない。

ジオデザインのアクティビティは、大きな公園や交通インフラを有する複雑な対象地域における都市デザインといった大規模な開発プロジェクトから、新都市もしくは拡張市街地、都市化や保全のための広域流域圏研究にまで及ぶ（図1.3）。幸運にも、これらは、この2つのグループの教育の実績と能力が重複する地理的規模とスケールであり、ジオデザインが最も重要な貢献をすることができる。このことは、協働作業を、より簡単に、より生産的に、より効果的にすることにつながる。

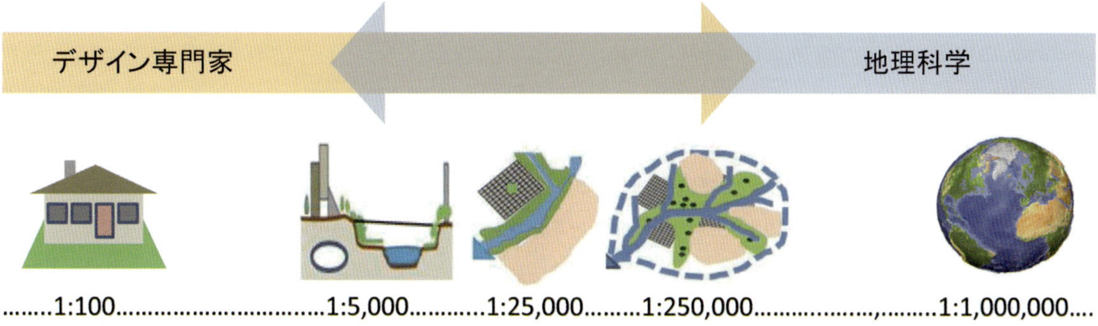

図1.3 デザインの専門家と地理学者の間の協働作業は、特定の規模やスケールのプロジェクトにおいて最も効果的になる。なぜなら、これまでの訓練に基づき、それぞれのグループは特定の規模のプロジェクトに対し、異なった方向からアプローチを行い、重複する所を探し出そうとするからである（出典：Carl Steinitz）

デザインの専門家と地理学者の重要な違いの1つには、彼らの知識構造があげられる。多くのデザインの専門家はジェネラリストとして教育を受けており、そのように振る舞う。私の経験によると、彼らは大きなものに対して少ない結果を得ようとする。例えば、あるプロジェクトでは、彼らはローカルな場所や時間の中で、詳細な事柄に注意深く焦点を当て、変化の重要性を強調する。反対に地理学者は、空間や時間を通して適用可能な一般論を強調する。その教育はスペシャリストを生み出し、彼らは少ないことについて多くを知ろうとする。それゆえに、地理学者は対象地域の過去と現在を理解し、その状況とプロセスを保存しようと努める。一方でデザインの専門家は現在に焦点をあて、将来の変化を提案することがより簡単だと考えている。

デザイナーと地理学者のその他の重要な文化的な違いは、彼らの価値観と役割に起因している。この分野における長年の経験を通して、私は、ジオデザインに関係するアクティビティの重要な役割を担う人々を、どのように認識するかということに、大きな影響を与えている一般化可能な「役割」があると

考えるようになった。(図 1.4)。もちろん、これは誇張された画であり、多くの人々はこれらの立場の内ある場所に留まっている訳ではなく、時間に応じて立場を変化させるが、私は多くのデザイナーと科学者の価値観が、しばしば、これらの枝分かれした細道に入り込んしまうことを危惧する。

　土地や景観で構成される対象地域について、あなたは何を信じるだろうか？　あなたは、土地は普遍的なものであり、世界中のいかなる場所でも水文モデルを適用することができ、世界中のいかなる場所でも斜面制約を適用できると信じているだろうか？　ジオデザインは、世界中のどこでも実践されるべきだろうか？

　もしくは、あなたは地域の地理的、文化的違いは存在し、あなたが行った分析、方法は、広域的スケールにおける違いを反映すべきであると信じているだろうか？

　あるいは、全てのものはローカルであり、ゲニウス・ロキ、つまり場所に精霊がいると信じているのだろうか？　あらゆるデザイン行為は、固有の場所における、固有の経験から生み出されるものであると信じる人々は、はじめに場所の特有性を慎重に学んだ後でなければ変化のためのデザインをすることができない。

　心理学者の Henry A. Murray (1893-1988) と人類学者の Clyde Kluckhohn (1905-1988) はこう書いている。「全ての人は特定の観点において、(a) 他の全ての人と同じである、(b) 他の何人かの人々と同じである、(c) 他の誰とも同じではない」[3]と。私は、これは地理学にも同じように当てはめることができると考えている。全ての場所は、特定の観点において、(a) 他の全ての場所と同じであり、(b) 他のいくつかの場所と同じであり、(c) 他のどの場所とも同じではない。そしてこれらすべてが真実である一方、どれも等しくはないのである。

　あなたが信じることは、あなたの価値観と、あなた自身の専門的役割を形成する。一般論として、あなたは、(1) 人々が知っていること、(2) 人々は知らないが、あなたは知っていることがあると思っている。もし、あなたが、人々が知っていると思うなら、あなたはこう言うだろう。「私は彼らの 1 人ではありません。私はサービスを指向するプロです。私は顧客と密接に働かなくてはならず、彼らが何を欲しているのかを尋ねて、彼らがそれを手に入れる手助けをします。」もしくは、あなたは、「人々は知っているし、私は彼らの 1 人です。私は彼ら（私たち）がおそらく変化することに抵抗すると思います。その場合には、物事がこれまで通り進むようにする手助けをするか、あるいは私たちはデザインを行い、共に変化させていこうと考えます。」というかもしれない。あなたがこれらのラインのどれをたどっていくのかによって、あなたは地域住民について、異なった見解を有することになるだろう。彼らを個人個人として見るのか、集団として表現するのか、そして何に基づくのか？　彼らは画一的な「人々」なのか？　多くの科学者は、図 1.4 の右側の知見からスタートする。なぜなら、科学の核となるものは、人々をモデル構築における匿名のデータそのものとして見なすからである。

第1章　必要な連携

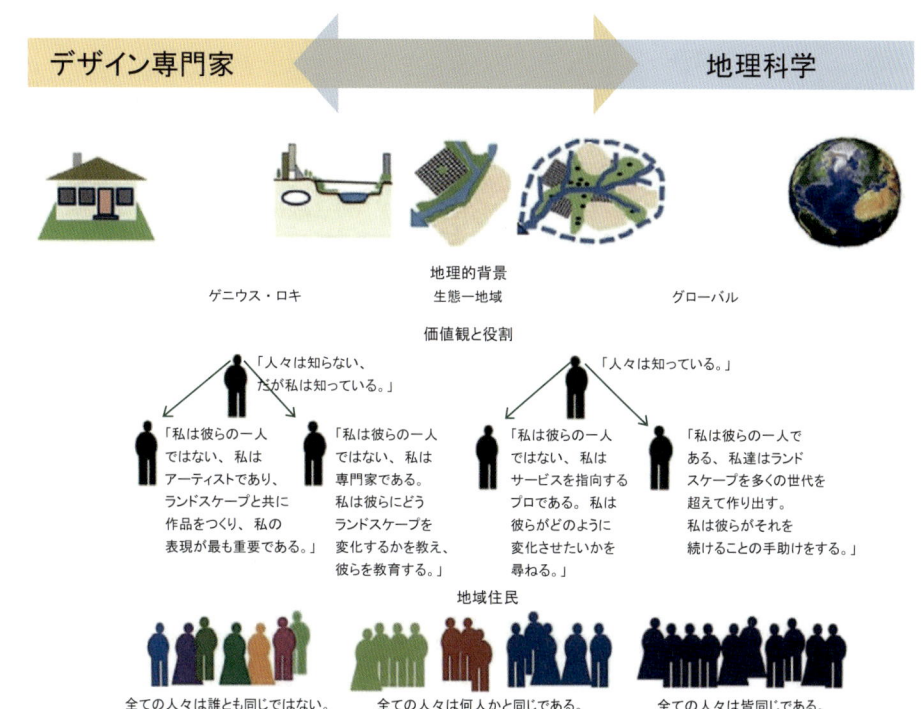

図1.4　デザインの専門家と地理学者におけるいくつかの一般的な立場、地理的研究対象地域、ジオデザインの役割、そして人々に影響する。多くのデザイナーは図1.4の左側から始まり、全てのことは特有の経験であると信じている。多くの科学者は図1.4の右側から始まり、人々を匿名のデータとして観察し、グローバルに適用しうるモデルを構築する（出典：Carl Steinitz）

　一方で、あなたが、人々は知らないが私は知っていると信じているとき、2つの選択肢がある。あなたは、こう言うことができる。「私はアーティストである。私はデザイナーだ。私は建築や都市や景観を創り出す。私は、私ができることならなんでもやる。そして私の表現が最も大事なのである。私は人々にそれを示し、彼らがそれを気に入ることを望む。」もしくは、あなたの意見はこうだろう。「彼らは知らない。私は専門家である。私は彼らにどのように土地を変化させるかを教え、人々を教育する。私はよりよく知っているのだ。」私たちは皆、そのような人々を知っている。多くの若いデザイナーは、図1.4のダイアグラムの左側から始め、自分は知っているが人々は知らないと考える。これは部分的には、彼らが、デザイナーや、アーティストの自由、そして顧客の理解について書かれた小説から影響を受けていることが原因である。

　ジオデザインは明確な定義というよりもむしろ、多くの可変的尺度を有している。物事は正しくもなるし、正しくなくもなるのだ。それはあなたが物事を眺めるレンズに基づいている。しかしジオデザインにおいて、どれが支配的な位置を占めるのだろうか？　デザインの専門家は、ダイアグラムの左側から移動を始める。彼らはローカルな違いを探求する傾向にある。地理学者は、より長い時間の変化における実験的で理論的な科学研究を通して、ダイアグラムの右側から移行し始める傾向にある。彼らは類似性と一般的な原則を探求し、ローカルな調整は、種類の違いというよりも多様性として見られる。中央の位置における重複は、ジオデザイン・プロジェクトの多くで見出すことができる。このことは、ジオデザインの活動の価値と役割の形成において極めて重要であり、ジオデザインの教育に深く影響を及ぼす。私はこの点について、第11章で議論する。

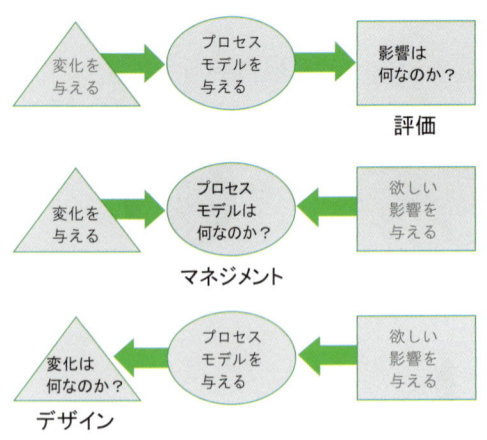

図 1.5 モデルは異なった方法で用いることができる；評価、マネジメント、デザイン

デザイナーも科学者も、現実の世界を彼らが見えるように抽象化したモデルに頼っている。モデルは3つの基礎的な方法、デザイン、マネジメント、評価のために用いることができる（図1.5）。それらの利用はジオデザインのプロセスにおいて、その他よりも、1つの集団により適用されるかもしれない。

特定の変化を、特定のモデルを与えると、影響はどのようになるのか？　これが評価であり、地理学者の分析がより信頼できる。

特定の変化を与え、望ましい影響を定義したとすると、どのようなモデルを使えばよいのであろうか？　これはマネジメントであり、一般的には地理学者の貢献が高い。なぜならそれは一定の理解に基づき、モデル内における基礎的な状況と関係性を操作することが必要とされるからである。

望ましい影響を定義し、モデルを与えた場合、変化はどのようなものであるのか？　これは特定の変化のデザインである、デザインの専門家の貢献が高い。彼らは、身近にある問題における特有のモデルの内容について、詳しく知っている場合が多い。

ジオデザインの役割は、科学的に導き出されたモデルが、問題となる場合、特に重要である。プロセス・モデルが不十分であるとしたら？　これはデータの不足や悪いデータ、特定の背景に対するプロセスの不十分な理解、予測信頼性の不足、または評価における文化的理解の不足などが例としてあげられる。もしくは、速やかに変化させなければならない要件を有するプロセス・モデルだったならどうだろうか？　もしくは、正確な定義を無視すべき状況のモデルだったならどうだろうか？　あるいは、もし彼らが全く新しいプロセスに直面したなら？　そしてモデルは良いものであるが、それが受入れ難い未来を予測したなら？　人はまだ変化を考慮して、意思決定を行い、行動する必要がある。そのような場合（それは一般的なことではないが）、人は「与えられた情報を乗り越えていかなくてはならない」。そして、ここにこそ、デザインの専門家と地理学者を結びつけるための、ジオデザインにおける協働の重要性が存在している。

共生的協働

様々の問題の内、一般的でよく定義されており、日常的な、問題解決のための効果的なモデルとアルゴリズミックなシステムがすでに存在しているような問題については、ジオデザインは、これまで、その多くを解決してきた。これらは、単一のGISレイヤにおける意思決定の操作を要求する。もちろん、操作自体もGISレイヤのどちらも、複雑な問題と分析の成果に他ならないが。一例として、いくつかの位置基準の加重指数によって生み出されるGISの表面レイヤにおける単一のポイント－建物を想定してほしい－の最良の位置の発見などがあげられる。その他の例としては、ネットワークにおける2つのポイントの間の「最小コストの経路」を発見することだろう。そこではそれぞれのノードとリンクが交通データに基づき価値づけられている。

しかしながら、多くのジオデザインの問題はもっと複雑である。それらはよく定義されておらず、よ

く理解されておらず、決まりきったものではない。効果的で十分な複雑さを持った既存のアルゴリズミックの解決方法は、ほとんど存在していない。アプリオリに存在する部分的解決策を持ち、しかも満足できるデザイン的解決策を導き出すような連鎖とネットワークを展開させることは、ほとんど不可能である。これが、ジオデザインにおける大きな挑戦である。複雑性は、デザインの代替案を評価する必要が生じた時、より一層大きなものとなる。デザインを考え、インパクト・モデルの結果として表現した地図と比較することは相対的に簡単な仕事である。インパクト・モデルが空間的、時間的特徴を持ち、同時に空間的、時間的に何らかのデザインの観点で相互作用を持っているとき、それは、はるかに複雑となる。幾つかのモデルを通してデザインの結果を評価することが求められているときには、複雑性は倍増する。また、人は一度に1つのモデルなら、操作は可能かもしれないが、もし、モデル自体が相互作用を持っていることが認識されていたらどうだろうか？ そして、ある影響がその他の空間的、時間的影響への引き金となっているような場合、どのようにしてインパクト・モデルを連鎖やネットワークの関係性の中に作り出すことができるのだろうか？ これらは複雑であるため、ジオデザインは、空間的方法のみを用いて空間デザインの問題のみを解く科学的な手法として定義されるべきではない。また、ジオデザインは、空間的手法のみを用いて、デザインの問題を解決する方法として定義されるべきでもない。私の見解では、ジオデザインは、あらゆる手法において、あらゆる技術を適用し、空間的デザイン問題を解決する方法を含むものと定義されるべきである。これは私の考えであり、この本における基礎的な考え方を形成するものである。

さらに、「デザイン」と「プランニング」の違いは、ジオデザインを定義する中で受け入れられるべきではない（どのようにこれらの用語がそれ自体定義されているかにも関わらず）。遠くから見ると、そして還元主義的な学術の世界観からではなく考えると、デザインとプランニングは同じことの異なった名前であり、次の章で示すように多くの共通点を持っている。共有できる大きな側面は、デザインもプランニングも、どちらもしばしば「与えられた情報以上のことを行っていく」ことを要求するということがある。「与えられた情報」の多くは地理学やそのほかの地理的科学に由来するが、そうでないものもあるだろう。「乗り越えていく」能力は、私たち全てが持っている人間の特性であり、データや技術の特性ではない。もしこれが認識されていないなら、ジオデザインはすでに完全に理解された「問題」に対して、決まりきった手法として適用されるものとして見られるだろう。これはかなり役に立つだろうし、ジオデザインの力ではあるが、それだけでは不十分である。

与えられた情報を乗り越えていくことは、判断の技術であり、ジオデザインを「デザイン」の1つにしている。地理学的科学のモデルは、予測を行うことができる。それは、ある点に向かっているが、もし予測する点に問題が生じたら、それはモデルの内部には存在しない、「何が／どこで／いつ」の解決方法を必要とすることとなる。これは (Herbert Simon の定義による)「デザイナー」への挑戦である。これらのデザイナーの中には、必ず地理学者やその他の科学者がいる。しかし、デザイナーは、デザインを形づくることに役に立ち、提案する解決方法の潜在的有効性を評価するための地理学に基づく理論、手法、モデルを必要とする。この相互の必要性は、ジオデザインによる、地理学者とデザインの専門家の間の共生、連携、成功した関係の基礎であるが、それは完全な融合ではない。

科学と芸術の間に適切なバランスを見出すために、ジオデザインにおける協働は、最も必要とされるものである。ふたたび、**Murray and Kluckhohn** の意訳をすると、研究やプロジェクトの対象地域は、ある程度において「その他の場所」と同じであり、地理的科学が貢献することができる。その理論と方

法論は、現況を説明し、未来への懸け橋を提示し、アルゴリズミックな手法がよい解決方法をより生み出すだろう。しかし、もし場所が「いかなる他の場所とも似ていない」ように見えるなら、科学に基づくモデルが十分に説明し、満足できる解決方法を生み出す可能性は少なくなる。ここでは、経験則に基づくデザインの独創的な適応が、より成功をもたらす傾向にある。これは、ジオデザインを純粋な芸術でも科学でもないが、究極的には科学に根差した判断の芸術であると受け入れる考え方である。それは、デザインの芸術と地理的科学の両方の統合的な貢献を要求するが、全く新しい試みではない。

ジオデザインは新しいものではない[4]

　私は歴史家ではない。私は未来に向かうランドスケープ・プランナーであり、私がジオデザインであると考える協働的経験を長い間実行に移してきた。そうであったとしても、私は、私の仕事を形作ってきた考えの多くは、古いアイディアに起因していると知っている。この本では、私はしばしば、私に影響を与えてきた事例、そしてジオデザインに携わる他の人たちにも影響を与えるだろうと予測される事例を参照し、まとめる。

　人々は、デザインの専門家や地理学者の関与なしに、何千年もの間、土地の景観をデザインし変化させてきた。特に地形的に困難な地域においては、変化を招来させた主要な要因は、食糧生産であった。中国の雲南省で見られるように、急で岩が多い斜面から、農業的に生産性のある棚田への改変していくことは、長い期間をかけて試行錯誤により、多くの世代の「ゆっくりとしたフィードバック」を経て成し遂げられたものである（図1.6）。このジオデザインへ貢献した人々の多くは、無名である。

　土地の形態をデザインにより変化させていくことにも、長い歴史がある。中国の杭州の西湖（Xihu youlanzhi）の事例は、極めて重要である。それは8世紀になされた決断であり、杭州という大都市の隣接地に巨大な湖をデザインし、建設したものである。この広大な景観は、主として、防衛、水の供給、水産養殖、農業の理由から創り出された。宋朝になると、杭州の詩人であり統率辞であった **Su Shi (1037-1101)** の指示の下に再整備された。土手状の園路、島、そして有名な「湖の中の島における湖の中の島」は、当時のランドスケープ技術者や土木技術者、水文的科学者や土壌科学者らによるジオデザイン・チームによって創り出された。（図1.7）杭州は南宋時代（1127-1279）、中国の首都となったが、その時点で、すでに百万都市であった。

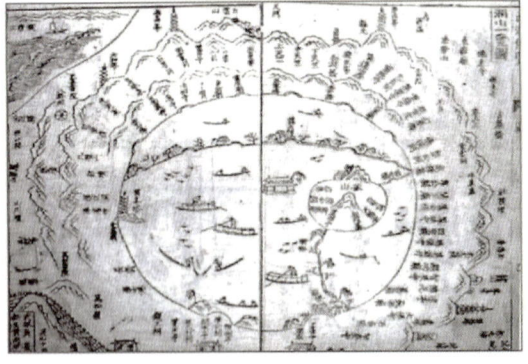

図1.6　階段状農地（棚田）雲南省、中国
（出典：シャッターストック、バーナビー議会の提供）

図1.7　西湖「湖と山の計画」
（出典：Tian Ruchengによる西湖の景勝の記録、1619年出版）

時を越え、西湖は素晴らしい景観の美しさと文化的重要性を備えた場所と見なされるようになった（図 1.8）。*乾隆帝皇帝*の*西湖の十景*は、18 世紀に作り出された詩であるが、今日、全ての中国の子供たちが学んでいる。西湖は実用的理由によってデザインされ、作り出されてきた景観であり、時を経て高い価値を持つ文化的景観へと変貌をとげてきたが、しばしば、西湖は自然のプロセスのみにより、生み出されてきたものとして誤って認識されることがある。

図 1.8　杭州の西湖、中国

　Warren H. Manning (1860-1938) は、自分自身の仕事の領域を確立する前には、ランドスケープ・アーキテクトである Frederick Law Olmsted のもとで、園芸家として働いていた。およそ 1910 年頃までに、電気が普及し、主に描画をトレースすることを容易にするために、ライトテーブルが発明された（下から照らされる、半透明のガラスを持つ製図台）。1912 年に、Manning は分析の手法として、私たちが今日よく行っているような、地図をオーバーレイしたものを用いた研究を行った。彼は選んだ地図を並べ、情報を新しく組み合わせ、マサチューセッツ州ビルリカ (Billerica) の開発と保全のための計画をつくった。この頃から、アメリカ合衆国においては、資源に関する情報の国家地図が作り出されるようになり、はじめて一般の利用が可能となった。Manning は何百もの土壌、河川、森林、そしてその他の地理的要素を有する国家地図を集め、それらを、1 つのスケールの地図に書き直した（図 1.9）[5]。

　ライトテーブルを活用し、重ね合わせることにより、彼は（その時の）アメリカ合衆国全体のための景観計画をつくったのである。その成果は、Landscape Architecture において 1923 年 7 月に出版された（図 1.10）。

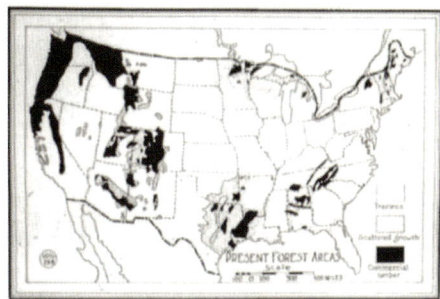

図 1.9　アメリカ合衆国の国家データのオーバーレイ図面の 4 つの事例（出典：C. Steinitz, P. Parker, L. Jordan）「手描きのオーバーレイ：その歴史と将来の利用」*Landscape Architecture* 66, no.5 (1976):444-55.

Warren H. Manning のデザインは、将来の都市域と、国立公園とレクリエーションエリアのシステムを含んでいた。それは今私たちが有する主要高速道路網と長距離のハイキングコースを含んでいた。それは、ジオデザインとして今日実施している包括的広域景観計画に含まれるすべてを包含していた。Manning が、これをその時点で、アメリカ全体の国土を対象に実施したことは驚くべきことである。それは私たちの専門の歴史において、最も重要で、大胆で、創造的なデザインの１つである。

　科学者とデザインの専門家の間の学術的専門的協働を組織することもまた、新しい考え方ではない。1969 年、Ian L. McHarg (1920-2001) は『デザイン・ウィズ・ネイチャー *Design with Nature*』[6] を出版した。それはおそらく景観計画の分野において、最も影響力の大きい本の１つである。その中で、彼は自然のプロセスが開発を導くことができる手法を概説している。この本は、スケールを異にする様々のプロジェクトを含んでいるが、それぞれが長年、協働作業を続けてきたデザイナーと科学者によって実施されてきたものである。私が最も重要であると思う研究は、「Valleys の計画」である。1960 年代、ボルティモアの市域は Valleys と呼ばれる地域に拡大することが予測されていた。McHarg と彼のデザイナーと科学者の仲間は、多くの可能な開発パターンがあり、下水道の配置の異なったパターンによって形成される４つの代替案を研究した（図 1.11）。彼らはいくつかの計画をつくり、最良のものを選ぶ手助けになるようそれらを比較することが望ましいと考えていた。生産的な農業地を保護できるように、谷底面での開発は許可されなかった。また、急斜面や丘の頂上でも許可されなかった。そのかわり、開発区域は緩い斜面と高台に、コンパクトなグループに分散され配置された。McHarg と彼の同僚は、ランドスケープ・アーキテクチャと技術者と地理科学者と開発プランナーの間の有益な関係を理解していた。このことが、高度に協力的で効果的な教え、研究、専門的実践に反映されたのである。

　私は、ジオデザインそれ自体が、建築、ランドスケープ・アーキテクチャ、都市計画、土木工学のような独立した、深さと広がりを持ったデザインの専門職になることはできないし、またなるべきではないと思っている。これらの確立された専門職は、既に極めて広い領域を占めている。建築家はニュータウン、スタジアム、脳外科のための病室、そして（時々）ティーポットまでをデザインする。一方、ランドスケープ・アーキテクトは庭、公園、そして時には、流域マネジメント政策をデザインする。私たちは地理デザイナーがそれらすべてをデザインすることを、現実的に期待しているだろうか？　そして同じようなことが、地理学的科学者にも適用することができる。生態学者が、社会学者、水文学者、経済学者でもあることは、一般的にはない。私たちは個人がこれら全てを含むことを期待するだろうか？むしろ、私はすべての関連するデザインの専門職と地理科学者はジオデザインの発想と手法を取り入れ、世界の最も重大なジオデザインの挑戦の要請に応じるように、協働すべきだと考える。

第 1 章　必要な連携

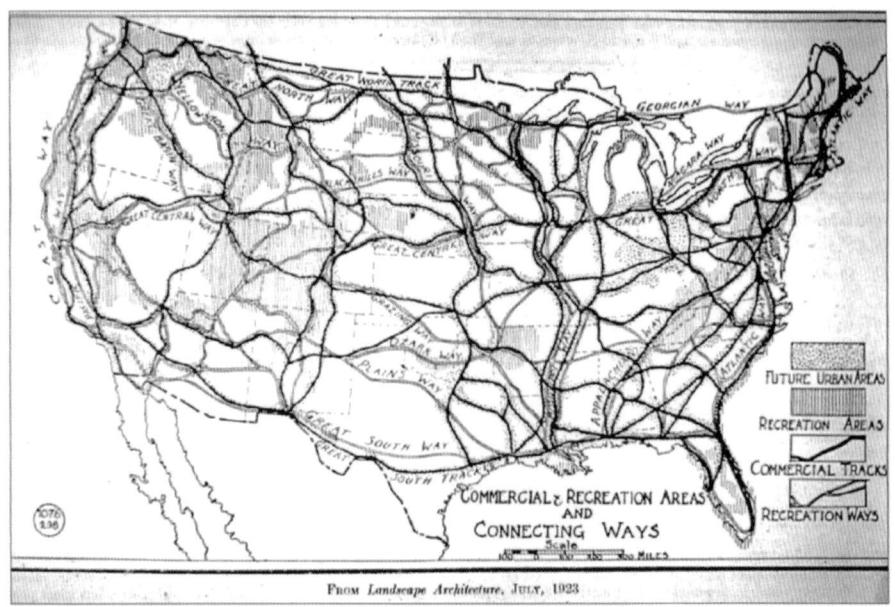

図 1.10　Manning によるアメリカ合衆国の計画
（出典：W.H.Manning,「国家計画の研究完結版」, Landscape Architecture 13（1923 年 7 月）: 3-24）

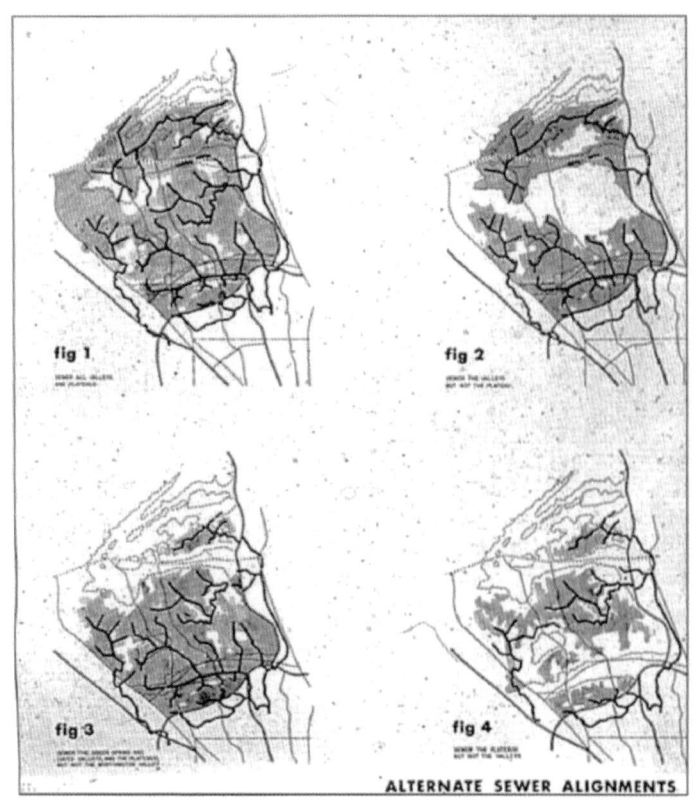

▶図 1.11　Valleys の計画のための下水道の調整（出典：ウォレス・ロバート と Todd LLC. の好意。Valleys の計画。グリーン・スプリングとフィラデルフィア、PAのワーシントン Valley 計画議会のために準備された。Green Spring、ワーシントン Valley 計画議会、1964）

ジオデザインは異なっている

「ジオデザインとは、地理学的内容、システム思考、情報技術に基づき行われる影響シミュレーションと提案デザイン提案の創出を強く結びつけたデザインとプランニングの方法論である。」

Michael Flaxman：ジオデザインサミット：レッドランド、カリフォルニア：2010年1月。ジオデザインサミット：レッドランド、カリフォルニア 2012年1月に Stephen Ervin によって改訂された。

現在のジオデザインの主要な変化は、1960-1970年代にかけて、情報技術の発達、管理、分析、そしてデジタル情報の表示などのコンピュータ技術の発展とともに生じた。Howard T. Fisher は、1965年、ハーバード大学デザイン大学院に、コンピュータ・グラフィックスのためのハーバード研究所を創設した[7]。彼は1965年にハーバードにおいて、Synagraphic Mapping System (SYMAP) をつくりあげた。それは彼がノースウェスターン技術院において、1963年から取り組んでいたものであった。このコンピュータ・プログラムは初めての、自動的なコンピュータ・マッピングシステムであり、空間分析の能力を含んでいた。私は Howard Fisher に 1963年に会い、SYMAP を 1963〜1965年にかけて、私の博士論文において用いた（Carl Steinitz、「都市形態と活動の意味と調和」、博士論文、マサチューセッツ工科大学、1965年）。この学位研究において、私はボストン中心部において、なぜいくつかの部分は Kevin Lynch の『都市のイメージ The Image of the City』[8] に含まれ、いくつかの部分は含まれないのかということを説明しようとした。私はデータを習得し、それらを地図化し分析した（図 1.12）[9]。しかし、私は対象地域のデザインをすることはしなかった。

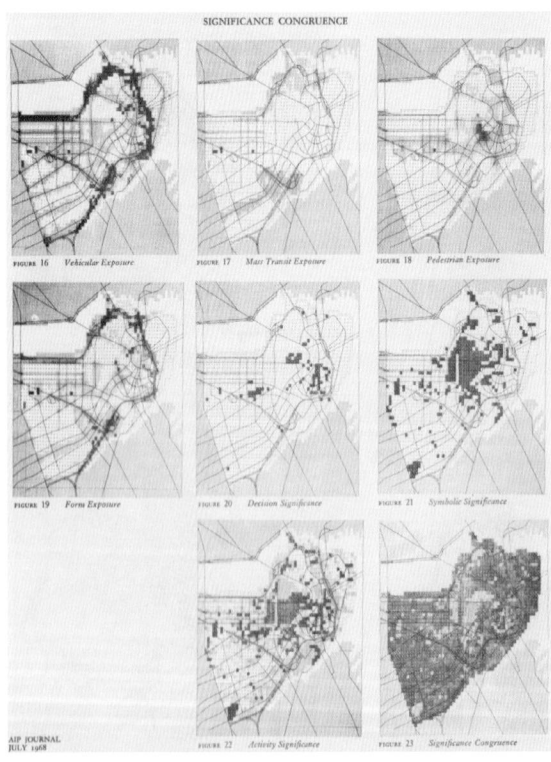

図 1.12 なぜボストンのいくつかの部分は記憶に残るのかを説明する要因（出典：Carl Steinitz）

私は 1965年にハーバードの教職員に参加したとき、コンピュータ・グラフィックス研究所の初期メンバーになった。最初のスタジオの課題は、DELMARVA 半島（デラウェア州、メイランドとヴァージニアの一部）における将来の広域開発と保全に焦点を当てたものだった。この研究において、私はその時一般的になっていた手描きのオーバーレイ方法を用いるのではなく、むしろフォートランのコンピュータ・プログラムを準備し、考えられた将来の土地利用のための一連の評価モデルを可視化するための SYMAP を用いることを選択した（図 1.13）。これらの評価はバッファリング、重みづけオーバーレイ、重力モデルといった空間的操作を含んだ。広域デザインは、結果の図面によって、視覚的に伝達するように作られた。しかし、時間の制約上、モデルはデザインを改善するための、影響を取り入れたフィードバック回路として用いられることはなかった[10]。

初期の事例：アメリカ合衆国マサチューセッツ州ボストン[11]

　Flaxman-Ervin が言うところのジオデザインに私が初めて本格的に携わり、先述した 6 つの問いに向き合ったのは 1967-68 年のことであった。ハーバードにおける若い助教授であり、ハーバード・コンピュータ・グラフィックス研究所の初期メンバーであった、エンジニア・エコノミストの Peter Rogers と私は、ボストン大都市圏の南西部の将来像をテーマとして、実験的で学際的なスタジオを教えることになった。このスタジオの目的は、広域な景観における環境の脆弱性と開発誘因に関する対立関係をモデル化することであった。私たちはまた、都市の成長に向けた地域計画も作成した。私がこの研究のためにダイアグラム（図 1.14）を作成したのは 1967 年の初頭であった。このダイアグラムは、意思決定モデルの理解からスタートしていることに注意してもらいたい。私は、まず、土地利用への需要と、魅力的な立地評価、土地の資源、脆弱性の強化を識別した。ここでは、リスクとインパクトに関する評価を行った上で、シミュレーション・モデルのルールに従って計画を生成することを提案したのである。

　この研究における情報の全体の流れは、意思決定モデルから開始されている。このフローは私と Peter Rogers によってデザインされたものであり、本書で紹介しているジオデザインのフレームワークにおける 2 回目の反復と同じ順序となっている。（もちろん、当時私たちは、このような呼び方はしていなかったが）、つまり、これ以前には、これに類する、どのような作業も行われていなかったのである（図 1.15）。

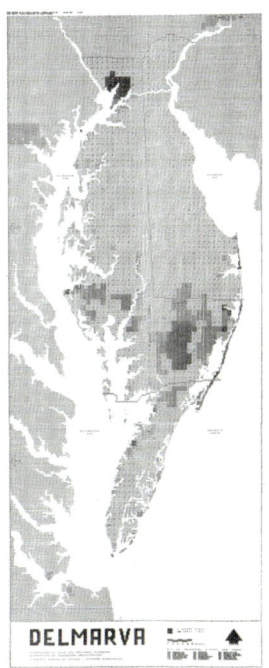
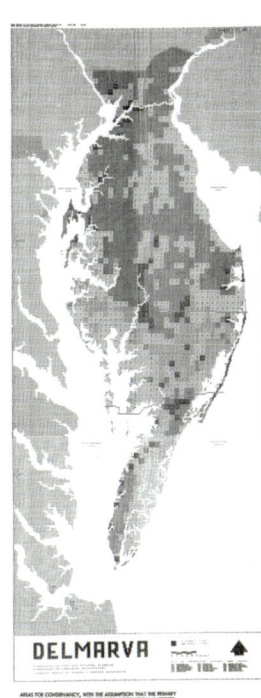

図 1.13 A・B DELMARVA の保全地域。保全に対する主な推進力は、保全の利益（左）もしくは農業的な利益（右）によると仮定している（出典：Carl Steinitz）

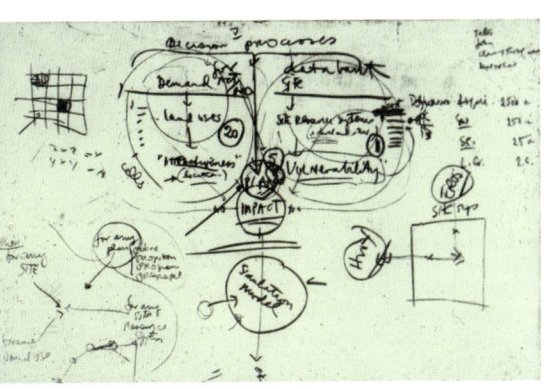

図 1.14 ジオデザインにおける情報の流れについての私の最も初期のダイアグラム（1967 年）（出典：Carl Steinitz）

図 1.15 ハーバード大学デザイン大学院のコンピュータ・グラフィックス研究所での Peter Roger（左）と Carl Steinitz（右）。不幸にも、2 人が協働する過程の写真はほとんどない。

表現

　対象地域は急速に変化しつつある郊外のエリアであった（図1.16）。当時はデジタル・データもなかったので、学生は航空写真をもとにした情報を1kmグリッドの上にGISで記述した(1967年のことである)。学生は、仕様、実践、モデルの使用など、全てのプロセスに関わった。

プロセス

　プロセスに関する10のモデルが、当時最先端のGISを使用して構成された（図1.17）。将来に向けての変化は、社会構成要因別の人口予測のモデルに基づいて考慮され、5年ごとに、25年先までの設定が行われた。これらの変化予測から、産業、住居タイプ、レクリエーションとオープンスペース、商業施設や行政施設の新設に関する需要の予測を行った。そしてこの新しい土地利用パターンに基づき、新しい交通サービスに関する検討が行われた。次に、意図的に、「地方政治」、「地方財政」、「景観」、「水汚染」という4種類のインパクト評価項目が選定された。意思決定者の役割を行う学生が、これらの項目の評価基準を満たしていないと見なした場合は、何度かのフィードバックを行い、その時点ごとに土地利用パターンを改良していった。もしインパクトが、評価項目を満たすものと判断された場合は、一連のモデルは、次の5年間のシミュレーションに使われることとした。

図1.16　ボストン地域、サウスウェスト・セクター

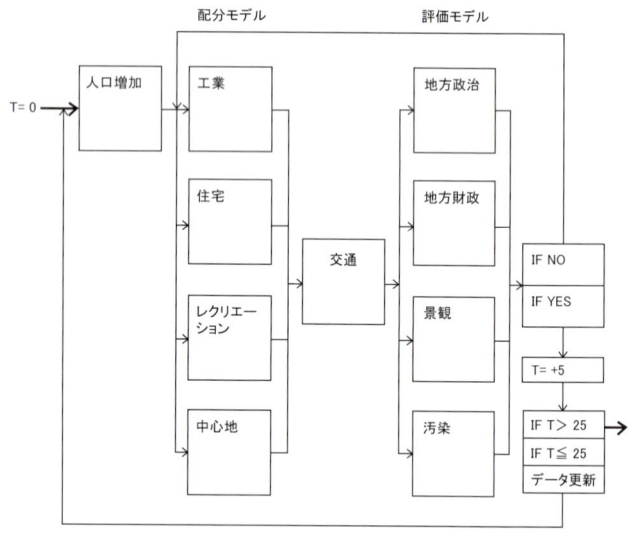

図1.17　研究モデルの構成

評価

　将来における土地利用の魅力と脆弱性の評価は、現況の土地利用の位置的条件を基にした回帰モデルをベースとして行った。所得層別の住宅立地から見た場所の魅力の評価マップ（図1.18）のように、コンピュータによって生成されたマップは、SYMAPという1960年代中盤に使用開始された最初のコンピュータグラフィック・プログラムによって作られた。

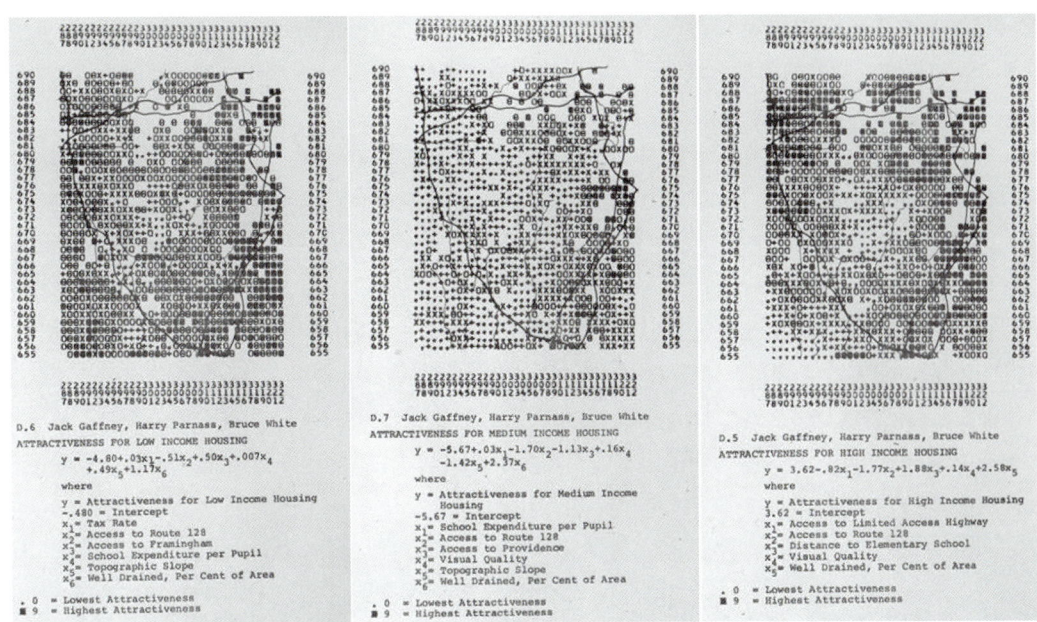

図 1.18 A・B・C 低所得層の新しい住宅立地(A)、中所得層の新しい住宅立地(B)、高所得層の新しい住宅立地(C)から見た場所の魅力（出典：Steinitz, C. and P. Rogers (1970) A Systems Analysis Model of Urbanization and Change）

変化

私たちは当時、コンピュータによる配置計画モデルの存在をもちろん知ってはいたが、私たちは学生に変化モデルを手作業で行わせた（このフェーズは、地域全体を変えていくことになる）。こうすることで彼らはそのプロセスを全身で学ぶことができるからである。学生たちは、コンピュータによって生成された評価マップを参照しながら、250mの小さなグリッドを使用して配置計画を行った（図1.19）。

こうして作成されたユニット毎の変化は、土地利用の種類毎に色別のカードで表現された。そして、人口のモデルによって土地利用毎の将来需要を割り出した後、学生たちはそれぞれが担当する土地利用にとってどの場所が最も魅力的かを議論し、検討を重ねた。これは、エージェント・ベース型の変化モデルを利用するやり方である。彼らはまず、将来の何段階かにわたって、未来のトレンドの予測を行った。

インパクト

学生たちは、その後トレンドの変化の結果について、いくつかのインパクト・モデルを使用して評価を行った。これらのインパクトは、色のついたピンとノートを使用して、インパクトの原因となった変化の上に重ねて表現された。

フィードバック

この後、学生達はインパクトに対する考察を行い、その将来の土地利用の変化が必要かどうか決定した。

図 1.19 新たな開発や保全から来る変化の配置

変化・インパクト・意思決定

　最後に、学生達は開発の基準を満たしながら環境的に優れている計画に従って再配置を行った（図1.20）。

　ボストンに関するこの研究は、1970年、『*都市化とその変化に関するシステム分析モデル：学際的な教育の実践（MIT Press）*』として出版された。そしてこの研究は、全米科学財団の財政的支援を得て、ボストンの都市の成長に関する研究へと発展した[12]。

　これらの初期の経験は、私のアカデミックな経歴と本書におけるジオデザインのフレームワークや事例研究に極めて大きな影響を与えている。この他の事例は、本書の参考文献集にも収められている。Jack Dangermondは、初期における私の卒業生の1人だが、彼はその後、コンピュータ・グラフィックスによる地図化のプログラムにおいて商業的に成功した最初の会社を設立している。今日、彼が設立した企業であるESRIは、ジオデザインを行うためのGISおよび関連ツールを制作・販売している世界最大の企業となっている。

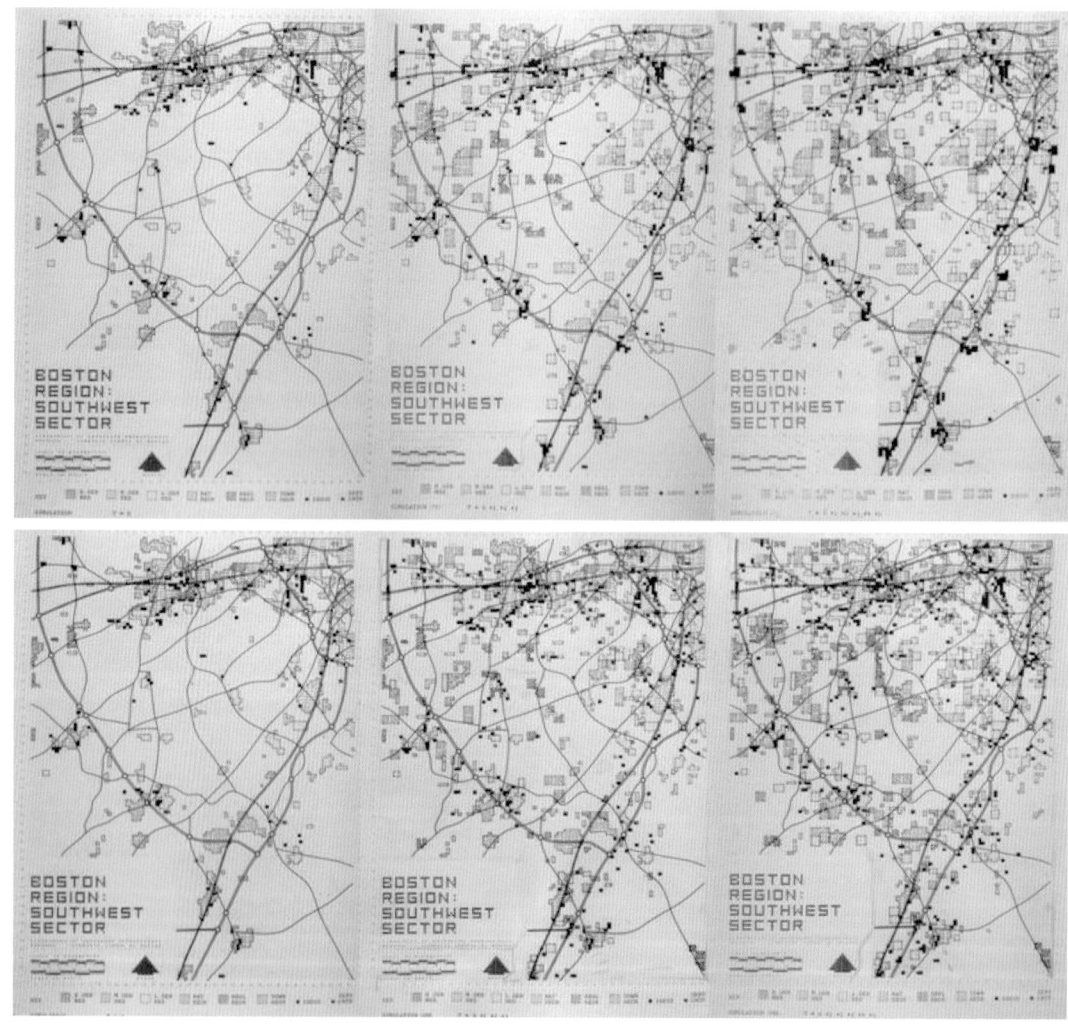

図1.20　現行の成長（上の3枚の図）と改良された成長（下の3枚の図）。上の3枚の地図は、現行の成長に従った場合の5、15、25年後のそれぞれのボストン南西部における成長を示したものである。下の3枚の地図は、何度かのフィードバックを行い、改良された成長を示したものである（出典：Steinitz, C. and P. Rogers (1970) A Systems Analysis Model of Urbanization and Change）

【注】

1) H. A. Simon, *The Sciences of the Artificial* (Cambridge MA: MIT Press, 1969).

2) C. Steinitz, "A Framework for Theory Applicable to the Education of Landscape Architects (and Other Environmental Design Professionals)," Landscape Journal 9 (1990): 136-43.
    Revised version in Process Architecture 127 (1995). (English and Japanese.)
    Revised version in *GIS Europe* 2 (1993): 42-45
    Revised version in *Planning* (2000). (Chinese.),
    Revised version in *Environmental Planning for Communities: A Guide to the Environmental Visioning Process Utilizing a Geographic Information System (GIS)* (Cincinnatti, OH: US Environmental Protection Agency Office of Research and Development, 2002).
    Revised version in chapter 3 of C. Steinitz, C., H. Arias, S. Bassett, M. Flaxman, T. Goode, T. Maddock, D. Mouat, R. Peiser, and A. Shearer, *Alternative Futures for Changing Landscapes: The San Pedro River Basin in Arizona and Sonora* (Washington D.C.: Island Press, 2003)

3) H. A. Murray and C. Kluckhohn, *Personality in Nature, Society, and Culture* (New York: Knopf, 1953).

4) C. Steinitz, "Landscape Planning: A History of Influential Ideas," *Journal of the Japanese Institute of Landscape Architecture,* (January 2002): 201-8 (in Japanese.)

    Republished in *Chinese Landscape Architecture* 5: 92-95 and 6: 80-96 (in Chinese.)

    Republished in *Journal of Landscape Architecture (JoLA)*-(Sprong 2008): 68-75.

    Republished in *Landscape Architecture* (February 2009): 74-84.

5) W. H. Manning, "A National Plan Study Brief," *Landscape Architecture* (July 1923): 3-24

6) I. L. McHarg, *Design with Nature* (Garden City, NY: Natural History Press, 1969)

7) N. Chrisman, *Charting the Unknown: How Computer Mapping at Harvard Became GIS* (Redlands, CA: ESRI Press, 2006)

8) K. Lynch, *The Image of the City* (Cambridge, MA: MIT Press,1960).

9) C. Steinitz, "Meaning and the Congruence of Urban Form and Activity," *Journal of the American Institute of Planners* 34, no. 4, (July 1968): 223-47.

10) C. Steinitz, "The DELMARVA Study," (Proceedings, Council of Educators in Landscape Architecture, St Louis, MO, July 1968).

11) C. Steinitz and P. Rogers, *A Systems Analysis Model of Urbanization and Change: An Experiment in Interdisciplinary Education* (Cambridge, MA: MIT Press, 1970) [N. Dines, J. Gaffney, D. Gates, J. Gaudette, L. Gibson, P. Jacobs, L. Lea, T. Murray, H. Parnass, D. Parry, D. Sinton, S. Smith, F. Stuber, G. Sultan, T. Vint, D. Way, B. White]
    Japanese edition, Tokyo, Orion Press.1973.

12) C. Steinitz, H. J. Brown, P. Goodale, with P. Rogers, D. Sinton, F. Smith, W. Giezentanner, and D. Way, *Managing Suburban Growth: A Modeling Approach. Summary.* (Of the research program entitled The Interaction between Urbanization and Land: Quality and Quantity in Environmental Planning and Design.) (National Science Foundation, Research Applied to National Needs (RANN) Program Grant ENV-72-03372-A06. Cambridge, MA: Landscape Architecture Research Office, Graduate School of Design, Harvard University, 1978.)

第2章　ジオデザインの内容

　フェニックスにおける郊外住宅地の配置パターン、モザンビークにおける森林保全、ロンドン中心部の街路、ブリスベーンの公園、北京近郊の新都市、これらのデザインに共通しているものはなんだろうか。それは数多くあるかもしれないし、ひょっとしたら共通のものなど全くないかもしれない。それは、どんな見方をするかによるものである。ある共同体が何か変化を起こすことを決断した時、彼らがその地理環境をどのように考えるか、そしてその環境に対してどのような変化が可能と見るかで、目的に対するアプローチと方法は大きく変わってくる。

地理的文脈
　「地理的文脈」とは、ジオデザインのプロジェクトにおいて検討の対象となるエリアそのもののことである。ある場所には、ジオデザインが扱うべきそれ独自のプロセスが存在し、またほとんどの場合、現地の人は意思決定をする力を持っている。彼らはまた、現況と提案される環境を評価する基準となる文化的な知識をも有している。意思決定は、評価可能な、記述的形容詞を用いた彼らの共通言語を使用し、グループ・ディスカッションを通じてなされることが多い。しかしながら、北京、フェニックス、カイロ、京都、ラゴス、サンパウロなど、世界中の都市において、「古い」、「混雑」、「乾燥」、「暑い」、「歴史的重要性」、「高価」などのような言葉は同じような定義を持っている訳ではない。田舎に行けば、この種の定義の多様性はさらに増すことになる。何が問題なのだろうか？　ジオデザインは、どんな場所に対しても適用可能であるが、同じ方法が通用することはほとんどありえないのである。

スケール[1]
　どのスケールにおいてジオデザインは使用されるべきだろうか？　スケールとは主に、私たちが対象地域を見る際に使用するレンズに相当するものであり、私たちが重要だと思うもの、またはそうでないものを判断するディテールのレベルによって規定される。つまり大きなスケールと言った場合には、より詳細な見方を意味する。では、どのようなスケールで土地をデザインすべきだろうか？　極めてローカルなプロジェクトのレベルにするべきだろうか？　地域計画のレベルだろうか？　国、もしくは地球レベルだろうか？　またはそれら全てのレベルで同時に検討が必要だろうか？、そうである場合、どのようにそれが可能だろうか？
　単純な方法によってではあるが、これらのスケールの関係性についての説明から始めよう。まず、地球は1つであり、そこには沢山の国、地域、そして流域が存在している。そして、個人の空間、プロジェクト、人間が無数に存在している。その数の重要度は、大きく異なっている。そして、この事実はとても重要である。地球は1つであるが、そこには何億もの場所と人が存在しているのである。
　ジオデザインに関する考え方は、スケールの連続性と共に広がっていく。このスケールの幅の両極は、極めて異なるものである（図2.1）。地球レベルでは、私たちは全人類のために何かを考え、行動する傾向がある。私たちは、普遍的で単一的な原則のもと、全ての国や人々が合意できる法や条約を策定できるように願うのである。このような行為は、科学、特に物理、化学、生態学、生物学に大きく基づくものである。それは、これらの分野の主題は、地球全てに通じるものだからである。これらは、地域

やローカルな政治境界を無視した（すべき）ものであるのだ。これら地球規模の研究の一般的な目的は、サステイナブルという言葉と共通したもの、つまり地球を安定させるために変化を理解するということである。この事実は、京都やリオ、ヨハネスブルグ、そして他の地球環境に関する国際会議の目標においても明示されている。こうした地球規模の視野というものは、地球温暖化や生物多様性の損失、そして公衆衛生など、このスケールにおける課題にとって役立つ、非常に重要な視野なのである。

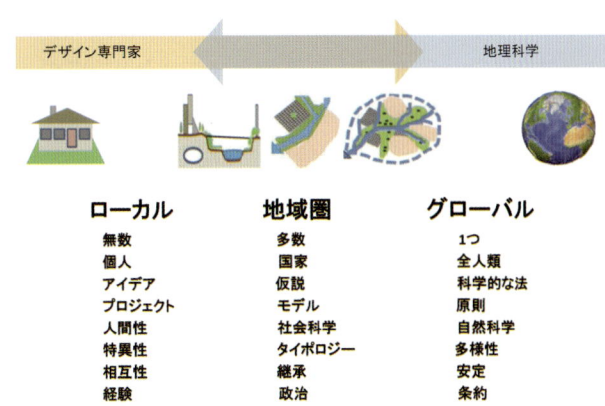

図2.1 関連する諸現象を定義するときのスケール問題。ジオデザインのテーマとその特徴的な概念は、それらが最も関連の深いスケールによって水平的に結び付けられる。このダイアグラムの左側は、それぞれローカルな特徴がある。中央のリストは地域的な特徴を示しており、右側はグローバルな特徴を示している（出典：Carl Steinitz）

　教育、研究、コンサルティングにおいて私がよく扱うスケールは、中くらいのレベルもしくは地域圏スケールである。チームの一員として、私たちは流域圏や都市圏に着目することが多い。全人類のためにというよりは、特定の文化圏のために仕事を行う。私たちは、貧富の差、メキシコ人とアリゾナの人々、老人と若者などの違いについて認識する。私たちは何か新しいルールをつくるのではなく、既存のルールから学び、プロセスと仮説に基づいて作業を行い、パターンとタイポロジーを探す。そして私たちは選択肢を生み出し、比較し、提案する。頼まれれば、どの選択肢を選ぶべきかアドバイスも行う。物理科学と生態学に加えて、私たちは政治、経済、社会学など、社会科学の重要性を強調している。私たちは物事を安定させることを追求するのではなく、変化のダイナミズムを理解しようと努めるが、プロジェクトがどんな方向に進むのかは分からない。私たちは、対立している政治的な見解について働きかけ、その合意形成を目的としている。

　最もローカルなレベルでは、物事の状況は無数にあり、それぞれが非常に異なる性質を持っている。人類や広域な文化圏ではなく、個人や個人が集まったグループを対象とすることになる。クライアントは、多くの場合、行政かNGOか企業である。あなたはこのようなジオデザインのプロジェクトの中で、その場所に関係するステークホルダーや個人と知り合い、やりとりをするようになる。グローバルや広域な情報ではなく、個人や地域のグループとプロジェクトを実際に行う場合、プランやデザインには、革新的なアイディアを盛り込みやすくなるだろう。グローバルや広域なスケールでは、新しいアイディアを発明することは本当にまれなことである。

　ローカルレベルにおいて特に重要な存在は、何よりもその場所の固有性の形成に貢献してきた地域の人々である。彼らは芸術や文化、地域の文学、食と音楽、そして、それらがどのように見えるか、感じられるかということを積み上げてきたのである。これらの特性は、数多くのローカルな景観に明確に現れている。グローバルの普遍的な事象や地域圏におけるタイポロジーではなく、ローカルレベルでは多様性とその利点について理解するべきである。安定性や、普遍的な変化を追求するのではなく、地域における人々とのやりとりを追求するべきである。人を含めた様々な生物がどこで何をし、それぞれがどのように関係しているかを明らかにするべきである。国際会議に出席し、地方議会に報告するのではなく、人々と直接コミュニケーションをとることが大切である。最も良いのは、その場所に住み、その場

所の一部になることである。このレベルにおけるジオデザインは抽象的なデザインではなく、その地域住民の日常的なリアリティーのデザインになりうるのである。

このように、デザインとは、グローバル、広域、そしてローカルの環境において明らかに異なるのである。これらのスケールは境界が曖昧で課題が重複することもしばしばであるにも関わらず、それぞれのスケールで異なる取り組み方、異なる知識、そして異なる実務経験が必要となる。偉大なる科学者 Galileo (1564-1642) は、「小さなエリアで継承されてきた道具は、それ以外のエリアでは役に立たない」[2]と述べたが、それは正しいのである。

また、これらのスケール間には他の関係性も存在している。それはまず、ローカルにおける多様性は、グローバルにおける中心性に寄与しているということである。新しいアイディアや考え方を創造するのは人々なのである。この事実が国に影響を与え、そしてグローバルな政策に影響を与えていくのである。一方、グローバルな政策が国や地域に影響を与えるということも当然起こる。そして国や地域が個人に影響を与えていくのである。Friends of the Earth の設立者で環境学者 David Brower (1912-2000) はかつて、「グローバルに思考し、ローカルに行動せよ」と言った。私たちは、「ローカルに思考し、グローバルに行動せよ」と言うことができる。しかし、残念なことに、デザイナーを含む大半の人が「ローカルに思考し、ローカルに行動している」のである。

しかし、このような関係性の中にはリスクも潜んでいる。世界のグローバリゼーションが進展すればするほど、また私たちが自分たちの知識を信じるほど、私の個人的な意見としては、世界は単調で権威主義的になっていき、状況は悪化していくと考えている。生態学的知見から、私は、世界から多様性、変化、自己更新が失われていくことは極めて憂慮すべきことであると考えているからである。

しかしながら、グローバルもしくは広域の概念が強調されなくなっていくと、ローカルや個人的な側面により大きな注目が集まることになる。このこと自体は長期的にみれば良いことなのかもしれないが、世界はより一層混沌となるだろう。そして、世界はより不平等になるかもしれない。私たちの世界には、豊かな国と貧しい国があり、大きい国と小さい国があり、現代的な暮らしと伝統的な暮らしがあるのである。したがって、もしあなたが世界を沢山のローカルな環境の寄せ集めとして見れば、あなたはそれを非常に複雑で不公正なものとみなし、理解をすることや計画を行うことが難しいと思うかもしれない。

ここで私たちはジレンマに直面するのである。グローバルにだけ考えると、ジオデザインは権威主義的になってしまう。また、ローカルにだけ考えると、世界は混沌となり不平等になってしまう。これはジオデザインの主たるジレンマと課題である。ローカル、ナショナル、そしてグローバルのバランスがとれた考え方にはリスクがあるが、リスクは、ジオデザインや意思決定にとって有用な緊張感を生み出してくれるのである。

それでは、中央権威主義的になることや、その反対に分散し多様化することのリスクとは何であろうか？ もしもそのリスクが全ての人にとってのものであれば、それは図 2.1 におけるグローバルのリストに属し、グローバルな政策を必要とすることになる。地球温暖化はその最たる例であり、生物多様性に危機をもたらす。リスクが文化的なリスクである場合、それは広域なレベルで影響を及ぼすことになる。言語や文化的景観の保全は、中間のレベルにあたるもので、主に広域な政策によって対応することになる。リスクが独創的考えや表現の自由など個人の権利に対するものである場合、それは図において中央の円の中に位置づけられるものであり、決して妨害されてはならないものである。

では私たちは、どのスケールにおいて行動するべきだろうか。ローカルに思考し、ローカルに行動す

ることは比較的簡単なことである。地球環境とグローバルな変化のプロセスを理解し、その上で、なお、ローカルに行動することはより大きなチャレンジとなる。ローカルなアイディアを持ち、それにより世界を変えようとすることは、非常に難しいからである。

　ジオデザインは、ある特定のスケールや用途に限定されたものではない。しかしながら私の経験から言うと、私たちは、中間スケールのエリアにおける教育、研究、活動のプログラムを改良していくべきであると考えている。すなわち、より大きな地理的エリアから流域圏やリージョンを対象とするエリアである。この中間のスケールというのは、グローバルとローカル両方の課題に影響を受けているため、非常に複雑である。だからこそ、この広域なレベルで、スケールの境界を横断しながら仕事を行うことはとてもやりがいのあることなのである。私はこのスケールのレベルでの協働こそが、ジオデザインもしくはデザインによる環境の改善に興味を持つ人々を惹き付けるものであると願っている。

規模[3]

　ジオデザインが扱う規模の両極の性質は全く異なる。ジオデザインのプロジェクトの対象範囲の大きさが大きくなればなるほど、あなたがミスしたり判断を間違ったりした場合、非常に害のあるインパクトを生み出すリスクが高くなる。このように、リスクに対する考え方というのは、大きなプロジェクト（図2.2）に対して非常に重要となり、私たちはそのリスクを最小化することに取り組むことになるのである。なぜか。それは単純に言えば対象地域が大きければ、より多くの人々やお金が投入されるからである。また、そこでは多くの提案が可能となり、大きな意思決定が大変重要になるからである。得られるものは大きい可能性があるが、それに対するリスクもまた深刻である。逆に言えば、小規模のプロジェクトではリスクは相対的に減少する。例えば、私は隣人が現代的な家もしくは伝統的な家のどちらに住んでいても気にしない（私個人は現代的なものを好むが）。どちらでも、私にとってのリスクはほとんどないのである。だが、飲み水がないというようなことに関しては、私は大いに懸念を抱く。それは非常に重要なリスクであるからだ。

　リスクが非常に大きいものである場合は、緻密な分析が必要である。そして、プロジェクトの大きさが増すとともに、分析はますます必要なものになってくる。大きなリスクという存在こそ、地理科学がジオデザインのプロジェクトに大きな影響を与える理由である。大きさが増すにつれて、私たちは科学にますます頼ることになり、対象地域のことを理解するためのデータやモデルを生成する。例えば、個々の建物が洪水の起こりやすいエリアに位置しているかどうかは簡単に見分けがつくが、大きな地域の流

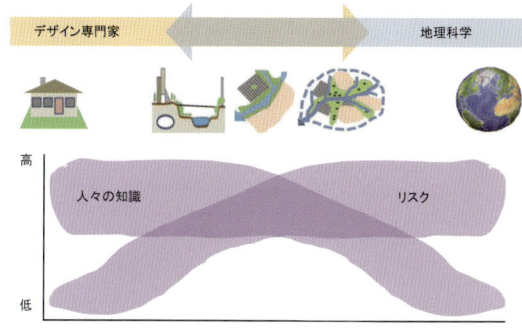

図2.2　ジオデザイン・プロジェクトの規模が変化するにつれて、人々の知識とリスクは逆の関係にある（出典：Carl Steinitz）

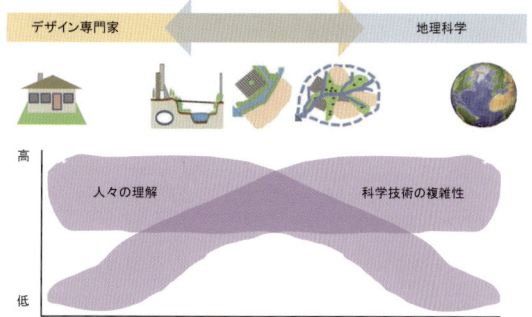

図2.3　ジオデザイン・プロジェクトの規模が変化するにつれて、人々の理解と科学的な複雑性は逆の関係にある（出典：Carl Steinitz）

域圏ではそうはいかない。もしその流域圏に新しい街をデザインしているのであれば、水理学モデルに対応した、より複雑できちんとしたデザイン・ストラテジーを組み立てなければならない。大きな規模の対象地域において、単純なコンセプトのダイアグラムのデザインを、直接対象地域に応用してしまうのは愚かなことである。

プロジェクトの大きさにより、人々の知識も大きく異なってくる。プロジェクトの対象エリアが小さくなり、よりローカルに、より日常的な規模になった時、一般の人々が持つそのプロジェクトに対する知識は当然のことながら多くなっていく。

しかしながら大きなエリアを対象とした場合も、一般の人々の理解と教育が、より必要になってくるのである（図2.3）。対象地域の大きさに伴って発生する大きなリスクによって、地理科学はより大きな役割を果たすことを求められ、使用される科学技術の複雑性は増していく。しかしながらこの性質によって、一般の人の理解は深められるのではなく、逆の効果となってしまうのである。つまり、ジオデザインの大きなプロジェクトでは、通常よりも一層明瞭なコミュニケーションと、科学者、デザイナー、現地の人々間における高度な信頼関係が不可欠となるのである。

ジオデザインは、プロジェクトにおける、それぞれのステージでなされる意思決定の連続から形成されている。ジオデザインの対象地域の大きさが増していくと、集約的意思決定が、分散的課題における意思決定に優先していくこととなる（図2.4）。一般の人々は、自分の家や近所のことについては詳しいのだが、街や地域のこととなると残念ながらそうはいかないからである。民主主義社会において、一般の人々に何かを伝えるためには、評価と提案、そのどちらに対しても明快さと透明性が求められるのである。

プロジェクトの大きさは、意思決定を行う人々の役割にも影響を与える。大きなプロジェクトでは、デザインに関する大事な意思決定は普通専門家によって行われるが、そこには選挙で選ばれた人もそうでない人もいる。選挙で選ばれた人というのは普通、政府関係の人であるが、そうでない人々というのはこの場合、ジオデザインに取り組んでいる会社や銀行の代表の人々である。大きなプロジェクトでの意思決定というのは、人気投票のようなかたちで行われることは普通ない。しかしながら、小さな規模のジオデザインのプロジェクトでは、全員が意思決定に対して直接的に関与することができる。

集約的意思決定はプロジェクトの規模が大きくなるとともに重要になってくる。社会的、経済的、生態的なリスクを最小限にするためである。そして、このような意思決定でもプロジェクトの成果をあげることは十分可能である（図2.5）。プロジェクトの大きさが大きくなるにつれて、ジオデザインは防御的なストラテジーもしくは姿勢によって、既存の資源の保全に焦点が絞られていくことがある。そこで最初にするべきことは、地理や生態、文化を理解することであり、次にそれらの保全に関する優先度を決定し、その決定に対して理論武装する必要がある。大きな規模のプロジェクトでは、デザインのプロセスに関しても、「何がどこにあるべきで、どこにはあるべきではない」ということを決定するような、保守的なストラテジーを主体とすることが珍しくない。

プロジェクトの規模が小さくなると、ストラテジーは自然と攻撃的になっていく。そこでは、市場の声や、クライアントの意思決定者、開発の事情などがプロジェクトを推進するための要件を規定することになる。

流域圏などを対象とする、最も大きな部類のジオデザインのプロジェクトでは、保全と開発のストラテジーを強調し、なかでも*配置*について論議が行われることが多い。つまり、大きなプロジェクトでは

デザインの戦略と*組織*、もしくは、異なる要素が互いにどのような関連性を有するのかについて検討が行われることとなる。一方、小さな規模のプロジェクトでは、見た目や印象などに関係したディテールと*表現*に注意が払われる。デザインにおけるこれらのメリハリには、非常に大きな違いが存在し、それはプロジェクトの規模とスケールと大きく関わっているのである。

このように、規模、スケール、そして地理的条件は、ジオデザインにとって明らかに重要な要素である。Galileoは正しかったのである。つまり、ある特定の規模、スケール、地理的条件で有効となる方法論、プロセス、アイディアは、異なる条件下では機能しないのである。

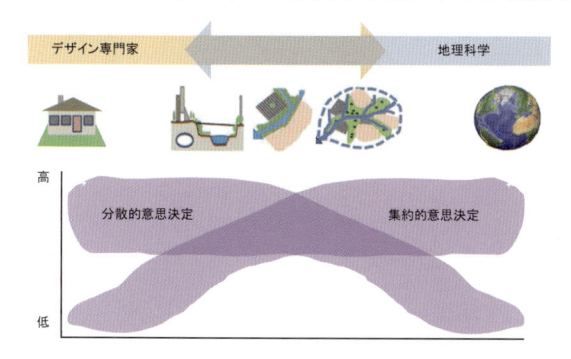

図2.4 ジオデザイン・プロジェクトの規模が変化するにつれて、集約的意思決定と分散的意思決定は逆の関係にある（出典：Carl Steinitz）

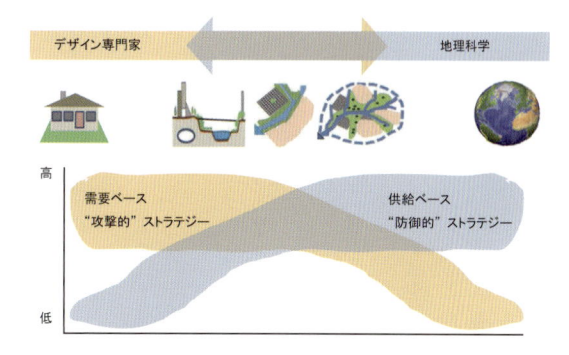

図2.5 ジオデザイン・プロジェクトの規模が変化するにつれて、供給ベースと需要ベースのジオデザイン・ストラテジーの強調は逆の関係にある（出典：Carl Steinitz）

【注】

1) Edited from C. Steinitz, "From Project to Global: On Landscape Planning and Scale," *Landscape Review* 9, no. 2 (2005): 117-27.

2) Galileo Galilei, *Dialogues Concerning Two New Sciences*, translated by Henry Crew and Alfonso de Salvio (New York: McGraw Hill Book Co., 1914).

3) Edited from C. Steinitz, "On Scale and Complexity and the Need for Spatial Analysis," Specialist Meeting on Spatial Concepts in GIS and Design; Santa Barbara, California; December 15-16, 2008.

第Ⅱ部　ジオデザインのためのフレームワーク

　ジオデザインのプロセスは決して単一ではない。規模、スケール、文化、内容、時間が多岐にわたるプロジェクトに、ジオデザインのアプローチ、原理、方法が適用される限り、ジオデザインが単一の方法論を有することはない。しかしながら、ジオデザインで必要とされる協働を実践するためには、ものごとを系統だてる必要がある。そこで必要となるのがフレームワークである。質問を問いかけること、多くの手法から選択すること、最も適した答えを求めることといった、動詞としてのジオデザインにはフレームワークが必要になる。

　第Ⅱ部では、名詞としてのジオデザイン理論の解説ではなく、動詞としての、あるいはプロセスとしてのジオデザインのフレームワークについて論じていく。長年にわたる経験から構築されたこのフレームワークは、6つの問いかけと、ジオデザインの実践において共通に用いられるモデルで構成される。第3章ではこのフレームワークの構成要素を紹介し、第4、5、6章ではその特性と活用方法について詳述していく。

第3章　問いかけとその反復

　何が求められているかを同定し、関係性を明らかにできるような明確なフレームワークを持つことが大規模なジオデザインの実践に向けた協働作業には必要である。最初に私がフレームワークについて執筆したのは1990年のことである。実際にはそれ以前から30年以上にわたって、このフレームワーク作りに取り組み、実践を積み重ねてきた[1]。ここに提案するジオデザインのためのフレームワークは6つの「問いかけ」で構成される。これらの問いかけは、少なくとも3回以上(明示的にも暗示的にも)、いずれのジオデザイン作業の中でも繰り返される。必要に応じて6つの質問には、ジオデザインを実践するチームにより改良された二次的な質問が付加される。それらの問いに対する回答がモデルである。その内容や抽象化の度合いは、それぞれの事例によって異なる。いくつかのモデリング・アプローチは他の場所にそのまま適用できる可能性があるが、データやモデルのパラメーターは人、場所、時間に応じて異なる。それはジオデザインの行為そのものが、学んでいくプロセスであるからに他ならない。

　特定の地域のジオデザインのフレームワークは、多くの参加者によって形作られる。特に、地域の関係者、各種関係機関(図3.1)によって提起される課題および要件によって具体化されていく。しかし、多くの場合、これらステークホルダーが合意をみることはない。そしてこのようなジレンマこそがジオデザインの実践が必要となる理由である。ステークホルダーはすべての作業段階において、ジオデザインを遂行するチームとの緊密なやりとりを持ちたいと望むだろう。提案するデザインは彼らの優先順位(何に一番関心があるか)を反映する必要がある。そしてステークホルダー間で意見の一致がみられない場合は代替案が提示される必要がある。ジオデザイン・チームは、既に知られている解決策や、容易に想像できるもの以上の代替案を提案し、検討し続ける責任がある。代替案やそのインパクトの評価を含むすべての成果と結果は、ステークホルダーが検討をし、意思決定を行う際に提示される必要がある。

　このフレームワークは単純な線形のプロセスを示すものではない。何度も繰り返されるループ、フィードバックの可能性を持つものである。若干のずれや変更はジオデザイン・プロジェクトにおいていつも起こるものである。しかし、問いかけにより形づくられている系統的プロセスをたどることで、確かなデザインの骨格を形成することができる。

フレームワークにおける6つの問いかけ

　鍵となる問いかけは、以下に示す通りである。

1. *対象地域の特性、空間、時間はどのように記述されるべきか？*　この問いかけへの回答は、**表現モデル**と、対象地域に関するデータで提示される。
2. *対象地域はどのように営まれているか？　対象地域を構成している要素間にはどのような機能的、構造的関係があるか？*　この問いかけへの回答は、プロセス・モデルで提示される。**プロセス・モデル**は対象地域における影響分析のための知識を提供する。
3. *対象地域は現在、良い状況にあると言えるだろうか？*　この問いかけへの回答は、評価モデルとして提示される。**評価モデル**は意思決定を担うステークホルダーの価値観に依拠するものである。
4. *対象地域は将来どのように変わり得るか？　どのような政策、行動によって？　どこが、いつ？*　この問いかけへの回答は、変化モデルとして提示される。**変化モデル**はジオデザインの実践の中で開

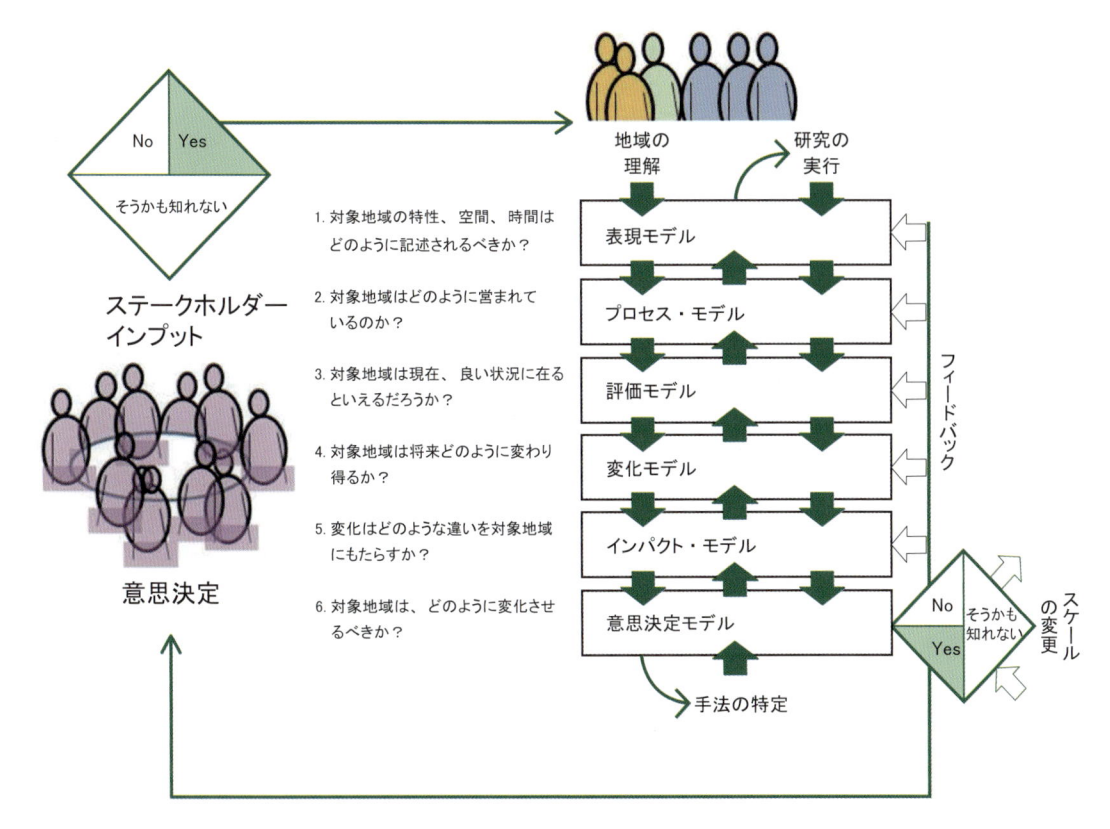

図 3.1 ステークホルダー、ジオデザイン・チームとジオデザインのためのフレームワーク（出典：Carl Steinitz）

発され、比較されるものである。また、変化モデルは将来の対象地域の状況を示す各種のデータも作り出していくこととなる。

5. *変化はどのような違いを対象地域にもたらすか？* この問いかけへの回答は、**インパクト・モデル**として提示される。インパクト・モデルはプロセス・モデルを異なる条件下に適用した際の評価としてもたらされるものである。
6. *対象地域は、どのように変化させるべきか？* この問いかけへの回答は、**意思決定モデル**として提示される。意思決定モデルは、評価モデルと同様に、意思決定を担うステークホルダーの価値観に依存するものである。

フレームワークを通じた3度の繰り返し

　ジオデザインの実践では、付随する問いを含む6つの主要な問いかけが3度繰り返される。1巡目の作業（図3.2）では、速やかに質問1から順番に進み、それぞれの作業の内容と大枠の流れを確認することになる。そこでは「なぜ(WHY)？」と問いかけ続けることになる。2巡目の作業では、今度は逆の順番で進められる。6番目の問いかけから始めて、1つ目の問いかけに戻っていく。そこでは、「いかに(HOW)？」という問いかけが続けられる。その結果としてそれぞれの手法が定められる。3巡目の作業では再び1から6という元の順番で進められる。そこでは2巡目で定められた手法を実践することを通じて、「何を(WHAT)？」、「どこで(WHERE)？」、「いつ(WHEN)？」という質問に答えていくことになる。

問いかけ4で示唆したことであるが、デザインという行為は、単に変化、改変を提案するだけではないということを強調しておきたい。明示的にも暗示的にも、ジオデザインの実践を完了するためには、フレームワークを3度繰り返す中で6つの問いかけ全てに、十分な答えが用意されなければならない。このようにして、はじめてステークホルダーによる意思決定がなされ、実際の改変が行われるようになるのである。

1巡目の作業：*WHY?*という問いかけ

1巡目の作業の目的は、対象地域の特性とこれからの分析の範囲を理解することにある。したがって1巡目の作業では、1から6の順に、なぜ一連の作業が必要になるのかについて問いかけ、そして答えていくことになる。ジオデザイン・チームは対象とする地域の過去から現在までの状況を調査するとともに、それらをどのように表現するかを検討し、景観がその場所でどのように機能しているかということについての全般的な理解を深める。ジオデザイン・チームはこの1巡目の作業によって、対象地域が抱える問題、課題、可能性と制約、ジオデザインを実践する目標、ならびに将来の変化、改変の可能性などを理解することになる。そこでは将来的な変化の可能性とそれがもたらすインパクトのタイプが同定されるだろう。6つの問いかけに答えていくことは、意思決定プロセスがジオデザインの実践において、いかなるインパクトをもたらすかについて理解することにもつながっていく。

1巡目の作業で出されるであろう典型的な質問としては、次のようなものがある。

1. 表現：
対象地域はどこなのだろうか？　それはどのように定義されるべきか？
物理的、環境的、経済的、社会的な特性は何か？
物理的、環境的、経済的、社会的側面から見てどのような歴史をたどってきたか？
2. プロセス：
物理的、環境的、経済的、社会的側面から見てどのようなプロセスが地域に存在するか？
それらはどのように互いに結びついているか？
3. 評価：
対象地域は魅力的な場所か？　その理由は？　なぜそうでないのか？　誰にとって魅力的か？
対象地域は発展しているか？　それとも衰退しているか？　どのように？
その地域に今日的な環境上の、または他の「問題」があるか？　どちらか？　どこで？
4. 変化：
どのような変化が今後その地域で予想されるか？
その変化は地域の発展や衰退に関わっているものか？
変化の圧力は地域の内部から生じているものか？それとも外側からか？
5. インパクト：
想定される変化は有益なものか？　それとも有害なものか？　誰にとって？　それらは深刻なものか？　それは不可逆的なものか？
6. 意思決定：
ジオデザインのそこでの主たる目標は何か？　公的な行動を起こすことか？

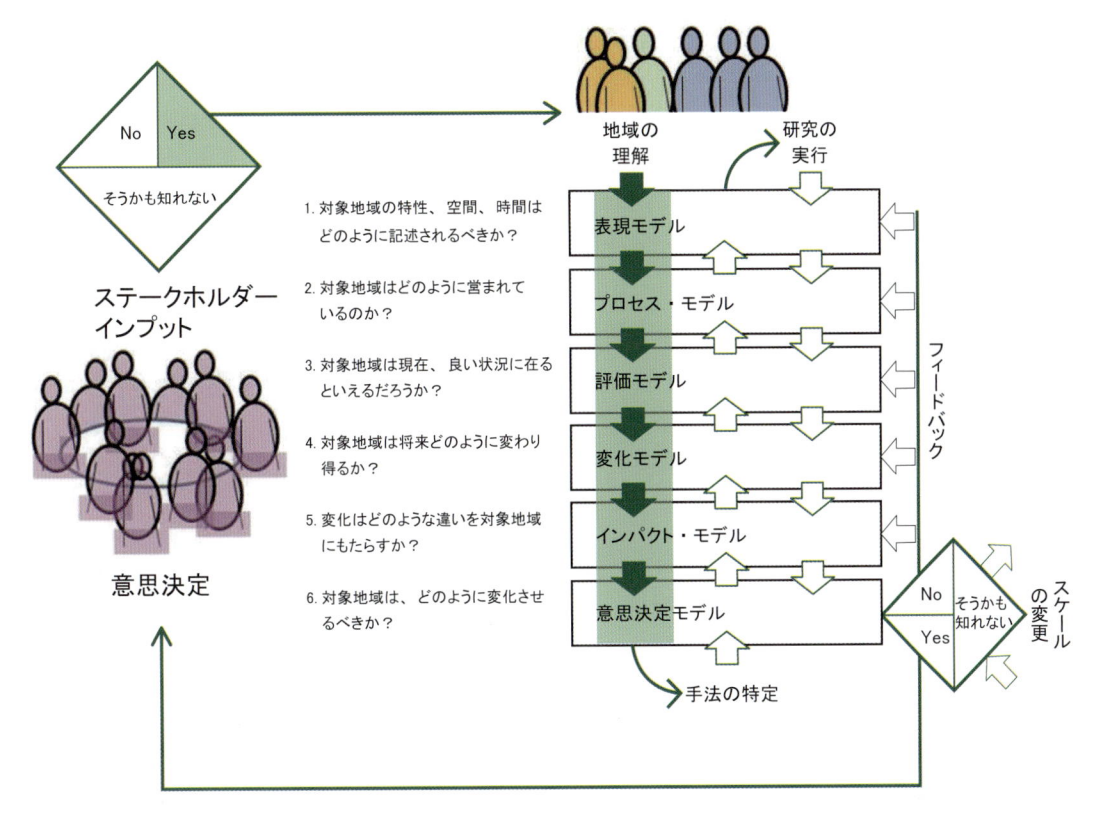

図3.2 1巡目の作業：*WHY*？という問いかけ。緑色の矢印が示すように、1巡目の作業では質問1から質問6まで順番に問いかけがなされる。ジオデザイン・チームは、質問に答えていく作業を通じて、対象地域の文脈を理解するために必要な基礎的情報を得ていく（出典：Carl Steinitz）

経済的利益か？　科学の発展か？
主たるステークホルダーとは誰か？　パブリックなものかプライベートなものか？
「それぞれの立場」はわかっているのか？　何かの軋轢や対立の中にあるか？
検討が必要な法的な課題や実施上の課題はあるか？
ジオデザインの実践に影響するような何らかの拘束力がある制限はあるか？

　いかなる場合でも、ジオデザインの適用範囲を明確にし手法を具体化し、そしてより適切な決定につなげることを目的としたあらゆる選択肢が議論され、適切な選択がなされる必要がある。これがフレームワークを通じた1巡目の実践における主要な論点である。

2巡目の作業：*HOW?* という問いかけ

　2巡目の作業の目的は、これからの分析の手法を決定し、具体化させることにある。すなわち *HOW?* と問いかけるのである。2巡目ではフレームワークは質問6から質問1に向かって逆の順で実行される（図3.3）。通常の順序と逆の順番で行うこの作業は、潜在的に有用な手法をデザインする上で極めて重要な役割を果たすと言える。このような方法を取ることで、ジオデザインそのものがデータ主導型のものから、意思決定主導型のものになる。

　2巡目の作業で出されるであろう典型的な質問としては、次のようなものがある。

6. 意思決定：
   どのように意思決定がなされるか？　誰によって？
   意思決定者は何を知っている必要があるか？
   評価の基準は何か？　科学的評価か？　文化的な規範か？
   法的基準か？　コスト、デザインのフェーズ、技術の選択肢といった実施上の課題があるか？
   公的なコミュニケーションの課題があるか？　可視化されているか？

5. インパクト：
   考えられる変化のどのようなインパクトが、最も重要か？
   どのようなインパクトが、法律や規制により評価されなければならないか？
   インパクト評価はどれくらい複雑であるか？
   どれくらい、どこで、いつ、誰にとって、これらのものの「良し悪し」が判断されるのか？

4. 変化：
   誰が変化の前提や要件を決めるのか？　どのように？
   どのような変化のシナリオを選択するか？
   どのような期間を対象とするか？　どのようなスケールで？
   どの課題が、ジオデザイン・チームの能力や使用するモデルの能力を超えているのか？
   どの変化モデルが適用されるべきか？
   成果はデザインとして提案されるべきものか、あるいはシミュレーションによる予測評価か？
   あるいはその両方か？

3. 評価：
   評価の指標は何か？　エコロジー的な指標か？　経済的指標か？
   政治的指標か？　市民の視覚的な選好という指標か？

2. プロセス：
   どのようなプロセス・モデルが含まれるべきか？モデルはどれくらい複雑でなければならないか？
   いかなるスケールで適用されるか？どのような期間を対象とするか？

1. 表現：
   対象地域は正確にどの場所か？　どのように領域が区切れるのか（また、なぜ区切れるのか）？
   どのようなデータが必要とされるか？　どのような特性のために？　どのようなスケールで？
   どのような分類において？　どの時点の？　どのようなソースから？
   コストは？　どのような表現方法で？

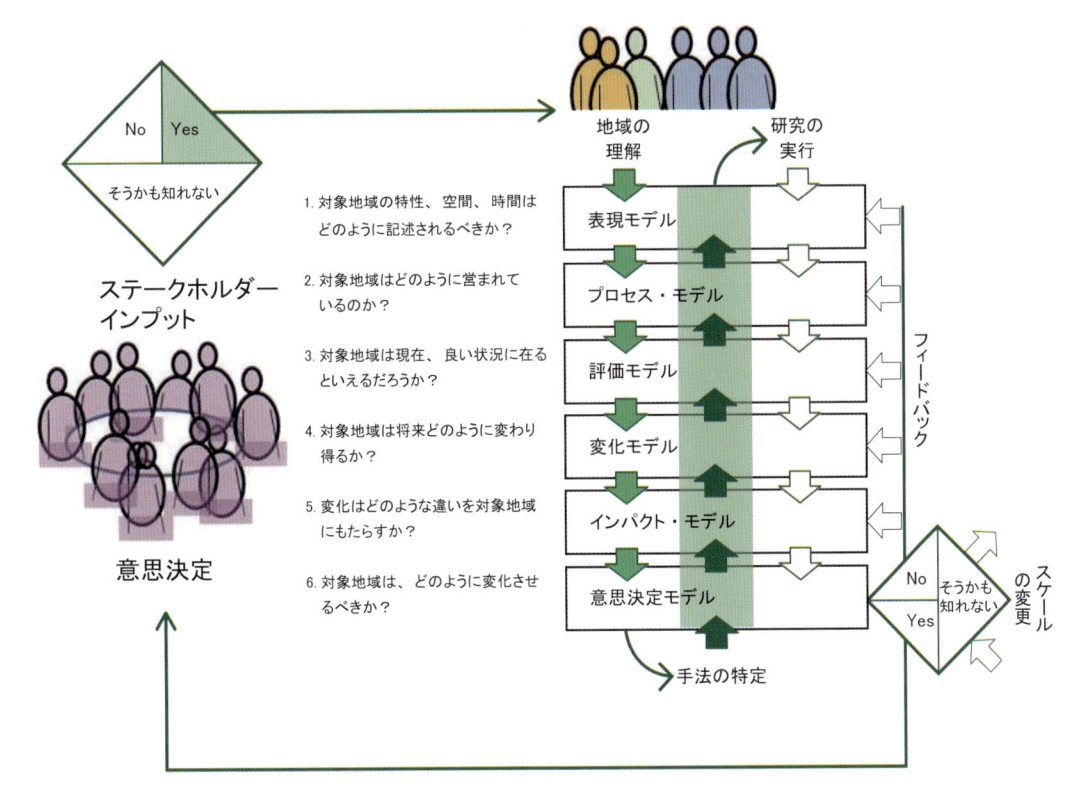

図3.3 2巡目の作業：*HOW*？という問いかけ。緑色の矢印が示すように、2巡目の作業では質問6から質問1に向かって逆の順番に問いかけがなされる。ジオデザイン・チームは、質問に答えていく作業を通じて、取るべき手法についての合意を形成し、手法の特定をすることができる（出典：Carl Steinitz）

　ジオデザインの手法を設計することは、しばしばジオデザイン・チーム全体の経験と判断から引き出される複雑な意思決定を伴うこととなる。景観を変化させたり保全するような公的、民的な意思決定が、ジオデザインの文脈の中でどのように形作られていくか。ジオデザインの手法を設計するためには、このことを深く理解する必要がある。またジオデザインの作業において求められる各種の要件は、重要性の観点から適切に理解され、ランク付けされなければならない。ジオデザイン・チームは、意思決定者やその関係者らが考慮すべきインパクトの内容を特定しなければならない。専門的、科学的知識を使って、ジオデザイン・チームはいくつかのデザイン提案をし、かつ改変に向けたプロセスや戦略を見出していく必要がある。さらに現況を評価する手法を選択し、対象地域全体における構造、そこでの各要素の機能発揮の過程について分析を行う。その上で、どのようなモデルで表現可能かを検討し、同時に必要な情報の内容を同定する。そのような分析、検討を経てはじめて必要なデータを特定することができ、また最適な表現方法を決めることができる。

　またフレームワークの中の6つの問いかけに加えて、以下のような包括的な質問を追加することで、手法の選択肢を見出すことができる。これらの問いかけはこれまで説明してきたフレームワークに明示的に含まれたものではないが、これらの質問への答えを探求することは、ジオデザイン・チームが優れた仕事をする上で重要な示唆を与えるだろう。

・誰が参加すべきか？　またどのように？　地域住民か？　政治的指導者か？
　会社の取締役たちか？　外部の専門家か？

- 速やかに分析結果を提示し実際の行動に素早く移ることと、時間をかけてより深い分析を行うことのどちらが求められるか？　それらのトレードオフ関係はいかなるものか？
- 単一の提案を行って終了すべきか、それとも将来の様々な意思決定を継続的に支援するようなサポート体制を開発すべきか？
- ジオデザイン作業にかかる適切なコストはいか程か？　どれだけの時間、資金、基礎分析が必要か？

3巡目の作業：*WHAT*？、*WHERE*？、*WHEN*？という問いかけ

　3巡目の作業の目的は、ジオデザイン・チームが2巡目の作業でデザインした手法を実践することにある（図3.4）。そこで私たちは*WHAT*、*WHERE*、そして*WHEN*という問いかけを行い、それに答えていくのである。3巡目では再び1から6の順番で実践され、表現モデル、プロセス・モデル、評価モデル、変化モデル、インパクト・モデル、決定モデルが活用される。

　この一連の作業では、データが主たる関心になる。必要なデータを特定し、収集し、そして適切な方法により検討に適したフォーマットに変換し、必要な情報を表現するのである。得られたデータを用いてプロセス・モデルを作成した後、プロセス・モデルはただちに実践される。その結果は対象地域の現況評価、将来の変化とそれによるインパクトの評価に際してベースラインを提供する。次に、対象地域において将来の選択肢をデザインし、もしくはシミュレーションを行い、それらがもたらすインパクトを比較評価する。意思決定者たちはその結果を見ることで、彼らの決定が将来どのような事態につながるか、どのような変化をもたらし得るかを知ることになる。3巡目の作業でなされるべきこととしては、次のようなものがある。

1. 表現モデル

    必要なデータを取得する。

    適切な技術を用いてそれらを編集する。

    時間的・空間的にデータを視覚化する。

    ジオデザイン・チームの中でそれらを共有できるようにする。

2. プロセス・モデル

    プロセス・モデルを実践し、調整し、テストする。

    互いのモデルを適切につなぐ。

    それらを変化モデルにつないでいく。

3. 評価モデル

    過去と現状を評価する。

    結果を視覚化し、コミュニケーションできるようにする。

4. 変化モデル

    将来の変化を予測し、提案する。

    それらをデータとして表現する。

    それらを視覚化し、コミュニケーションできるようにする。

5. インパクト・モデル

    プロセス・モデルを通じてそれぞれの変化モデルのインパクトを評価し、比較する。

    結果を視覚化し、コミュニケーションできるようにする。

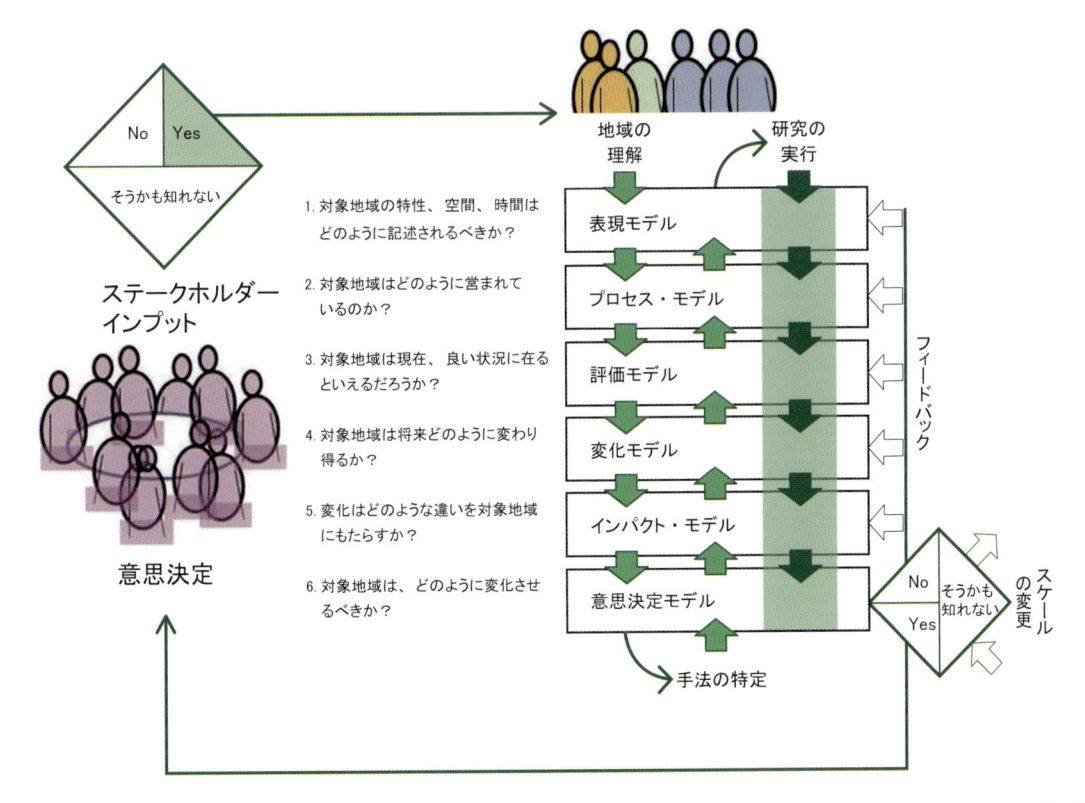

図 3.4 3 巡目の作業：WHAT ?、WHERE ?、WHEN ?という問いかけ。緑色の矢印が示すように、3 巡目の作業では再び質問 1 から質問 6 に向かって問いかけがなされ、ジオデザインが実践される（出典：Carl Steinitz）

6. 意思決定モデル

変化モデルのインパクト評価の結果を比較し、意思決定を行う。

「*No*」なら、フィードバックが必要である。

「そうかも知れない」なら、異なる規模やスケールでの更なる分析や検討が必要かもしれない。

「*Yes*」なら、意思決定と可能な実施案を検討するために、ステークホルダーに提示する。

ジオデザイン・チームがフレームワークの問いかけを3度繰り返したのであれば、その結果として3つの判断が存在し得る。「*No*」「そうかも知れない」または「*Yes*」（図3.5）である。

「*No*」と判断されることは、作業の結果がジオデザイン・チームを満足させることはなく、意思決定者の要件に対応できていないことを意味している。その場合は、6つのステップのすべてまたは一部をフィードバックするか、改良する必要がある。より多くのデータやより良いデータを加える必要があるかも知れないし、プロセス・モデルの改良が必要かもしれない。基準の再設定と再評価、変化モデルの再設計、インパクトの見直しが必要かもしれない。あるいはひょっとしたら意思決定者の意識を変えさせるよう教育をする必要があるかも知れない。加えて、フレームワークのいかなる時点においても新たなインプットが可能である。それは当初のインプットと異なるタイプのものかもしれないし、別の情報源からから得られるものかもしれない。新たなインプットを加えることで、別の決定につながるかも知れない。このように、ジオデザインは非線形型の作業なのである。

チームの決定が「そうかも知れない」であったり、あるいは条件付きの「*Yes*」であった場合は、研究対象のスケール、規模または時間のフレームを変更することにつながるかも知れない（図3.6）。プロジェクトのスケールを変えることは、ジオデザインの実践をより大きくあるいはより小さくする可能性があるため、いくつかのモデルについてはその構造および内容を変更する必要があるかも知れない。しかしながら、ジオデザイン・チームが積極的な「*Yes*」という決定をできるようになるまで、検討は再びフレームワークの6つの質問に従って続けられる。

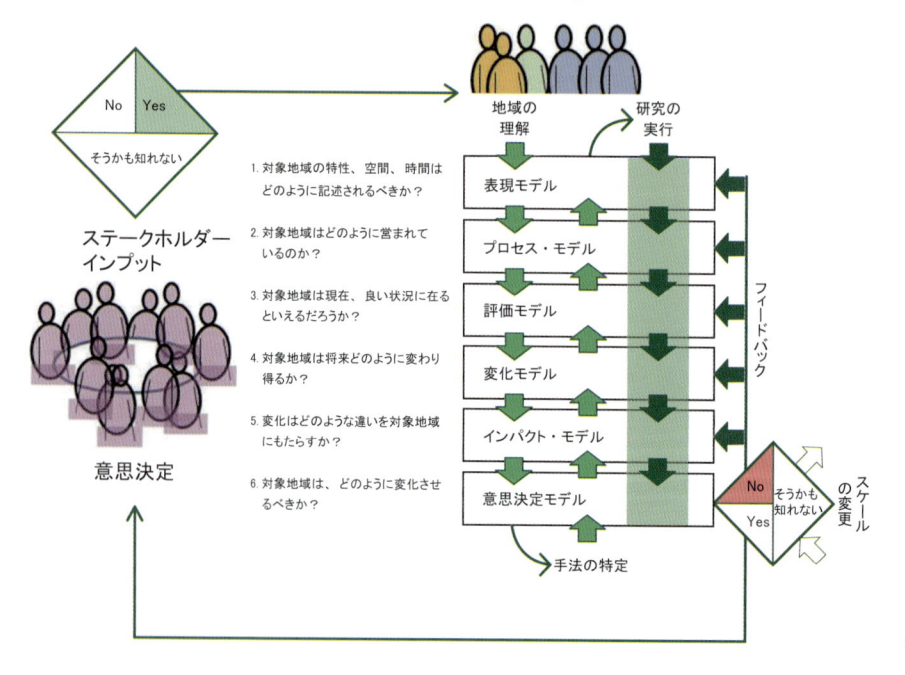

◀ 図3.5 「*No*」「そうかも知れない」または「*Yes*」のいずれかがジオデザイン・チームによって判断されなければならない。「*No*」と判断された場合はいずれかの段階にフィードバックするか、問いかけの作業やモデルの適用を再度実施する必要がある（出典：Carl Steinitz）

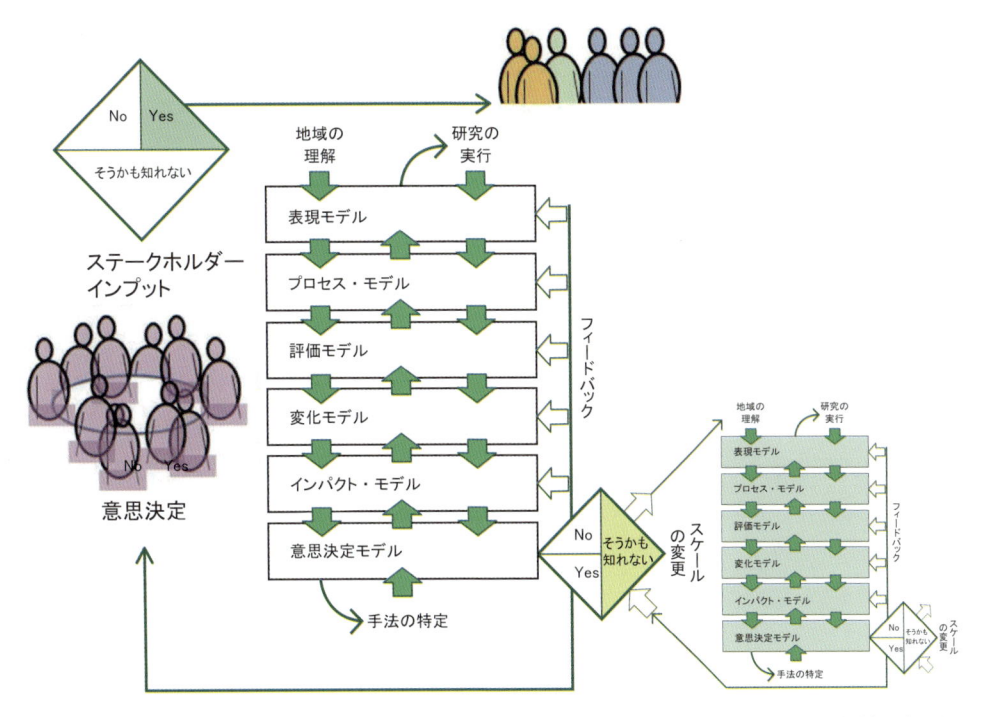

図3.6 フレームワークに沿った作業を実施した後に、「そうかも知れない」と判断されたなら、スケールや規模を変化させた上でフレームワーク作業、問いかけ、モデル適用が再度実践される（出典：Carl Steinitz）

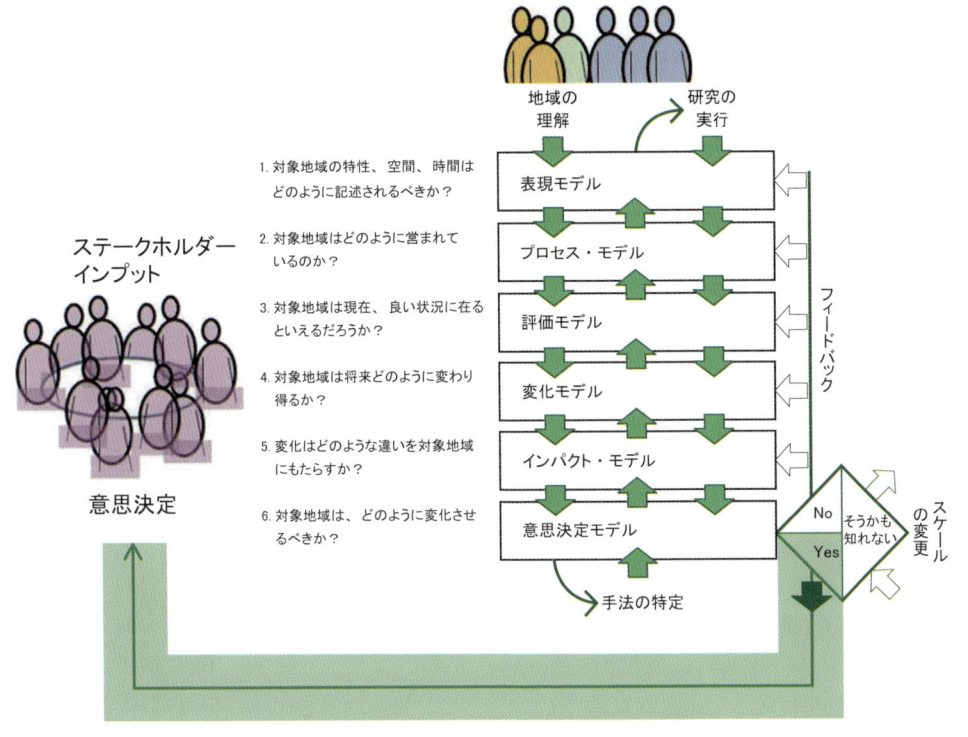

図3.7 「Yes」と判断されたなら、取りあえずの分析作業の完了を意味し、今度は意思決定に向けたレビューを受けるために、ステークホルダーへ提示されることになる（出典：Carl Steinitz）

フレームワークに沿ってなされた作業の結果、ジオデザイン・チームが「Yes」という判断に達した場合、結果として得られた作業もしくは提案は、実施と行動に向けたレビューのためにステークホルダーへ提示されることになる（図 3.7）。

最終的な意思決定は、市民から高次のレベルの政府までを包含する地域のステークホルダーの責任でなされる。意思決定を行うためには、繰り返される質問に対して答えが作られなければならず、また選択のためのオプションが提示され、協議されなければならない。意思決定者（意思決定には多くの層がある可能性があるが）には、同じように「No」「そうかも知れない」、「Yes」の選択肢がある（図 3.8）。「No」という決定は、検討の終了をもたらすかも知れない。「そうかも知れない」という判断は、おそらくフィードバックとして扱われ、ジオデザインの方法とその結果の変更が必要になるかも知れない。「Yes」という決定は、実施を意味し、将来の表現モデルの更新を促すものである。

デザイン提案は承認されたからといって、直ちにそのまま実施されなければならない訳ではない。特に大型のプロジェクト、あるいは長期的なプロジェクトにおいてはそうである。何らかの土地の変化が生じれば（その変化はジオデザインの結果としてもたらされたものかも知れないが）、将来のある時点での表現モデルはそれまでの変化に応じて改良される必要がある。未来の市民は、その時点における土地の変化に強い関心があるだろうし、ジオデザインの成果に沿ってなされた実践の結果もその際の情報の 1 つになるだろう。すなわち、地域住民にとってこのサイクルは常に繰り返されるのである。すべての土地は、計画的であろうとなかろうと、常に変化しているものなのである。

フレームワークにおける問いかけは、スケールと時間を超えて繰り返し結び付けられることにより、非常に複雑で現在進行形の研究対象を、系統的に秩序立てる基盤となるだろう。得られる結果は様々なスケールにおいて、2、3、または 4 次元で表現されるかもしれない。どのように複雑なものであっても、同じ問いかけが将来のプロジェクトにおいても繰り返される。しかしながら、答え、モデル、手法、結果、開発され適用された手法は、常に変化し続けるだろう。

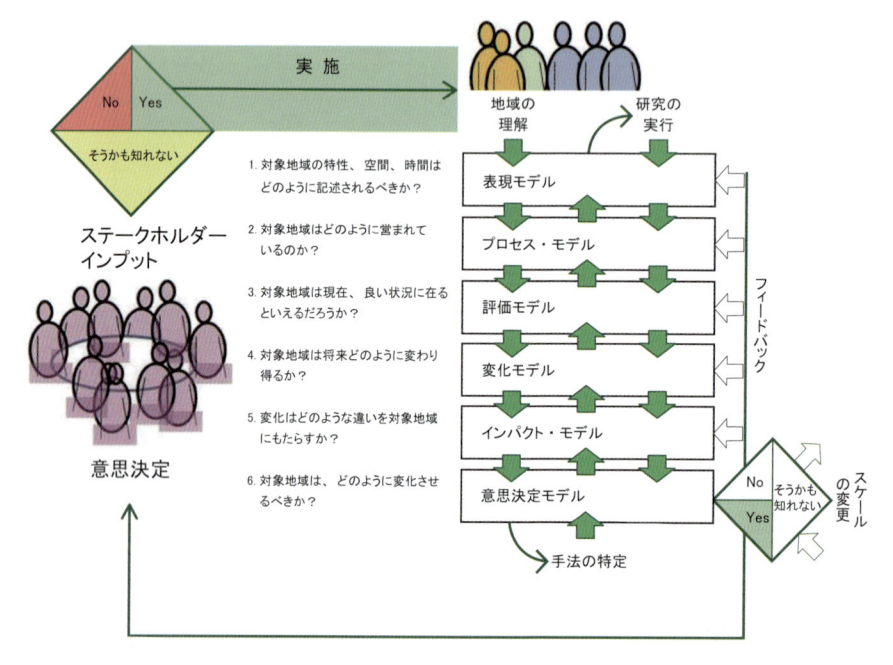

図 3.8　レビューでも「Yes」と判断されたなら、今度はいよいよ実施の段階に移っていく（出典：Carl Steinitz）

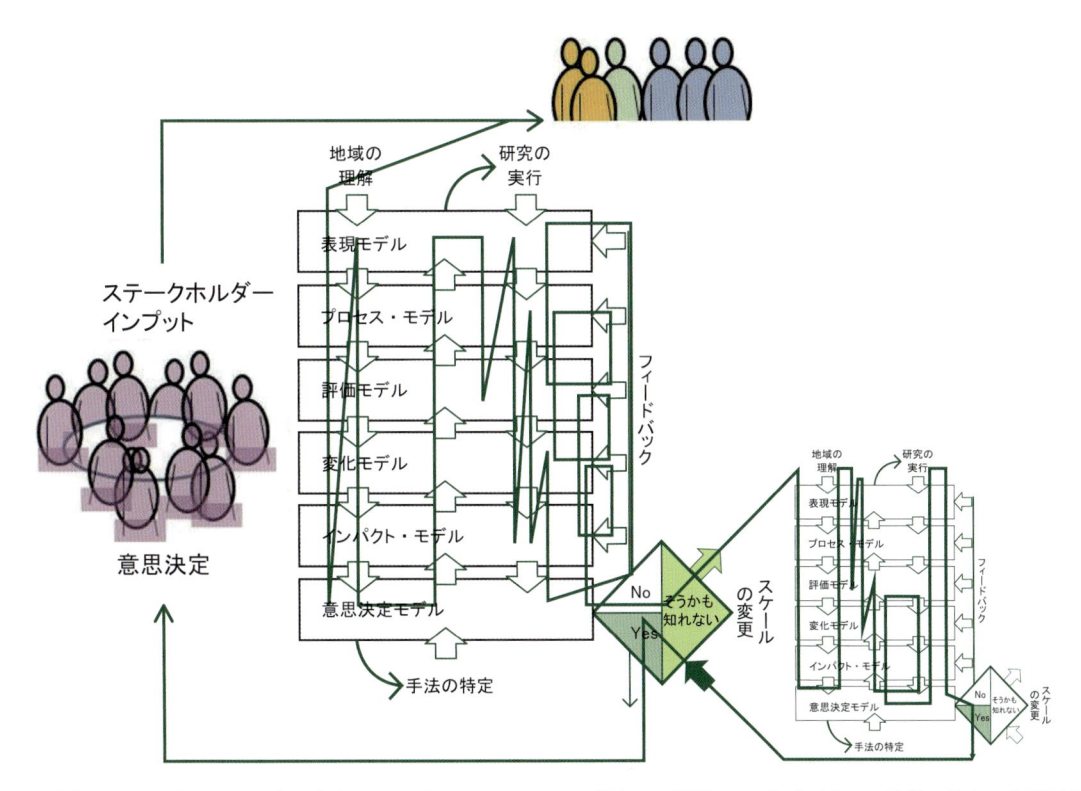

図 3.9 実際の適用においては、ジオデザインのためのフレームワークが線形に展開していくことはない。作業の途中で生じる予想外の問題、避けられない問題に柔軟に対応していくのである（出典：Carl Steinitz）

実践のフレームワーク

　一見するとフレームワークは非常に直線的に見える。しかしフレームワークの問いかけとモデルが所定の方法および連続的な形で提示されていれば、フレームワークはアプリケーションにおいて通常は線形ではなく、かつその経路は単純に前進するものではない（図 3.9）。ジオデザイン作業は特異な始まり方をすることもあり、スタート時の作業への入り方は様々である。場所・土地からインスピレーションを得ることもあるし（ゲニウス・ロキ）、解が直ちに見つかることもある。あるいはクライアントに予想や先入観を知らせることもある。また作業の途中では、予想外の問題、出だしの失敗、デッドエンドにぶつかることもあるし、逆に偶然幸運に出くわすこともある。

　フレームワークの微修正は、問いかけに対して、洗練された内省的応答を示すという経験を積んだ専門家だけが実現することができる。言い換えれば、明快に構造化されたフレームワークの適用に対して十分な準備をして臨んだ場合にのみ、オリジナルで創造的かつ革新的なジオデザインが可能となるのである。Louice Pasteur (1822-1895) はこのように述べている。「幸運の女神は備えあるものにのみ、微笑みかける」[2]。

　ジオデザイン作業の過程で方法論を設計し、決定段階に進めようとしているとき、地理的な科学技術、デザインの専門家、情報技術者、ステークホルダーやクライアントとの間に、ある種の共生関係が生まれる。そのような共生関係がどのように影響するかは、6つの質問中のどれが検討されているかによって異なる。質問 1、2、3 は主に、対象地域の過去と現在の状況についてのものだといえる。この段階では、地理的な科学技術が (1) 表現モデルと (2) プロセス・モデルの両方において、最も活用されるものとい

える。そこでは事実に基づいた客観的な状況提示が求められる。提示される現況は、評価を議論する際にはベースラインとして用いられ、変化を議論する際には基準点として扱われる。(3) 評価モデルに対しての責任は、より広範囲に及ぶといえる。一方でデザインの専門家は、より地域的な、あるいは機能的、感覚的な理解を進めて、地域の文化特性や地域独自の価値観との連携を深めることに貢献できるだろう。

これに対して質問4、5、6は過去や現在よりも未来に目を向けている。変化モデル (4) の段階ではデザインの専門家が最も重要な役割を担うことになる。彼らの持つ統合力、編集力が必要とされるからである。一方で、提案される「変化」がもたらすインパクトを評価する段階（インパクトモデル (5)）では、地理的な科学技術が重要な役割を果たすことになる。意思決定モデル (6) は究極的には意思決定者の責任であるが、しかし実際には全ての人々と関係すると言える。繰り返すが、協働する科学者やデザイナー、情報技術者、そして地域住民との間には、ある価値観を共有するということが期待される。

私は次の点だけは譲ることができない。どのような避けがたい予期せぬ事態があったとしても、ジオデザインの作業では必ず6つの問いかけを3度繰り返す必要がある。明示的であるにせよ暗示的であるにせよ、3度の繰り返しを一度以上実践することが、実現すべきかという問いに対して「*Yes*」という決定を得るためには必要なのである。スタート時点からわざわざフレームワークからそれるようなことを選択した場合、不十分でコスト高な決定につながってしまうだろう。それはステークホルダーやクライアントにとって不幸なことである。

フレームワークは、取り組む人々によって有用であると見られる場合に限って、役に立つものになり得る。このフレームワークは、ジオデザインの実践の際に生じる大きく複雑な問題に対処する上で、非常に貴重なサポートをしてくれるだろう。実際、私自身やその他多くの人々によって、専門的な仕事、学術研究、アカデミックで専門的なワークショップ、大規模な応用研究プログラムを遂行していく上で活用されてきた。このうちのいくつかを、事例研究としてこの本の中で紹介していくこととする。

【注】
1) C. Steinitz, "A Framework for Theory Applicable to the Education of Landscape Architects (and Other Environmental Design Professionals)," *Landscape Journal* 9 (1990): 136-43.
　　　Revised version in *Process Architecture* 127 (1995). (English and Japanese.)
　　　Revised version in *GIS Europe* 2 (1993): 42-45
　　　Revised version in *Planning* (2000). (Chinese.)
　　　Revised version in *Environmental Planning for Communities: A Guide to the Environmental Visioning Process Utilizing a Geographic Information System (GIS)*. Cincinnati, OH: US Environmental Protection Agency Office of Research and Development, 2002.
　　　Revised version in chapter 3 of *Alternative Futures for Changing Landscapes: The San Pedro River Basin in Arizona and Sonora* by C. Steinitz, H. Arias, S. Bassett, M. Flaxman, T. Goode, T. Maddock, D. Mouat, R. Peiser and A. Shearer. Washington, D.C.: Island Press, 2003.

2) Louis Pasteur, Lecture, University of Lille, December 7, 1854.

第4章 フレームワーク1巡目の作業：
　　　　ジオデザインの全体を展望する

　ジオデザイン・プロジェクトは、他のデザインプロジェクトや研究プロジェクトと同じように始まる。民間セクターにせよ公共セクターにせよ、ステークホルダーや意思決定に関わる人々が、デザインの専門家や地理学者に連絡をとり、研究や事業の必要性について説明するところから始まる。時には資金提供を受けた研究プロジェクトという形で始まることもある。あるいは、ある個人がジオデザインのアイディアを思いつき、そのままジオデザイン・チームの一員としてアイディアを具現化していくこともある。いずれにしても、まずはプロジェクトの重要項目である対象地域、人々および諸問題について予備的かつ概略的な情報しか与えられない中で、プロジェクトを実施するかどうかの決定をすることになる。

　フレームワーク1巡目の作業の目的は、対象地域と地域住民についての理解を深めて、ジオデザインで扱う範囲を見極め、全体を展望することで「なぜ」という質問に答えることである。ジオデザインの内容は対象によって全く異なっており、それぞれが固有性を持っている。当面の問題から提起される課題や質問に対して、フレームワークは適用されなければならない。完全に同じ2つのジオデザインというものはなく、常に新しい選択がなされなければならない。だからこそ、1巡目の作業ではジオデザインで扱う範囲が見極められ、全体が展望されなければならないのである。

　展望することの大切さを述べるとき、私はいつも法廷における2人の原告の話を思い出す。彼女達はオレンジについて口論していた。2人の原告がそれぞれにオレンジが必要であると主張している間、裁判官はそのオレンジを手の中に持っていた。どちらのものとも決定できないので、裁判官はそのオレンジを2つに切り分けて原告に半分ずつ与えた。原告は2人とも不満であった。後になって裁判官は、1人は皮を欲しがり、もう1人はジュースを欲しがっていたことを知った。

　教訓：解を提案する前に、何が問題であるかを見極める必要がある。

　参加者間の協力はジオデザイン成否の鍵にもなる重要な要素であり、それは最初の段階から調整されなければならない。このことは「卵が先か、鶏が先か」の問題と同じである。どの地理学者が、どのデザイン専門家が、そして他の誰が参加すべきであろうか？　最初の予備的な決定はジオデザイン・チームのリーダーが行う必要があるが、リーダーは当初の考えは変わっていく可能性があること、リーダーとしての役割も継続しない可能性があることを理解しておく必要がある。

　まだチームが組み立てられている段階の最初の時点では、急いでプロジェクトのためのデータを収集したいという誘惑に駆られがちになる。そのような誘惑は強く否定され、阻止されなければならない。そうあるべきと考える参加者がいるかも知れないが、データ収集は最初のステップではない。ジオデザインはデータによって駆動されるべきではない。意思決定によって駆動される必要があるのだ。GISなどのためにデータが集められるよりも前に、まずプロジェクトに関わる諸問題がより深く理解されなければならない（図4.1）。

図 4.1　データ収集が最初のステップになってはならない。ジオデザインはデータによってではなく、意思決定によって駆動される必要がある（出典：Carl Steinitz）

　最初に、ジオデザイン・チームは、どの問題およびどの意思決定事項が最終的に最も土地の文脈を改善することになりそうであるかを見極めなければならない。これらがフレームワーク1巡目で私たちが問いかける「なぜ」という問いかけになる（図4.2）。そこに暮らす人々、土地の特性、最初にプロジェクトを始める契機になった諸課題、および変化をデザインするチームの役割を認識すること。これこそがこの段階で行うべきことである。

　プロジェクトのこの段階は、可能な限り対象地域の中で実施されることが望ましい。クライアントであるステークホルダーや地域の人々の案内のもと、この段階におけるジオデザイン・チーム全員で、周到に準備された現地調査を実施することが望ましい。地域の人々には様々な立場、考えの人がおり、彼らが完全な合意に達する可能性は薄いであろう。もし彼らが合意に達していたならば、彼らは何をすべきかを認識していたであろうし、最初からジオデザイン・チームに助けを求めなかったであろう。きっかけをつくり出した最初のステークホルダーは、一市民かも知れないし、企業、地方または国の政府、または非政府系組織かも知れない。さらに付け加えるならば、彼らは自分たち自身の意思を主張しているかも知れないし、もしかしたらアドバイザリー集団や委員会が代弁している可能性もある。いずれにしても、これらの人々こそが重要なのである。彼らは対象とする地域について、ジオデザイン・チームより深い、個人的な理解を持っている可能性がある。プロジェクト期間を通じて定期的に、彼らとの会合の機会は持たれるだろう。したがって信頼関係を最初から作っていくことが重要である。しかし、フレームワーク1巡目の作業の中で助言を受けるのは、彼らのグループからだけではない。

問いかけ1から6とその関連モデル

　ジオデザイン・チームが対象地域や地域の人々についてほとんど知らない状態でプロジェクトを開始することは、珍しくないことである。最初の段階では、チームはアクセス可能なメディア、出版物、インターネット上の情報、および最初に接触してきた人々に頼らねばならない。6つの問いかけはしばしば、関心を持つ当事者たちとの一連の会合の場で提起される。実際には特定の条件や特定の社会的な状況を除いては難しいことであるが、フレームワークの6つの問いかけとそれに付随する二次的な質問は、順序良くたずねていくことが望ましい（図4.2）。

　ジオデザイン・プロジェクトでは時折、プロジェクト全体を展望するために初期的な調査研究を行うこともある。ほとんどの問いかけは、よりフォーマルな調査手法の影響を受けやすい。そのような場合は、全体を展望するための作業の1つとして、フレームワーク作業を予備的に利用することがある。調査方法の特定はフレームワークの2巡目の作業で行われる。そして調査の実践は3巡目の作業になる。いずれの場合においても、ジオデザイン・プロジェクト全体について展望し、全般的かつ相互的な理解を達成することが、1巡目の作業における最も重要な目標である。

　この節では、フレームワーク1巡目の作業において用いる、典型的な二次的質問の幾つかについて述べていく。それらが適用可能であることを示すために、前の章で概説したもののいくつかをここでは意図的に改変している。また、6つの問いかけに関連するモデルのそれぞれについて、特に密接に関係している課題も見直していく。

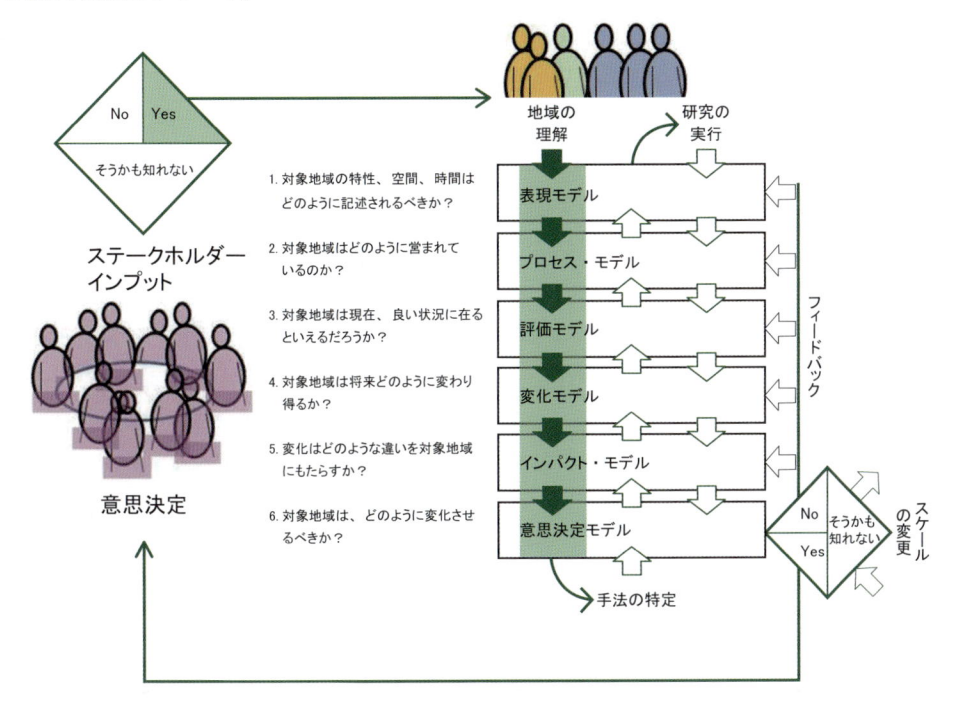

図4.2　対象地域の文脈と内容、そしてなぜジオデザインを実施しているのかということを同定する必要がある
（出典：Carl Steinitz）

1．対象地域は内容、空間および時間において、どのように表現されるべきか？

◀図4.3 表現
（出典：Carl Steinitz）

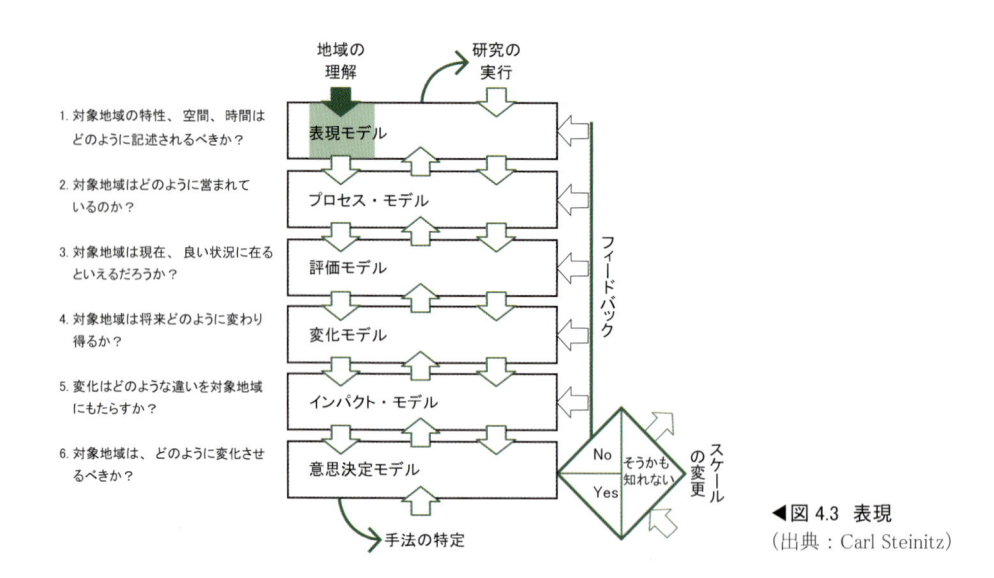

　表現モデルではまず、ジオデザイン・プロジェクトにとって適切な対象地域の範囲設定が必要になる。しかしこれは見かけによらず複雑な問いである。行政界や民有地の敷地境界によって対象範囲が設定されることはよくあることである。行政界を基準に範囲を決めることは、一貫性のあるデータを取得するためには便利である。しかし、隣接する地域を無視することで、周辺地域も含めた全体の状況、周辺との相互作用や関係性、そして相互作用に起因して起こる何らかの結果を見逃してしまう可能性がある。ジオデザインの実践は、流域、眺望範囲、交通のゾーン、あるいは下水道のサービス範囲、政治的な範囲などといった様々な地理的単位にわたって起きる、多様なプロセスに関与する可能性がある。チームは作業範囲として、モデル化されるそれぞれのプロセスにとって適切な、入れ子状の複数の要素を包含するエリアを採用するのが賢明であろう。このアプローチは、より幅広い関係性、もしくはこのようなアプローチをとらなければ見逃されるであろう関係性を認識することにつながり、分析上のリスクを軽減させ、かつよりよい成果を獲得する可能性を高めてくれる。もちろん、異なる自治体や組織からデータを得ようとすれば、それらは異なる定義やフォーマット、管理システムを有しているかも知れない。その統合にはコストもかかるだろうし、より多くの複雑さに直面することだろう。それゆえに、この問いかけは1巡目の作業の初期になされなければならない。範囲の設定は全体の調査分析手法、スケジュール、予算に大きな影響を与えるからである。究極的には、意思決定者が範囲設定の妥当性に合意しなければならないといえる。

　表現モデルに関する問いかけには以下のようなものが含まれる：
・対象地域における重要なシステムの境界はどこにあるか？
・地域の物理的、経済的および社会的特性は何か？
・どのような物理的、経済的および社会的な変遷、歴史をたどってきたか？
・対象地域に関して、先立つ計画やデザインはあったか？
・対象地域についての既存のデータベース（デジタル）があるか？
・それらはチームにとってアクセス可能なものであるか？

2．対象地域はどのように営まれているのか？

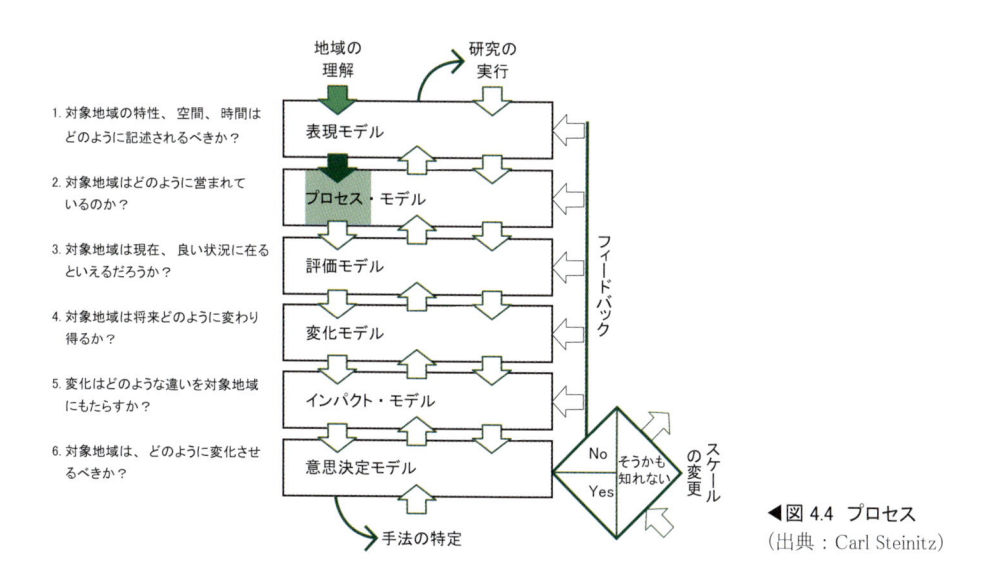

◀図 4.4 プロセス
（出典：Carl Steinitz）

　ジオデザイン作業にとって適切なプロセスを定義し、理解することの主たる目的は、対象範囲の全体的な感覚を得ることにある。何を含めるべきであり、何は省くべきかということを理解することである。
　プロセス・モデルが扱う範囲は、意思決定者や地域の人々によって予測されるような、また彼らの心配の種でもある様々な影響を考慮したものでなければならない。それらは意思決定に対して重大な影響を与えることになる。私たちはまた、環境アセスメントにおいて求められるような、法や規制によって義務付けられているプロセスについても確認する必要がある。
　プロセス・モデルに関する問いかけには以下のようなものが含まれる：
・地域における主要な物理的、生態学的および人文地理学的なプロセスは何か？
・それらは、どのように互いに結びついているか？

3．対象地域は現在、適切に機能しているか？

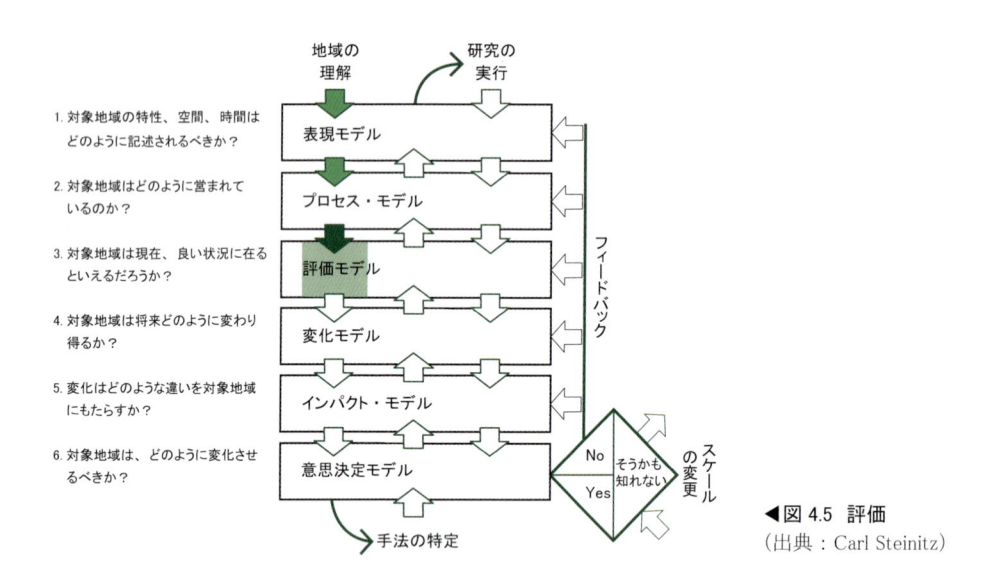

◀図 4.5　評価
（出典：Carl Steinitz）

　対象地域の状態、あるいはどのような点が良く作用し、またはしていないかについて最もよく知り、直接認識しているのは地域の人々である。彼らの評価や価値観は、文化的な知見や知恵に基づくものであり、評価モデルは彼らの認識と整合するものでなければならない。私の経験では、ジオデザイン研究の多くは、現実的もしくは潜在的な地域の衰退、喪失および危険に対する恐怖、変化自体への恐れといったある種の感覚から生み出されている。ある場合には、成長、仕事、住宅、交通の必要性、または資源管理といったものが変化を求める動機となる。評価の駆け引きが、変化をもたらすための意思決定に大きく影響するのである。

　評価には社会的側面と空間的側面がある。またジオデザイン・チームは対象地域での現状の捉えられ方に対して、それが均質であると推測すべきではない。予想される変化に対する民意には対立が存在する可能性がある。例えば、自動車販売業者と野鳥観察サークルでは、都市開発というものについて非常に異なる捉え方をするだろう。ジオデザイン・チームは、調査分析の手法を設計するにあたって、対象地域内の社会的、空間的な関心に対処すべく、準備を整えておく必要がある。

　評価モデルに関する問いかけには以下のようなものが含まれる：
・対象地域は魅力的か？　なぜ？　なぜそうではないのか？
・対象地域は脆弱か？　なぜ？　なぜそうではないのか？
・対象地域には今日的な環境上の、または他の問題があるか？
・これらの質問について異なる見方をするグループはあるか？

4．対象地域はどのように変わる可能性があるか？

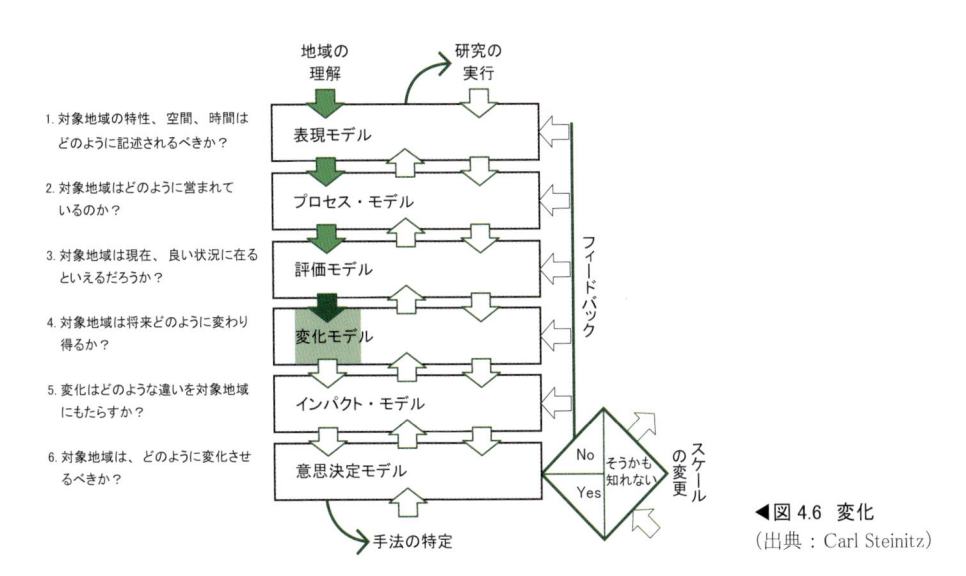

◀図4.6　変化
（出典：Carl Steinitz）

　現地の人々が将来の変化をどう見るかを理解することは、必然的に、適用される変化モデルに大きく影響するであろう。変化は過去の投影として、地域にとっての問題か恩恵、あるいはその両方を示しているものと捉えられるかも知れない。あるいは、変化は徹底的な介入を必要としている状況として見られるかも知れない。このような異なる捉え方や見方は、プロセス・モデルおよびそれらが依って立つデータの信頼性をどのように考えるかということに影響する。時には、過去に依拠するモデルでは対応できない、全く新しい問題に対象地域が直面していることもある。これらは異なるデザインの進め方の必要性を示唆している。現時点で、変化させることが物事を現状のままで維持するよりも文句なく優れていると予想されるなら、ジオデザインの実践を躊躇する理由は少なく、逆にジオデザインのプロセスに関与する理由はより多くなると言える。しかし肯定的に見られている変化ですら、それでもデザインを必要とする。このことは、後に続く変化モデルの選択に影響を与える。

　変化モデルに関する問いかけには以下のようなものが含まれる：
・どんな大きな変化が対象地域において予想されるか？
・それらは成長または衰退に関わっているか？
・それらは開発または保全に関わっているか？　あるいは両方に関わっているか？
・変化の圧力は内部または外部から来ているものか？

5．変化はどんな違いを引き起こすであろうか？

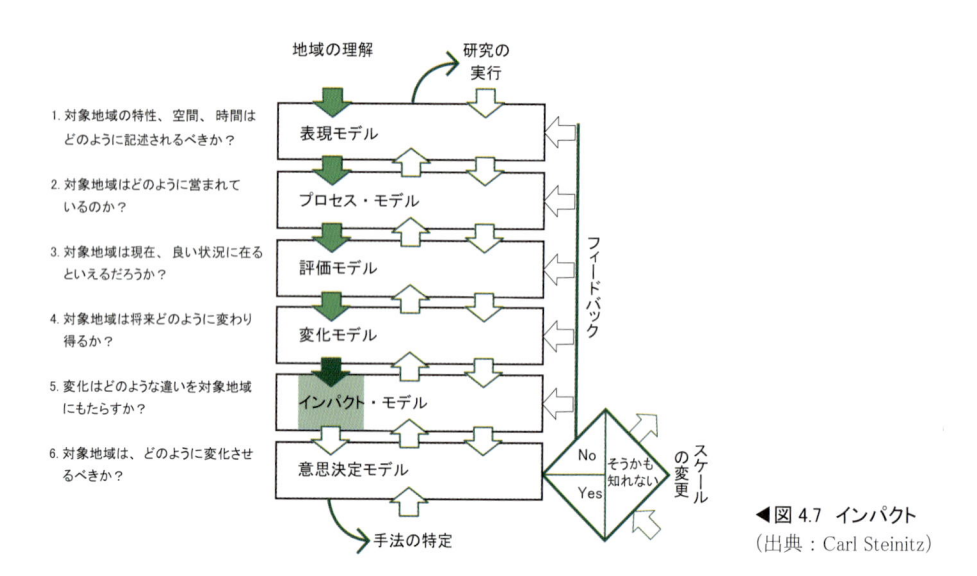

◀図 4.7　インパクト
（出典：Carl Steinitz）

　代替策の違いが将来もたらす結果の違いや、便益、費用に関するインパクト評価は、特にそれらが現状と比較される場合、変化を引き起こす決定を行う際に大きな影響力を持つ。変化によってもたらされる結果のいくつかは現地の人々や意思決定者により認識され、いくつかは法や規則により規定され、また他のものはジオデザイン・チームにより導入されるかも知れない。ジオデザイン・チームはこれらのインパクト評価がどのような特質を持つべきかを理解しなければならない。また、法制化や将来の法的な措置の基礎として、あるいは身近な議論の中において、それらがどのように利用されるかを理解しなければならない。このような理解を踏まえることでジオデザイン作業の全体を展望することができ、またチームの構成を決めることができるようになる。さらにフレームワーク2巡目の作業、および最終的なジオデザインの作業において採用すべき手法を選択することが可能となる。

　インパクト・モデルに関する問いかけには以下のようなものが含まれる：
・予想される変化はどのような点で有益または有害とみなされるか？
・これらの影響は深刻なものとみなされるか？　あるいは不可逆的なものだろうか？

6．対象地域はどのように変化させられるべきか？

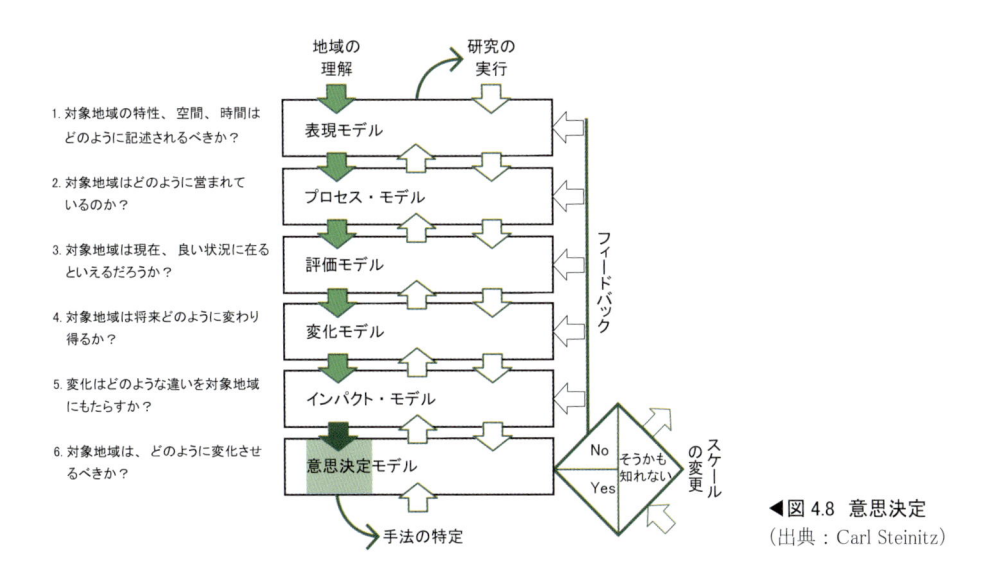

◀図4.8 意思決定
（出典：Carl Steinitz）

　意思決定する人々の間に将来意見の一致をみるか、既に生じているグループ間の対立が続くかを予想することは不可能である。特に対象地域の範囲が広域にわたる場合は、重要な意思決定がなされるまでにはそれぞれ異なる目的や意思決定モデルが民間機関および公的機関による幾度もの審査を通過する必要があるだろう。これらについては調査と適切な理解が必要である。ジオデザイン・チームは前提となる条件と作業の目標との間をいくつかの要件でつなぎ、さらにこれらの要件を順位付けした形で示す必要がある。この作業は大変重要である。例えば最初の最も重要な要件の取り扱いを間違えたり、無視したりした場合、最終的な成果が不十分なものになる可能性が高いからだ。

　ジオデザイン・チームがどのように理解しているかを、ステークホルダーや地域の人々が理解することは重要である。意思決定に携わるグループ内、あるいはグループ間に何らかの対立がある場合は、ジオデザイン・チームがグループの1つを支持し、代表する立場にあるのか、または中立的な立場を堅持するのかについて、最初の段階から立場を明確に示す必要がある。ジオデザイン・チームが中立的な立場をとり、かつそのことが全ての参加者に理解される場合にだけ、様々な目的のための各種意思決定モデルが意味する内容は公平に受け入れられるだろう。このような理想を実現するのは簡単ではないが、取るべき正しい道筋である。

　意思決定モデルに関する問いかけには以下のようなものが含まれる：
・主要なステークホルダーは誰か？　彼らは公共セクターか、あるいは民間セクターか？
・彼らの立場は認識されているか？　彼らの間に対立はあるか？
・変化によって生じる影響のうち、どれが最も重要であると考えられるか？
・他にも変化についての決定に影響する可能性のあるものはあるか？

プロジェクト全体を展望するという1巡目の作業により、今後用いるべき望ましいモデルやデータに関する膨大な予備的リストが作られるだろう。もし時間的、人的、予算的制限のためにジオデザインのプロジェクトが縮小される場合には、最も重要な価値基準は何かということが同定され、その価値判断がプロジェクト全体の中に組み込まれなければならない。意思決定における優先順位および要件を確立することは、1巡目の作業で得られる成果のうち最も重要なものである。

仮定、目的および要件のシナリオ[1]

ジオデザインの全体を展望する作業により、単一の、あるいは複数のシナリオが予備的に作られる。シナリオとはジオデザインで用いる手法、特に変化モデルを設計する際に必要とされる各種の仮定、目的、要求事項である。「シナリオ」という言葉は通常、物語、演劇や映画のプロットといった、物事全体の概要を示すものである。ジオデザインにおけるシナリオも同様である。対象地域の地理的特性に関して、仮説的な未来の概要を示すものである。

ジオデザインの課題が完全に反復可能なものであるなら、未来の姿は簡単に理解することができる。シナリオは1つで十分であり、デザイン提案やコンピュータによるモデリングの作業は、比較的単純なものになるだろう。そのような作業は決まりきった手順に則ることで実施することができるだろうし、そもそもジオデザインはそこでは必要とされないだろう。しかし、広域を対象に地域の将来に向けて計画することは、実際にはもっと複雑で不確実性の高い作業である。そのような場所では誰も実際の未来を知ることができない。また未来の姿を単一的に描くことは現実と乖離する可能性が高まると言える。だからこそ、進むべき道の1つを実際に選択する前に、未来の姿の可変範囲を推定できるように複数の代替案を検討することは、意思決定者にとって極めて有用な方策となる。

最初のシナリオは不確実性や意見の相違がどの程度あり得るのかを反映する必要がある。このため、1巡目の作業の中で関係者との積極的なやり取りを通じて作られる必要がある。このシナリオは、将来、より適切なデザイン案の展開により変更されることが期待される。そのためにも、現況の政策やプログラムに関する前提条件を可能な限り合理的に組み合わせ、その範疇においてシナリオを描く必要がある（図4.9）。

複数のシナリオを持つことには重要な効用がある。ジオデザインはいくつかの異なる未来を検討し、多様な意見を反映させることができる。複数のシナリオを検討することで、様々な視点からの分析が可能になる。シナリオでは対象地域において想定される幅広い選択肢が示される。各種の条件設定や優先順位づけの違いは、この選択肢のグループ（組み合わせ）という形で示されることになる。それぞれのシナリオは類似した用語で将来の説明をす

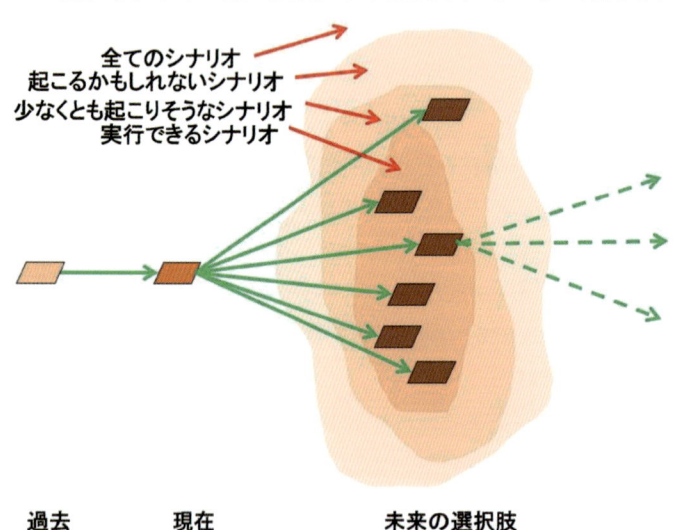

図4.9 シナリオは実行できる（feasible）ものであるべきである（少なくとも起こりそうな（plausible）ものである必要がある）（出典：Carl Steinitz）

る。そのため感度分析に用いることもできる。個別の政策やデザインだけを変化させて比較すれば、それらの影響が明らかになる。

シナリオを使ったアプローチを採用する最も重要な理由は、意思決定プロセスとの関連性が高いことにある。公選された役職者や公務に携わる人々にとっては、現計画案のテストや社会的関心といったものの検討にシナリオ分析を用いることができる。土地所有者にとっては、地域の変化に伴って自身の土地にどのような影響が及ぶかを予測するのにシナリオ分析が活用されるだろう。またシナリオ分析によって、個人の様々な行動の総体、地方、地域および政府の政策の組み合わせがどのように地域環境に影響し得るかを評価することができるだろう。シナリオ分析は、今日の意思決定、あるいは重要な意思決定を先延ばしにしたことが今後どのように未来を変えるかを、コミュニティの構成員全員にわかり易く示してくれるだろう。

ジオデザインは前に進む上で、ベストのものであるか？

ジオデザイン・チームは、1巡目の作業においてプロジェクトの全体像と直面する課題の概要を把握する。その上で、ジオデザインを本当に実施すべきなのかを問い直すことは重要である。どのように実行するか、何をするかを考える前に、何を目指しているのかを明確にする必要がある。ジオデザインを通じて何が得られるべきか？　どんな成果物が得られるべきであるか？　この議論は、フレームワーク2巡目の主要な作業である方法やモデルの選択、決定という作業よりも先になされなければならない。

私の知る限り、問題解決策の最も広範で、かつ有用な分類方法は、William Haddon Jr. による論文「虎の脱走：エコロジック・ノート」（1970）[2]に書かれているものである。

執筆時、Haddon は米国道路安全保険協会の社長であった。様々な自然災害を比喩として使用しつつ、彼は潜在的な問題緩和方法について10通りの考え方を提示した。これらは、ジオデザインの過程で直面する課題や問題に対処する際に非常にうまく適用することができる。もし、ジオデザインが空間的な解だけを追い求めるものとして見られているのであれば、それは、他の幅広いアプローチを無視することになるだろう。Haddon の分類では、空間的な解は10の選択肢のうち2つしかないのだ。

Haddon の10の解法は以下の通りである。

1. エネルギーの集結を避ける。
2. 集結したエネルギーの量を減らす。
3. エネルギーの放出を防ぐ。
4. エネルギー放出の割合や空間分布を修正する。
5. 放出されるエネルギーを空間や時間で分離する。
6. 何らかの物質をバリアとして間に置くことで分離する。
7. 接触面を適切に修正する。
8. 構造を強化する。
9. 信号による検出・評価と、それに応じた素早い対応をする。
10. 問題が起きる前の状態に戻る。

私は長年、Haddon のアイディアをハーバード大学デザイン大学院における講義「理論と方法」の中で利用した。学生に Haddon の論文を読ませる前に、私は彼らに2つのデザイン上の問題を考えるように指示した。

問題A（図4.10A）は敷地計画の難問である。住宅を建設する予定の敷地は急な斜面であり、そこでは土壌流出が進んでいる。急斜面の下の小川は貴重な魚類の生息地になっている。

問題B（図4.10B）は、循環の交差の問題である。多くの子どもが暮らすアパートは幹線道路によってウォーター・フロントの公園から分断されている。また交差点では事故が多発している。

その上で、学生にそれぞれ異なる10の方法でこれら2つの問題を解決するよう指示する。彼らは紙の上で粛々と問題に取り組む。好きな方法で表現していいことにしているが、彼らはたいていダイアグラムや言葉を使って表現する。次にHaddonの10の戦略を紹介し、学生にそれぞれの戦略の例を挙げさせる。戦略に沿った解決策の例が学生の間から出てこない場合は、私は自分のコレクションからその戦略に沿った例を紹介する（図4.11A、B下）。

◀図4.10 （A）敷地計画の難問と（B）循環の交差
（出典：Carl Steinitz）

1. エネルギーの集結を避ける
2. 集結したエネルギーの量を減らす
3. エネルギーの放出を防ぐ
4A. エネルギー放出の度合いを緩和する
4B. エネルギー放出の空間分布を修正する
5A. 放出されるエネルギーを空間で分離する
5B. 放出されるエネルギーを時間で分離する
6. 何らかの物質をバリアとして間に置くことで分離する
7. 接触面を適切に修正する
8. 構造を強化する
9. 信号による検出・評価と、それに応じた素早い対応をする
10. 問題が起きる前の状態に戻る

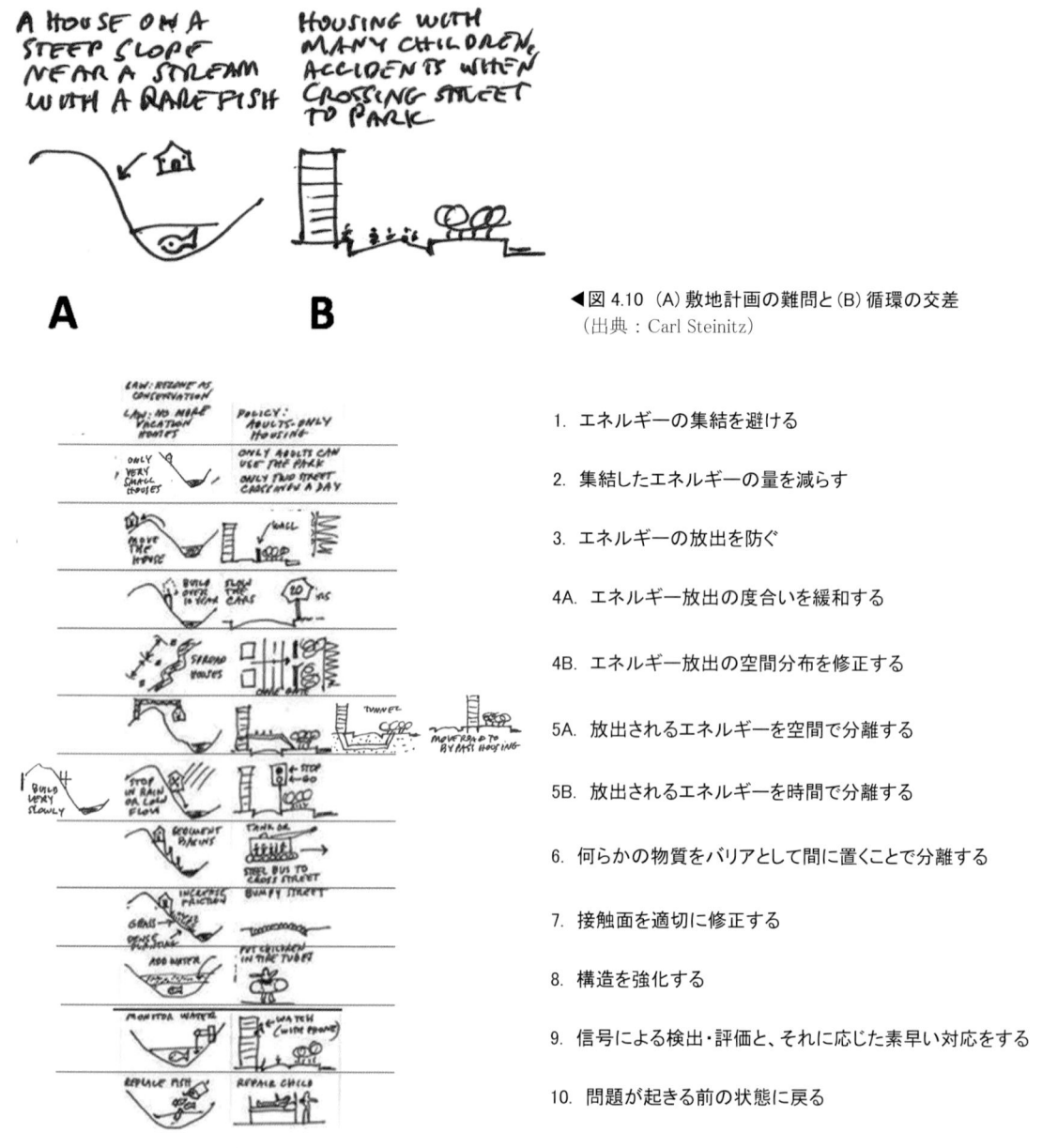

図4.11 Haddonによる10通りの問題解決策の例（出典：Carl Steinitz）

第4章　フレームワーク1巡目の作業：ジオデザインの全体を展望する

　そして学生から出てきた解決案をHaddonの10分類によって分類し、頻度を調べる。私の学生も含めて、たいていのデザイナーは10の戦略のうちのごくわずかしか考えられない。最もよく出される解決案は、Haddonの戦略4や5を、2次元または3次元で空間的に展開したものである。一旦、私が他の例を提示してさらに広範な議論を行うと、学生はこれらの解法を知っていたが解法の提示を求められ

水質汚染	
地域レベルでの改善策	サイトでの改善策
1. エネルギーの集結を避ける－抜本的な改良	
I. 水源涵養域からの水質汚染行為一切の排除	I. 流水を集めて処理する II. 水源涵養域における建設行為の中止 III. 農業，交通，その他汚染行為の中止
2. 集結したエネルギーの量を減らす－抜本的な改良	
I. 汚染要因の種類を削減する II. 汚染処理	I. 汚染行為の総量を減らす II. 高密地区における開発規模の縮小 III. 汚染処理
3. エネルギーの放出を防ぐ－抜本的な改良	
I. 水源涵養域における水質汚染行為の中止	I. 現場での排水処理 II. 水質を汚染しない行為だけを認可する
4. エネルギー放出の割合や空間分布を修正する－部分的な改良	
I. 水源涵養域外への開発行為の誘導 II. 開発行為の分散	I. 建物の小規模化 II. 家畜を減らす III. 工場を減らす IV. オープンスペースの確保
5. 放出されるエネルギーを空間や時間で分離する－部分的な改良	
I. 建設行為を段階化して緩和軽減策を実施しながら進める II. 牧草地を交互に使用する	I. 汚染行為を涵養域外に移動する
6. 何らかの物質をバリアとして間に置くことで分離する－積み上げ型の改善	
I. 水源涵養域周辺にフェンスを設置する	I. 水源涵養域に入ってくる前に流水を処理する
7. 接触面を適切に修正する－積み上げ型の改善	
I. 牧草地をなくす II. 道路をなくす（高架化する） III. 汚染物質を中和する地表面への改良	I. 地表面の不透水化による汚染の浸透防止 II. 汚染物質を中和する地表面への改良（湿地の整備など）
8. 構造を強化する－現状を維持する	
I. 地域スケールでの雨水排水処理の実施	I. 現地での雨水排水処理 II. 汚染物質の封じ込め III. 閉鎖系にする
9. 信号による検出・評価と、それに応じた素早い対応をする－悪化のスピードを遅くする	
I. 小河川や井戸のモニタリング II. 行為の停止・改善	I. 家庭用井戸や排水溝のモニタリング II. 域外からきれいな水を持ち込む III. 脱塩水、再生水を使った涵養
10. 問題が起きる前の状態に戻る－悪化のスピードを遅くして処理を進める	
I. 別の水源の確保 II. 脱塩処理 III. 下水処理 IV. 水源の放棄 V. 水道料金の調整	I. 水質浄化への助成 II. 水源保護策の費用便益評価の実施

図4.12 Haddonの問題解決策の分類に基づく水質汚染の改善に向けた10の戦略（出典：A. Mueller, R. France, and C. Steinitz. "Aquifer Recharge Model: Evaluating the Impacts of Urban Development on Groundwater Resources (Galilee, Israel)." In *Integrative Studies in Water Management and Land Development Series. Handbook of Water Sensitive Planning and Design,* edited by R. L. France, 615-33. London: CRC Press, 2002.）

た時点では気付かなかったのだということがわかる。彼らの記憶の想起メカニズムは、より広範に拡張される必要があると言える。「虎の脱走」は、より広く考えることを想起させるための非常に有用な記憶術（記憶の助け）であり、非常に効果的な発見的学術（学習への援助）と言える。

　ジオデザインへのHaddonの10のアプローチの適用例の1つとして、水質汚濁に対する解法の提示が挙げられる（図4.12）[3]。そこでは問題に対して、異なる規模で様々な検討がなされる。

　Haddonの10の代替案は、ジオデザインにおいていずれも等しく効果的である、という訳ではない。もし適用可能であるなら、私は最初の3つを特に支持する。エネルギーの集結を避ける、集結するエネルギーの量を減らす、エネルギーの放出を防ぐ、というものである。これらは防御的であり、問題の発生を防ぐことを目指している。それらはより持続可能である可能性が高いが、通常は取り組むのがより難しいと言える。これらの3つのアプローチは、通常何らかの法律や政策を必要とする。そのため弁護士や政治家によるジオデザインのように見えるかも知れない。実際にこれらの人々はジオデザインを実践する人々なのである。社会科学者Herbert Simonは「デザイン」を、「状況を少しでもよりよいものに変えようとして、何らかの行為を工夫して実践すること」[4]と定義している。この定義に従えば、彼らはれっきとしたジオデザイナーである。

　私はまた、最後の3つの緩和型戦略に、短期的な利点を見出だしている。

　いずれにせよ、ジオデザインの実践においては、広くHaddonの戦略全てを包含できるようにすべきである。確かにデザイナーや地理学の専門家たちは空間的な解法に特化しがちであるが、私たちは空間の議論だけに終始すべきではない。すべてのジオデザインの課題が2、3、4次元の空間的解法や物理的なデザインといった解決策を求めている訳ではない。私は「虎の脱走」は、手法が確定されるフレームワーク2巡目の作業を始める前の有用な練習だと思っている。定義されなければならない数多くの個別事項のオプションについて、自分の考えを拡大するためには非常に有用な方法である。

　1巡目の作業の最後に、ジオデザイン・チームは地域住民や意思決定に関わる人々と会合を持ち、その時点までの理解を共有する必要がある。チームと意思決定者間の相互の信頼は深められる必要があり、次第に深化する地域への理解は共有される必要がある。この会合を通じて、きっとより多くの質問とより多くの答えがもたらされるだろう。誰しもが作業の全体像についての共通の認識を持つ必要があり、さらに、2巡目の作業を終えた際にはジオデザイン・チームは実現可能で優れた方法論的な計画を提案できるようになる、という感覚を持つ必要がある。

【注】

1) C. Steinitz, H. Arias, S. Bassett, M. Flaxman, T. Goode, T. Maddock, D. Mouat, R. Peiser, and A. Shearer, *Alternative Futures for Changing Landscapes*: *The San Pedro River Basin in Arizona and Sonora* (Washington, D.C.: Island Press, 2003., chapter 3 より引用

2) W. Haddon Jr.. "Escape of Tigers: An Ecologic Note," *Technology Review* 72 (1970): 44-53.

3) A. Mueller, R. France, and C. Steinitz, "Aquifer Recharge Model: Evaluating the Impacts of Urban Development on Groundwater Resources (Galilee, Israel)," in *Integrative Studies in Water Management and Land Development Series. Handbook of Water Sensitive Planning and Design*, ed. R. L. France. (London: CRC Press, 2002), 615-33.

4) H. A. Simon, *The Sciences of the Artificial*, (Cambridge, MA: MIT Press, 1969).

第5章 フレームワーク2巡目の作業：
研究の方法をデザインする

　フレームワークの1巡目で、研究の目的（「なぜ」それを行うのかということ）を定めた後、ジオデザインのチームは研究の方法論（「どのように」それを行うのかということ）を特定およびデザインするための協働作業を、2巡目の反復の中で行う。フレームワークの中にある6つの質問にもう一度答えるのだが、今回は6から1へと逆の順番に答えていく（図5.1）。まず、意思決定モデルは、提案された変化によってもたらされる結果の評価を行うため、インパクト・モデルを必要とする。いくつかのタイプのインパクト・モデルが考案され、複雑性を分析する必要が生じると、変化モデルが必要となり、結果として代替案が生まれる。変化モデルは、評価モデルとそれが現在と過去に対してどのように評価を行うのかという、評価条件を見定めることが必要となる。そして評価モデルは、研究対象の地理的な文脈の水面下で機能しているものを理解するためにプロセス・モデルを必要とするのである。プロセス・モデルには、研究の対象地域の特徴が示されたデータなどの表現モデルが必要である。このような一連の流れは、研究の方法論および情報の管理と視覚化に関する技術に影響を及ぼすことになるだろう。これら全てのモデルが定義されて使用可能になった段階で、これらはジオデザインの研究にとっての方法論となり、これらによる成果は、ある特定の地理条件下にある研究対象地域の将来を決定するのに役立つものになるだろう。

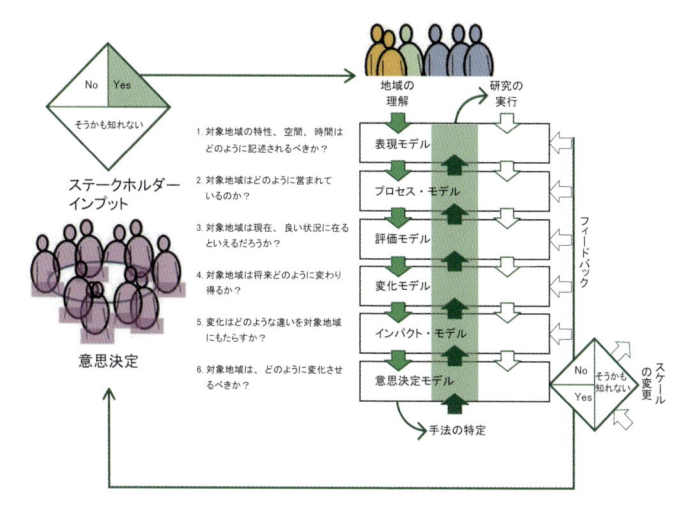

図5.1　2巡目では、「*HOW（どのように）*」を問うことになる（出典：Carl Steinitz）

　6タイプのモデルの中には互いに関係性を持ったモデルもあり、このことはジオデザインの研究の方法論を定める中で考慮しなくてはならない。例えば、意思決定モデルと評価モデルは、両者ともに地域の人が持つ文化的知識をベースとしている。地理的な変更の選択に対して意思決定をする者は、その変更が持ちうるインパクトは、その場所の現況と比べたときに圧倒的に肯定的なものであるという信念を持たなくてはならない。このことは、評価モデルによって示される評価というものが、意思決定者の判断基準と判断の方法に直接的に訴えかけるグラフィックと言葉で示されなくてはいけないということを意味している。

インパクト・モデルはプロセス・モデルと同じでなければならない。この2つのモデルは情報を生成するが、インパクト・モデルはチェンジ・モデルによって生み出される将来の状況の評価を行うためにつくられたモデルである。将来志向であるチェンジ・モデルは、現況を記述する表現モデルと同じカテゴリにあるべきである。これら両者はともにデータだからである。これらは、その質、量、グラフィック、空間、時間的なことに関して、同じような言語と規格で記述されなくてはならない。変化を起こす「前」と「後」の違いを視覚化し理解することなくして、土地の文脈を変化させる意思決定を行うことは難しいだろう。

フレームワークの2巡目の反復を扱う本章が、この本の内容に関する構成と分かりやすさを目指して、独立したセクションとなったのは、ジオデザインを行うチームが2巡目の反復で議論し定義しなくてはならないモデルそれぞれを詳しく扱うためである。チェンジ・モデルに対して、他のモデルよりも大きな注意を払ったのは、チェンジ・モデルがジオデザインの核心であり、このモデルに関する技術的な参考文献が少ないからである。これからこの長い章を通じて多くの事例を紹介していくことになるが、ジオデザインのチームが直面する可能性のある全ての状況について網羅することは難しいだろう。

意思決定モデル

意思決定モデルは、プロジェクトに影響力を及ぼす意思決定者が持っている個人的、文化的、そして組織的な知識を基礎にしたものである。意思決定モデルにはその求められる規模、スケール、意思決定のレベルに従って明確な相違がある。どんなプロジェクトにおける意思決定であっても、それは多様なグループによって、様々なレベルから、異なるアプローチで意思決定は行われる（図5.2）。このような意思決定における変数によって、その類型化は困難なものになっている。さらには、ジオデザインのチームは、ステークホルダーと地域の人々による対立が、プロジェクトの意思決定や必要事項の検討、そして計画案のオプションなどに関してしばしば起こることを前提としなくてはならない。もし、もっと単純であるならば、この研究を最初の段階に置く必要性はないであろう。

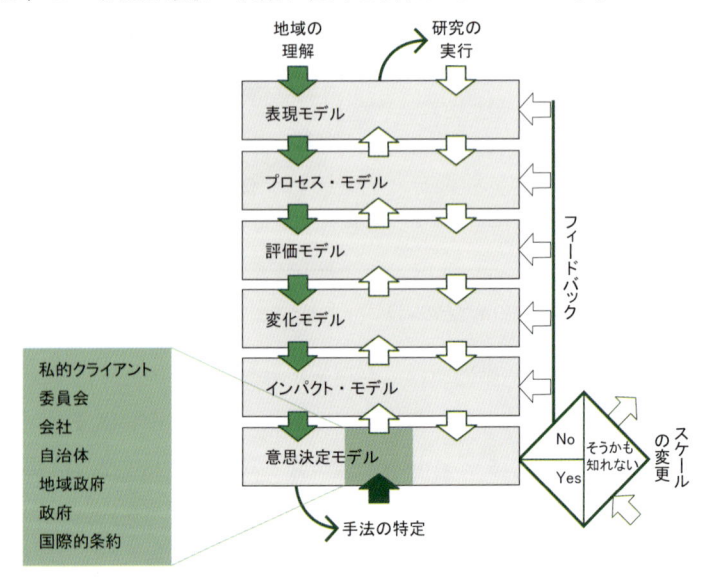

図5.2 それぞれのプロジェクトには、様々なレベルにおける意思決定と無数の意思決定者が存在する。ジオデザインのチームはこれらの全てと協働する準備をしなくてはならない（出典：Carl Steinitz）

6つの設問

意思決定モデルに関する設問は、以下の通りである。
- 意思決定者の目的と要求は何であるのか、つまり、ジオデザインに求められているものは何か？
- 意思決定者は変化を実施するために、何を知る必要があるのか？
- 意思決定者が要求しているものの重要度は？
- 彼らが行う評価は何に基づいているのか？　科学的評価か、文化的な規範か、それとも法律だろうか？
- ジオデザインの研究によって生み出される成果には何か制約が存在するだろうか？
- コミュニケーションや情報の視覚化に関する課題が存在するだろうか？

　研究の規模やスケール、そして意思決定のレベルが及ぼす主要な影響の1つは、インパクト・モデルの複雑さによってもたらされる。このため、プロセス・モデルは、そのような情報を提供することになっている。一般的に言えば、民間や小さな組織のクライアントは量的な判断のみ行う単純なモデルで、満足してくれるだろう。民間のクライアントは、かなり風変わりな意思決定のやり方をするかもしれない。そしてたとえ重要な決定であってさえ、1枚の図やいくつかの形容詞（「オーケー、いい感じだ、それで行こう」のように）だけで済まされてしまうこともあるのだ。

　こういったことは、広域や国土のスケールを担当する自治体や、国境を越えた自然保護や水管理を行うような組織との仕事には、まるで当てはまらない。ここでは、地理的に正確で長期に渡る量的な予想が可能な、信頼の厚いプロセス・モデルとインパクト・モデルを使用することが期待される。それゆえに、後で行うインパクト・モデルとプロセス・モデルのデザインは、意思決定モデルが必要とする情報を反映しなければならないのである。

　私たちは、意思決定者が抽象的な議論の中で彼らの意思決定モデルや、それに必要なものについて説明できない状況が起こりうるということを理解する必要がある。彼らは、一体何をすることが最善かを理解するために、事例を比較検討する必要があるのかもしれない。このような状況では、ジオデザインの研究は、1巡目における目的の探索から出てきた、幅広いが合理的な仮説を反映したいくつかの選択肢を導き出したような予備的なものとしてデザインされなければならない。こういった例は、第7章のバミューダでの事例や、第8章におけるパドヴァ-ZIPにおける事例で示されている。理想的には、全体のフレームワークの中で2巡目となるこの予行練習はできるだけ正確に行い、対象地域の地理に対する変更の提案につながるものにしたい。

　ジオデザインの重要な決定に関するものの多くは、空間的にも量的にも計測可能とは限らない「価値（value）」を含んでいる。このような価値は公式のアルゴリズムによって容易に結合させることができるとは限らないのである。アメリカの心理学者のLawrence Kohlberg（1927-1987）は、この「価値」について、5種類に識別している。

1. 行動を律する宗教的義務のような文化的価値。多くの宗教がジオデザインに直接関係するような明確な方針を持っており、これらは樹林や水など、景観の要素の保全と関係することが多い。例えば、ユダヤ教とイスラム教は、人間を神の世界における一時的な管理人として見なしており、敵が持っている樹林を伐採することを禁止している。
2. 権威と関係づけられる価値。例えば、個人の価値、土地所有者、会社の会長や社長、市長、あるいは王様など。

3. 論理的な価値。このような価値は、例えば、あるジオデザインによる解決策の利点やコストについての説得力のある主張などに見られる。しばしば選択肢が持つインパクトの比較検討から、このような論理的な価値は生まれる。
4. 理性的な価値。「リンゴとオレンジ」のような全く異なるものを組み合わせることを、1つの物差しの上で考えてみるようなことである。これは、投資リターンのレートやエコシステムの機能の経済的な価値のようなものを、経済的な物差しで考えてみることとしばしば当てはまる。
5. 感情的な価値。これは、あるジオデザインの解決策に対する個人的な感情のことである。例えば、誰しもが思い当たるように、人々が未来に対して抱く恐れというのはジオデザインの意思決定において、非常に影響力のある要素である[1]。

対象地域のスケールと規模、そして文化などに関わらず、ジオデザインにおける意思決定の方法は、究極的には人間による判断である。ペリクレス（古代アテネ全盛期の政治家）による、アテネの民主主義に関する賢明な言葉を見てみよう。

私たちアテネの人間は、1人ひとりが、政治に関する自らの決断を受容し、もしくは、適切な議論を提示する。私たちは、言葉と行動は一致すると考えるからである。最悪な事態は、もたらされる結果について適切に議論することなく行動に走ってしまうことである。このことは、私たちが他の人間と違うポイントである。私たちは、リスクをとると同時に、事前にリスクを予想することができるのである。他の人々は、無視することで勇敢になっているが、一度考えるのを止めると、彼らは恐怖を感じ始めるのである。しかしながら、真の意味で勇敢であると見なされる人間とは、人生における幸せと辛さを理解していて、向かってくるものを直視して、迷わずその方向に一歩を踏み出せる者である。

「ペリクレスによる葬儀での演説」*Thucydides*[2]（古代ギリシャの歴史家）

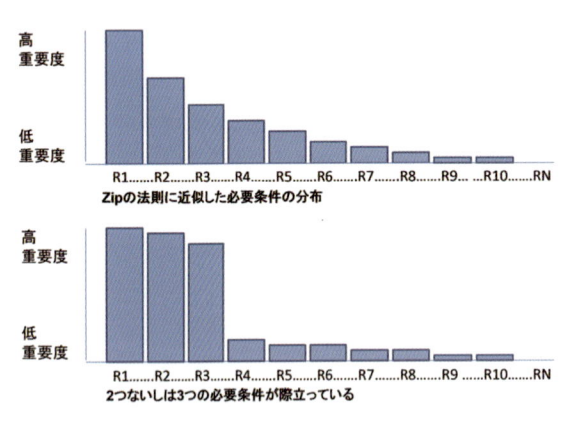

図5.3 必要条件の重要度の順位における2つの分布例。上の分布では、それぞれの必要条件は隣り合ったものの半分程度の重要度となっている。下の分布では、いくつかの必要条件の重要度が他のものより際立って高くなっている（出典：Carl Steinitz）

意思決定モデルを理解するには、普通の研究で10〜12あると思われる、研究の目的と研究に必要な事項を決定する必要がある。しかしながら、これらの事項は、全て等しく重要なわけではなく、一般的には2種類の分布のうちの1つに落ち着く。それらは、Zipの法則[3]に近似した分布となる。これらは、それぞれが1つ前の約半分の重要度となるか、もしくは、いくつかの事項が相対的に似ていて重要度が高くなり、その他を圧倒するという分布になる（図5.3）。

ジオデザインのチームは、意思決定者の要望と、1つ1つの相対的な重要度を理解することを、意識的に行わなければならない。意思決定に必要なこれらの事項の重要性の分布状況は、実際のデザインのやり方となる変化モデルに影響をする。要

求事項もしくは目的がかなり多くあり、その中でも重要なもの同士が対立している場合、対象地域の将来選択肢は、これらの対立するもの同士の立場を尊重して考えられ、伝えられなければならない。

意思決定モデルができ上がると、意思決定論的に容易なところから案を描きたくなるものである。こうすると意思決定のプロセスは自動的になり、外側にあるモデルや価値観に依存することになる。しかしながら、私の経験では、現場の人たちの知識の構築や、ジオデザインのチームと意思決定者の信頼関係などこそが、効果的なジオデザインの研究に最も重要となる要素であると言える。一緒に働く人々や、ジオデザインの意思決定を行う人々から直接得る個人的知識を上回るものはないのである。

インパクト・モデル

ジオデザインによる意思決定を行うためには、インパクト・モデルとその基準によって、潜在的に起こる変化の利点とコストの評価を行わなければならない。フレームワークの2巡目の反復では、インパクト・モデルに必要とされる中身とその複雑さについて決めることになる。これらの決定は、プロセス・モデルと、それに基づく現況評価を行う時点での基礎となるものである。潜在的に起こりうる変化のインパクトとは、プロセス・モデルを地理的な文脈の中での提案に適用して生み出される結果なのである。インパクト・モデルの内容は多岐に渡る（図 5.4）。そのうちのいくつかは、ジオデザインの問題に特化したものであり、その他のものは法律や規制を考慮することが必要となるものである。

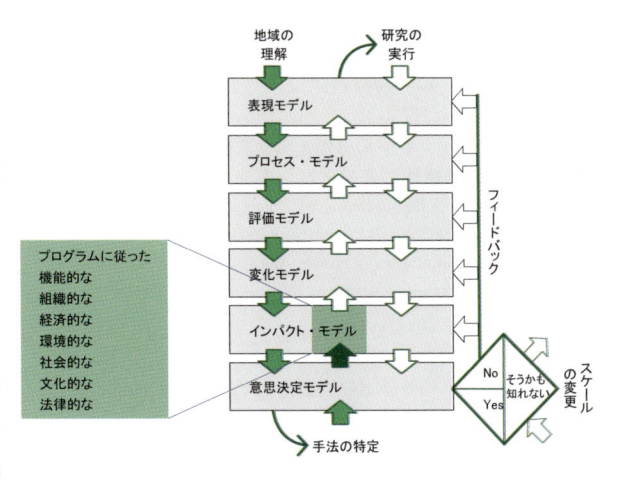

図 5.4 インパクト・モデルの内容は多岐にわたる。これはジオデザインにおける意思決定に必要な、様々な分野における肯定的および否定的なインパクトの多様さを反映したものである（出典：Carl Steinitz）

ジオデザインによって提案されたあらゆる変更が有するインパクトは、多角的に評価される必要がある。どういった評価が必要かは、プロジェクトのタイプや政治的管轄区域によって異なってくるが、一般的には、その変更がもたらす幅広い対象への潜在的な結果を考慮しなくてはならないだろう。その対象とは例えば、経済と人口へのインパクト、機能的な側面などであり、その他には、水質汚染、大気汚染、交通、エネルギー、生物多様性や景観への影響、雇用や治安などが関係してくるだろう。

設問 5. インパクト・モデルに関する設問には、以下のものが含まれる。

・インパクト・モデルによってもたらされる潜在的な変化を比較評価するために、意思決定モデルはどのインパクト・モデルを必要としているのか？
・意思決定モデルの中に含まれていないが考慮すべきインパクトとはどれか？
・そのインパクトは、何が、どれくらい、いかなる場所や時で、誰にとって、「良い」もしくは「悪い」と見られるのだろうか？
・インパクトの評価は、どれほど正確でなくてはいけないのか？

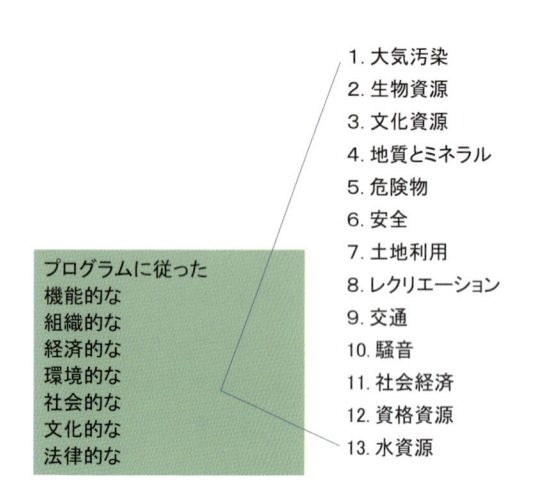

```
プログラムに従った          1. 大気汚染
機能的な                   2. 生物資源
組織的な                   3. 文化資源
経済的な                   4. 地質とミネラル
環境的な                   5. 危険物
社会的な                   6. 安全
文化的な                   7. 土地利用
法律的な                   8. レクリエーション
                         9. 交通
                        10. 騒音
                        11. 社会経済
                        12. 資格資源
                        13. 水資源
```

図 5.5　インパクト・モデルの捉え方と正確性は、プロセス・モデルの複雑性に直接的な影響を与える（出典：Carl Steinitz, US Department of Energy, Western Area Power Administration. "Quartzite Solar Energy Project EIS." Scoping Summary Report, Western Area Power Administration, Phoenix, Arizona, 2010 に基づく）

　ジオデザインのほとんどは、環境インパクト評価と審査を、実施に向けての初期段階で完了していることが法律によって義務付けられる。環境インパクト評価（EIS: Environmental Impact Statement）は、地理的文脈の中で、提案された主要な変化と開発が環境にいかなる帰結をもたらすかについて明らかにするものである。それは、また、インパクトによって変化する状況を現況と比較すると同時に、そのインパクトがなかった場合に変化する状況についても比較を行う。このプロセスでは、追加するモデルとその仕様をジオデザインに反映させる必要がある。国、広域、地元のそれぞれの政府は、インパクトに関してあらゆる提案に付随する特別な検討を求めた法律や規制を、通常は持っている。例えば、大規模な太陽光発電プロジェクト[4]では、EIS がアメリカ合衆国エネルギー省により義務付けられているし、そこには考慮すべき 12 以上のインパクト・モデルが存在している（図 5.5）。

　インパクト・モデルを特定することは、フレームワークにおける 2 巡目の反復において、最も複雑なフェーズかもしれない。この事実は、インパクト・モデルが、関連するプロセス・モデルが直接もしくはネットワーク状に関係しているような方法論の必要性を求める場合には、特に当てはまるだろう。この両者のインタラクションは、両者がお互いに寄与し、情報を伝達しあうよう、直接的にインタラクションするようにデザインされることを求めている。加えて、インパクト・モデルは、変化モデルから情報を受け取り、意思決定モデルに正確かつ的確な言語で情報を伝達するようにデザインされなくてはならない。ここで明らかなのは、インパクト・モデルへのこのような要求には、ジオデザインのチーム全員が留意しなければならないということである。

　これから起こそうとする変化のどのような側面が、地理的文脈のどのような側面にインパクトを引き起こしうるかということを考慮することが大事である。Richard Toth[5] は、建設、管理、利用が引き起こしうるインパクトについて非常に有用な区別を行った。建設（例えば新しい高速道路の建設を考えると）には、爆破、造成、脱水、などを伴う。管理には、地域の気象や道路の種類にもよるが、給油や凍結防止用の塩が散布されたりするだろう。利用に伴っては、交通事故や大気汚染、騒音などが引き起こされる。これらのそれぞれが非常に異なった結果を引き起こすのであり、インパクトの事前評価が必要とされるのである。

　インパクトの評価を行うために使用される典型的なものは、現在と将来における状況を考慮しその違いを明示する図面である。普通、この「違い」はデザインによって引き起こされているものと見なされる。しかし、この仮説は、いつも疑わしいものがある。対象地域が組織化され、地理的文脈に関するすべての面が安定する状況になったとして（この意味では仮説は有効のように見える）、デザインの属性のみが変化要因であるとしたとしても、特に対象範囲が広域の場合には、長期的な安定性を確保することは困難である。地域の文脈そのものがジオデザインによるインパクトを凌駕する形で変化するという

ことも考えられるのである。このようなジオデザインの事例は、気候変動や広域的な水の枯渇の状況下にある都市や生息域において、ますます見られるようになった。

ジオデザインのための一連のインパクト・モデルが決定された後は、多様な評価軸がどのように図面として表現されるべきか考慮する必要がある。それぞれの図面は異なるテーマを持ち、異なる空間的、質的、量的な言語を持ちながら、意思決定のプロセスにおいてまとめあげられるものでなくてはならない。ここで再び、Tothによる、これらの図面に関する非常に有用な質的区分を見てみたい。

・有用であること：提案された変化が、現況のシステムに改善をもたらすこと。
・互換性があること：提案された変化が、現況のシステムと共存でき、目立った影響をもたらさないこと。
・穏健であること：提案された変化が、当該地域における比較的短期的な自然のプロセスにより、克服されること。
・困難であること：提案された変化が、主要な技術的開発により緩和されること。
・致命的であること：提案された変化が、現況のシステムが持つ価値を破壊し、主要な技術的考案により緩和されることが不可能であること。

Tothによる上記のカテゴリとそのバリエーションを私は沢山使用してきた。この本の中にあるいくつかの事例において、非常に複雑な量的・空間的インパクト・モデルがTothによる上記のカテゴリによって判断され、まとめられている。私と私の同僚は、提案による変化がもたらすインパクトに関して市民とやりとりする際、Tothによる考え方が非常に効果的であることを発見している。

変化モデル

ジオデザインの基本的な問題とは、「現状から最善の未来へどうやって辿りつけるのか？」ということである。この、「対象地域をどのように更新したらよいのか」という課題に対して、私たちはジオデザインのフレームワークにおいてデザインと実現の役割を担っている「変化モデル」によって応えることになる。2巡目の反復における方法論に関する選択がもたらす影響というのは一様ではないが、このフレームワークの中で、変化モデルは特に重要な要素となってくる。

小さなスケールのデザインと、規模の大きいスケールのデザインの方法は大きく異なる。異なるスケールのジオデザインのプロジェクトに同じようにアプローチすることはないが、このことは変化モデルに関して特にあてはまる。環境に関する危機が顕著になり多くの人々によって認知されるにつれて、未来の環境に対するデザインはますます重要になるだろうと私は確信している。ジオデザインを通じた大規模な地域に対する、重要な地理的な変化が、規模の小さなプロジェクトに対して大きな影響力を持ってくるものと思われる。

変化モデルにアプローチする方法には複数の方法があり、このセクションで私は、視覚化の役割、変化モデルについての思考方法、変化モデルの特徴的な側面と段階的な考え方、攻撃的・防御的な戦略など、これら沢山の方法について詳しく書いていこうと思う。これから私は、ジオデザインに重要な知見をもたらすことのできる8つの異なる変化モデルのデザインの方法と、9番目にはこれら8つを混合した場合について簡単に説明していく。第III部（第7、8、9章）では、これらそれぞれの変化モデルについて、ジオデザインのフレームワークが活用された事例とともに詳細を説明する。

変化モデルのフェーズ

　変化モデルは、共通して体系的に組織化された 4 つのフェーズを通じて形成される。それらは、ヴィジョン、ストラテジー、タクティクス、アクションであり（図 5.6）、これらの全ては良好な意思決定と実践にとって不可欠なものである。これら 4 つの要素は、それぞれが応えようとする課題が部分的に重複するため、はっきりと分けることが難しい。これらの要素を明示的に説明可能な場合もあるが、一方でただ暗示的に理解される時もある。

　ヴィジョンは「なぜ、なに」という問いに対して答えるものである。これと同様にストラテジーは「なに、どこに」、タクティクスは「どこに、どのように」、アクションは「どのように、いつ」という問いに応えるものである。このように、これらは、2 つ重要な連続体として理解されるべきものである。

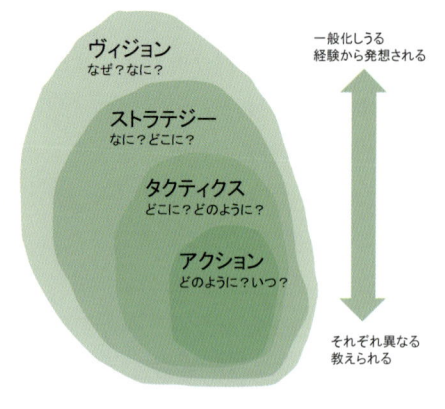

図 5.6　変化モデルにおける 4 つの段階
（出典：Carl Steinitz）

　まず「ヴィジョンとストラテジー」はデザイナーやジオデザインのチーム経験から発想されるものであるが、その土地における住民や意思決定者から生み出されるものでもありうる。また、「アクションとタクティクス」は教えられるものではあるがそれぞれのケースにおいて異なるものである一方で、これら「ヴィジョンとストラテジー」は一般化しうるものであり、多くのジオデザインへの応用が可能である。しかしながら、この連続体という考え方によって、ジオデザインをアルゴリズム的なものとして見なすことが難しくなっている。両極にある考え方、つまりヴィジョンとアクションは、そのどちらもがジオデザインに対してアルゴリズム的にアプローチすることに対して適していないのである。

　ヴィジョンとストラテジーに関する変化モデルには、2 通りの考え方が存在する。そのうち最も一般的な「予見的アプローチ」という考え方は、デザイナーというものは躍進をもたらす存在であり、最初にデザインを全部コンセプトとして考え、その後、数ある要求や選択肢の中から正しい選択を行うことで、元々のヴィジョンを再現しようとするというものである。この予見的な方法では、設定された望ましい未来を元に、その実現に向けて現在から未来に向かってどのように進むべきか理解しようとする演繹法の論理が必要とされる。

　このようなアプローチでは、デザイナーやジオデザインのチームは未来の土地利用や土地被覆についての具体的なデザインを、スケッチやダイアグラムもしくはもっとインフォーマルなデザインの方法によって素早く生み出すことができる。そしてその後、生み出されたこれらのデザインによってもたらされうる結果が比較検討されるのだが、その方法として専門家やステークホルダーとの議論や、フォーマルなインパクト・モデルがしばしば採用される。このプロセスはデザインを発展させる過程において何回も繰り返されていく。

　初期にデザインされたものというのは、そのほとんどが幾何学的な考え方（コンパクト、拡散、線状など）か、政治的な志向（保守派、開発派など）に基づいたものである。20 世紀初期の都市計画や地域計画の多くがこのアプローチによるものであり、このアプローチは、空間を読み込んだ土地利用モデルの研究が 1960 年代に始まるまで行われてきた。このアプローチの利点は、その早さであり、伝統的に教育され経験されてきた方法としての信頼性にある。この考え方は、広大なエリアのプロジェクトに対してシンプル過ぎて間違った方向に導く可能性がある一方で、小さなプロジェクトに対しては特に効

果を発揮する。逆に、主なデメリットとしては、このアプローチが未来像を示しうる一方で、それを実現するのに必要な政策を導き出すことができないということである。

「探索的アプローチ」は、多くの自治体や組織、そして個人によるその地域の未来の選択を行う際に採用される典型的な意思決定のプロセスに近いものである。「探索的アプローチ」には、現在と未来を結ぶ仮説と要件に基づいたシナリオの設定が必要である。そしてジオデザイン・チームは、「このシナリオによって導き出される未来とはどのようなものになりうるのか」を問うのである。したがって、この探索的戦略は、そのほとんどが帰納法的論理を必要とするのである。この戦略による方法は、アルゴリズムによって解を導き出す方法とほぼ一致するものである。またこのアプローチは、それぞれの課題に付随する政策とデザインの決定にとって最も重要な目的と必要事項を特定する。政策のそれぞれは、その土地の様々な空間的特徴に対して、将来の変化を誘発するかもしくは変化に反発するための変更を行うか、もしくは、未来に起こる変化のインパクトを評価する、いくつかのプロセス・モデル内の１つのパラメーターに対して変更を行うものである。まず選択がなされ、開発プロセスのモデルを使用して行われる未来の土地利用を誘導するための選択されたシナリオが実行されるのである。

このアプローチは、地域の未来の多様な選択肢を提供し、それをどのように実現するのかガイドラインを示すものである。それが可能となるのは、選択肢それ自体が政策もしくはデザインの意思決定によって形成されているからである。それに加えての利点は、感度分析を行うことによって、政策のそれぞれの効果をテストできるということである。このアプローチの負の側面というのは、結果の考察がないまま、前提条件だけで行うということである。

「予見的アプローチ」がそうであったように、問題がシンプルであるならば、「探索的アプローチ」を行うことは難しいことではない。しかし、もし問題が複雑で広域のものであり、１つ１つの与条件に複数の選択肢が考えうる場合は、「探索的アプローチ」は考慮すべき選択肢の組み合わせの膨大さゆえに失敗に終わる可能性を持っている。このモデルによって十分な緻密さを達成するのは難しく、間違った道筋をとってしまうかもしれないというリスクもある。このような課題に対してできる最善の策は、重要な最初のステップとその組み合わせを注意深く評価し、後になるまで緻密さにはこだわりすぎないということであろう。

個々のデザイナーはこの「予見的」と「探索的」のストラテジーを行き来することができるかもしれない。では、ジオデザインのチームはどのようにプロジェクトを始めたらいいのだろうか。ここで重要なのは、「規模」、「スケール」、「リスク」が考慮されるべきであるということである。その中でも、スケールが重要である。私の考えでは、例えば住宅地の敷地計画のような小さな規模のプロジェクトは、多大なコストと人を長期間かけて行う大きなプロジェクトに比べて間違ったことになるリスクが小さい。意思決定と実践も小さな規模のプロジェクトの方がやりやすい一方で、大規模プロジェクトにはしばしば根本的な組織や制度の変更が必要である。小規模のプロジェクトが図面と物理的な建設によって完結する一方で、大規模で広域のプロジェクトが直接的に建設されるということはほとんどない。むしろ大規模なプロジェクトの目的というのは、社会の価値観に影響を与え、土地利用や水利用の政策を変更することなどによってその地域を変えることであることの方が多い。極論を言えば、これらの規模の違いは、プロジェクトの最初から異なるストラテジーを必要とするのである。したがって、大規模で複雑なプロジェクトには、探索的な方法の方がスタート時のストラテジーとして適していると言えるのである。

攻撃的及び防御的ストラテジー

　ジオデザインにおける変化モデルでは、開発主体の攻撃的なストラテジーと、保全を主体とした防御的なストラテジーをしばしば組み合わせることがある。攻撃的なストラテジーというのは、低コストで高利益を生み出す場所や交通アクセスの良い場所、美しい眺めなどの魅力的な特徴をデザインによって創り出していこうと試みるものである。それに対して防御的ストラテジーは、変化への脆弱性という場所の制限に注目し、負のインパクトを生み出すような多大なリスクを持ちうるデザインの意思決定を避けようとするものである。例えばそれは、浸食や地震、もしくは氾濫などのリスクがある場所を避けることである。異なる目的と与条件において、魅力と脆弱性を合わせ持つ場所にリスクは現れてくる。

　攻撃的ストラテジーと防御的ストラテジーのどちらが先に来るべきかをここで問いたくなることは、当然である。そこで、例えばスポーツでは、ゴールを防御的に守ることと攻撃的にゴールを奪いに行くことと、どちらがより良いことなのだろうか。つまり、攻撃的ストラテジーと防御的ストラテジーの間には、陰と陽の関係があるのである。攻撃的ストラテジーの判断基準として「平坦な場所を探す」ことと、防御的ストラテジーとして「急斜面を避ける」ことには、それほどの違いはないのである。変化モデルの与条件として反映されている諸課題は意思決定モデルによって定義されたものだが、この定義の方法が攻撃的もしくは防御的ストラテジーのバランスに影響を与えるのである。もし目の前の場所の状況に高いリスクがあり、コントロールすることが難しい場合は、防御的ストラテジーが適していることになる。反対に、もしその場所が低リスクでコントロール可能であれば攻撃的ストラテジーが主体となるであろう。

　ジオデザインにおけるスケールの問題は、ジオデザインのストラテジーだけでなく、その場所の魅力に対する*積極的*に考えようとする姿勢と、脆弱性・リスク・保全に対して*保守的*に考えようとする姿勢のバランスにも影響を与える（図 5.7）。プロジェクトの中で扱う大きさとスケールが変化すると、このことはストラテジーのバランスに影響を与える。もし変化モデルが広域的でデータの荒いものから小規模でより細かいデータを扱うものに変更された場合には、広域的に防御的なストラテジーからスタートし、その後、個々の場所に対して攻撃的な意思決定を行う場合はそのインパクトを検証してから、デザインの変更を行うということが一般的である。しかしながら、プロジェクトが小規模なスケールからスタートする場合は、防御的な課題を考慮する前に攻撃的なストラテジーのコンセプトから始めることがほとんどである。

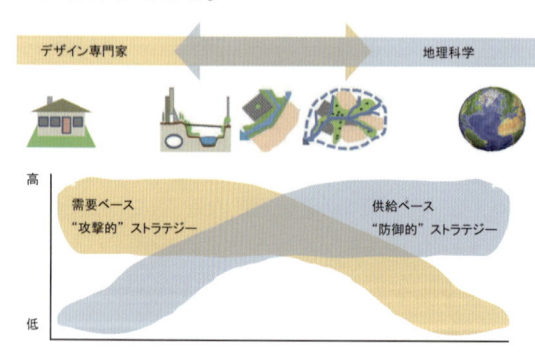

図 5.7　規模とスケールへの配慮は、変化モデルが攻撃的になるか防御的になるかに影響を及ぼす（出典：Carl Steinitz）

　私は、ジオデザインのチームは常に攻撃的なストラテジーに先立って防御的なストラテジーについて考慮するべきだと考えている。これは、医学の初歩的な考え方である「何よりも害を成すなかれ（First, do no harm）」と同じ考え方である。また、これには実際的な理由もある。防御的なストラテジーは、一般的により早く効果が生まれるものであり、将来の選択肢を絞る効果を持つのである。こうすることでジオデザインのチームは、より早く、実現可能性の高い解決策に向かって集中することができるのである。

配置、組織、表現、視覚化について

　全ての変化モデルは、配置、組織、表現に関する意思決定が統合されたものであり、これらのすべては視覚化とコミュニケーションを要するものである。「*配置*」とは、あるもたらされる変化を空間に位置づけることであり、例えば新居の設置や森の農地化、そして希少動物の保護などを考える際に必要とされる概念である。次に「*組織*」とは、デザインにおける諸要素間の関係性のことである。新しいコミュニティをつくる上で、学校やショッピングエリア、公園、バスのシステム、住宅街などがどのようにしたら丁度良くおさまるか考える時に必要な概念である。「*表現*」とは、行ったデザインの認知に関することであり、例えば住宅街の感じ、居心地のいい空間の感じ、高価そうな空間の感じなど、印象に関する部分に影響を与える。

　変化モデルにおいて、配置、組織、表現の3つが有する特徴が均等に強調されることは極めて稀である。一般的に、デザインの規模が大きくなるほど、配置に関することに強い力点が置かれるようになる。この力点の相違が、景観計画とガーデン・デザインの違いとなり、または広域計画と建築デザインの違いとなるのである。これらのデザインに使用される変化モデルは、その力点が違うとともに、同じデザインの考え方を共有するものであるが、ほとんどの場合これらは異なる変化モデルを必要とするのである。

　デザイナーは、変化を可視化して伝えることが持つ力や魅力を長い間好んで来た。Humphy Repton（1752-1818）は、おそらく最も有名な英国のランドスケープ・デザイナーである。彼は、彼のデザインの利点を示すために、前／後によってデザインを提示した。Reptonのレッドブック[6]には、彼のデザインによって変更された場所が水彩画の重ね絵の折り込み図によって示されている。この織り込み図を持ちあげると、新しいデザインがその下に現れ、現状との比較ができるのである（図5.8と5.9）。ジオデザインが今後発展していく中で、コンピュータ技術がよりパワフルになり、特別なものではなく、安価になり、どこでも使えるユーザー・フレンドリーなものになることは、変化モデルに今後大きな影響を与えるだろう。私たち（ここで言う「私たち」とは現地の人々も含んだ広義のものである）は今後、デザイン・プロセスの構成要素や、変化のデザインのされ方、デザインの主体、そしてデザインの可視化の方法について、もっと複合的な展望を持つようになるだろう。

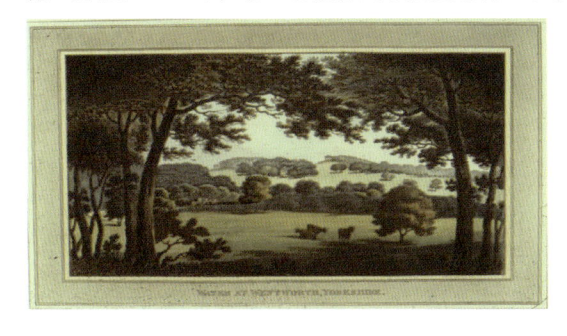

図 5.8　ウェントワースの風景。サウス・ヨークシャー（出典：H. Repton, *Observations on Theory and Practice of Landscape Gardening* (London: Printed by T. Bensley for J. Taylor, 1805)）

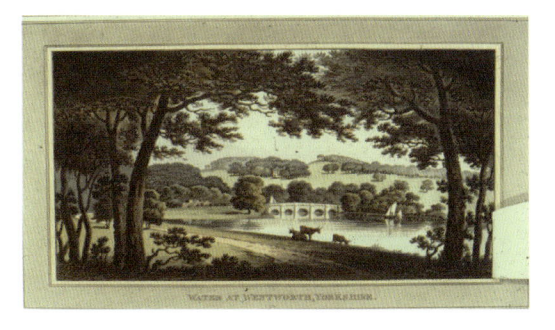

図 5.9　Humphy Reptonの提案による景観の変化。ウェントワースの水辺、サウス・ヨークシャー（出典：H. Repton, *Observations on Theory and Practice of Landscape Gardening* (London: Printed by T. Bensley for J. Taylor, 1805)）

変化モデルを特定するためのテンプレートについて

　どんなタイプの変化モデルであっても、忘れてはならない4つの構成要素を持っている。それは、「歴史」、「事実」、「持続性」、「与条件」である。まず始めに「歴史」についてだが、ジオデザインが実施される場所の歴史を知ることは不可欠であり、とりわけ過去にその場所でなされたデザインについて知ることは重要である。私の長い経験から言えば、私はこれまで、デザインが過去に一度も行われていない場所に対して取り組んだことはない。過去にデザインを行った人々というのは、決して愚かではなかったということである。

　次に「*事実*」についてだが、これはあなたのデザインがそこに存在する間に決して変わることのない地理的要因のことである。これらは表現モデル、プロセス・モデル、評価モデルの要因や得られる結果であることもある。私たちは20年から30年後を見据えてデザインに取り組むものであるが、地質構造や川の流れ、そして歴史的城郭の評価などは、その程度の時間的フレームの中で変化するようには思われないものである。

　さて次に「持続性」についてである。これは、ジオデザインの時間フレームの中で起こることが確実なもののことである。これは必ず見つけなければならない。そうでなければ、あなたのデザインのどれもが実現されなくなってしまうのである。例をあげると、まだ建設されていないが既に計画も承認も資金供給も済んでいて数年後には完成予定の高速道路や下水処理システムなどのことである。

　最後に与条件とその選択肢についてであるが、これは絶対に履行すべきこと、もしくは履行しうることである。重要で戦略性があり、生産性の高い与条件とその代替方法を認識することがここでの鍵となる。意思決定の初期段階におけるこの見込みが最も重要である。なぜなら、最初を間違ってしまえば、そのまま全て間違いで終わってしまうからである。もちろん最初が正しくても最後が間違いのこともあるが、成功するチャンスは大きくなる。空間分析はこれらの初期段階における戦略的選択肢の見極めにおいてしばしばとても重要な役割を果たす。空間分析によって、あなたは「ここか、もしくはここ」、あるいは「ここである」と言うように具体的な選択肢を述べられるようになるのである。

　変化モデルのつくり方には色々な方法があり、これらの多くが共通の要素を持っている。これらの方法に対する理解を促すために、私はジオデザインのチームが使用することのできる一般的なテンプレートを構築した。もちろんこれは、現実には相当複雑な事象をシンプルなグラフィックにしたものとして見なければならない（図5.10）。本書の後半、第7、8、9章では、事例研究においてこのテンプレートを使うことになる。ジオデザインで一般的に扱うスケールの変化モデルの全てにこのテンプレートは使用することができる。またこのテンプレートは、時間とスケールの変化に対応するものである。このテンプレートは、1つの単純なダイアグラムにするには複雑なので、以下にこのテンプレートを系統的に説明していく。

　全てのデザインは、過去、現在、そして未来への眼差しといった、時間に規定されている。
- 過去の状況と文脈は薄桃色の平行四辺形で表す。
- 現況は、茶色の平行四辺形で表す。
- ジオデザインのターゲットとする将来の状況については濃い茶色の平行四辺形で表す。
- 評価については、グレーで示す。フレームワークの2巡目の反復の中で、これらは意思決定モデルにとって必要となる。対象地域の現況の評価は、将来へのインパクト評価の基礎となる。

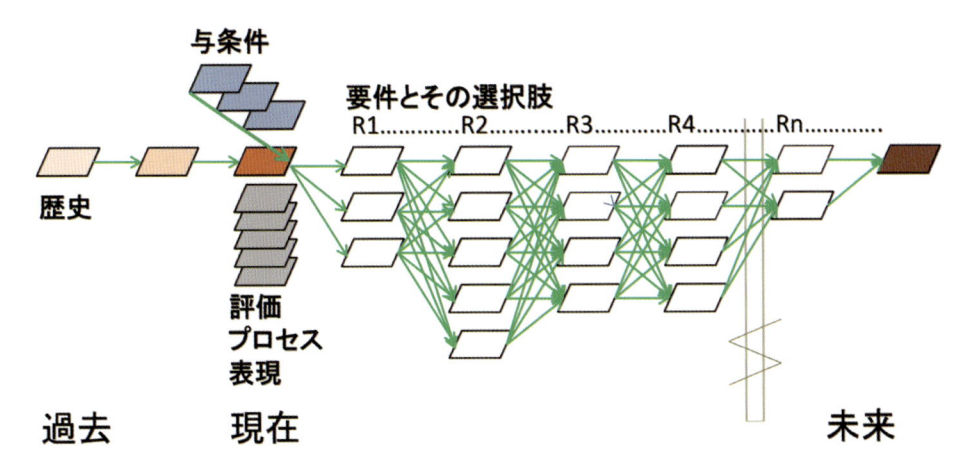

第5章　フレームワーク2巡目の作業：研究の方法をデザインする

図 5.10　変化モデルのテンプレート。各平行四辺形は、ジオデザインを行うために必要な地図レイヤの空間表現（GISにおけるデータレイヤーのような）として理解される。矢印は、ジオデザインの形成プロセスにおけるリンクを表現している（出典：Carl Steinitz）

- 水色で表されたものは、すでに意思決定が行われたもの、つまり前提条件である。これらは必ず起こるものであり、デザインが受容しなくてはならないと想定されるべきものである。
- 必要条件（R1, R2,…Rn）とは、デザインの中で総合的に解決がなされなければならない問題要素のことである。これらは、変化モデルの構築におけるその重要度に応じて番号が振られている。

　ジオデザイン・チームが選択する選択肢は必要条件の下に位置している。

- 平行線にジグザグがついたものは、必要条件と選択肢の続きを省略したものである。現実には、ジオデザインのプロジェクトは何十もの異なる必要条件と選択肢を含むものであるが、このテンプレートでは、分かりやすくするために単純化している。
- 薄緑色の細い矢印は変化モデルにおいて考慮するべき選択肢の組み合わせを示している。
- 緑色の矢印は変化モデルにおける意思決定の流れを示している。

　変化モデルを構築するために、このテンプレートを意思決定の種類に応じて修正することは自由である（図 5.11）。

- オレンジ色で示されている評価に関しては、これを追加、削除、変更することが可能である。
- 黄色は、前提条件である。

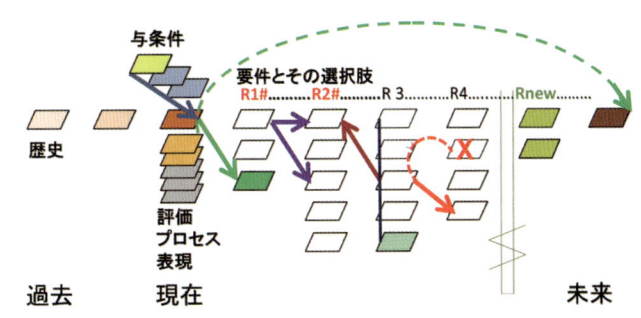

図 5.11　変化モデルのためのテンプレートにおける意思決定に関する「動き」（出典：Carl Steinitz）

　意思決定のプロセスは緑色の矢印で示される。
- 薄緑色の細い矢印は、考慮されるべき選択肢を示している。
- 濃い緑色の太い矢印は提案されたデザインの一部として既に行われた意思決定を示している。

67

その他の色で示された線は、ある特定の変化モデルにおける特別な変数や選択肢を示している。
- 緑色の平行四辺形には、単純に進んで良いことを示している。
- インディゴブルーの矢印は、1つ前のステップに戻ることを示している。
- 紫色の矢印は、異なる将来シナリオを検討するため、感度分析を行う必要から2つ以上の選択肢を選びうることを示している。
- 濃い青色の線は、一連の選択肢を比較する可能性を示している。
- 薄緑色の平行四辺形は、新しい選択肢がつくられたことを示している。
- 赤い矢印は、間違いがあってそれを修正したことを示している。

ジオデザイン・チームは与えられた情報に、新しい情報を足しても良い。
- 新しい必要条件（オリーブ色）
- 新しい選択肢（オリーブグリーン色）
- 最終的なデザインは常時変更して良い（濃い茶色）

重要な仮定に対して不確かなことや意見の対立がある時には、感度分析をベースとした検討へとこのテンプレートを適合させることができる。これは、必要条件の仮定が不明瞭である場合や、その仮定から複数のシナリオが想定される場合に対しても必要となってくる。もしくは、一連の重要な必要条件に対して考えられる複数の選択肢を注意深く評価する場合や、複数のデザインのシナリオが示唆する内容を明らかにする場合も同様である（図5.12）。

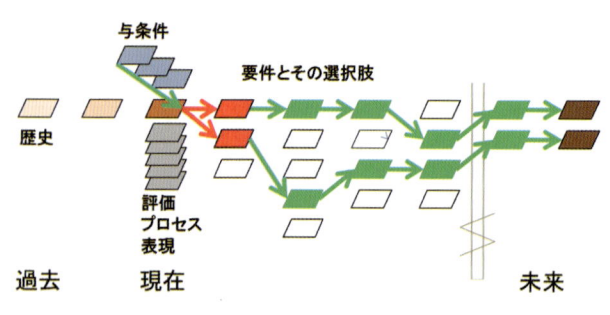

図5.12 感度分析によって異なるデザインが導かれる
（出典：Carl Steinitz）

テンプレートは異なる複数の時間的フレームワークでの検討を必要とする変化モデルにも適用できる（図5.13）。
- 時期設定（明るい茶色）
- デザインからのフィードバック（赤い破線）
- データ、プロセス・モデル、評価のアップデートへの統合（赤色）
- 対象地域における新しい時間軸設定の反映（オレンジ色）

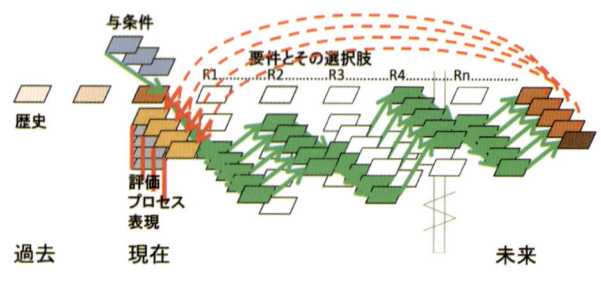

図5.13 複数の段階を含めた検討のためのテンプレート
（出典：Carl Steinitz）

変化モデルは、最終的なデザインに到達するため、必要に応じて何度でも、これまでのように、もしくは上述したように変化させることで、適用することが可能である。

検討の最中で扱うスケールの変化が生じた場合には、同じテンプレートを使用することができるが、最終的に構築された変化モデルは、スケールに関係した必要条件を反映したものになる傾向がある。

デザインを行う8つの方法とそれらを組み合わせた方法について

ジオデザインのテンプレートの使用には複数の方法があったように、総体的な変化モデルへのアプローチにも色々な方法がある。このセクションでは、8つの異なるデザインの方法と、これらを組み合わせた方法について簡単に説明を行うが、これらの全てはジオデザインのプロセスにおいて重要な知見を与えるものである（図5.14）。第Ⅲ部（第7、8、9章）では、これらそれぞれについての詳細と、ジオデザインのフレームワークの中でどのように応用されるのかを事例研究の中で説明する。

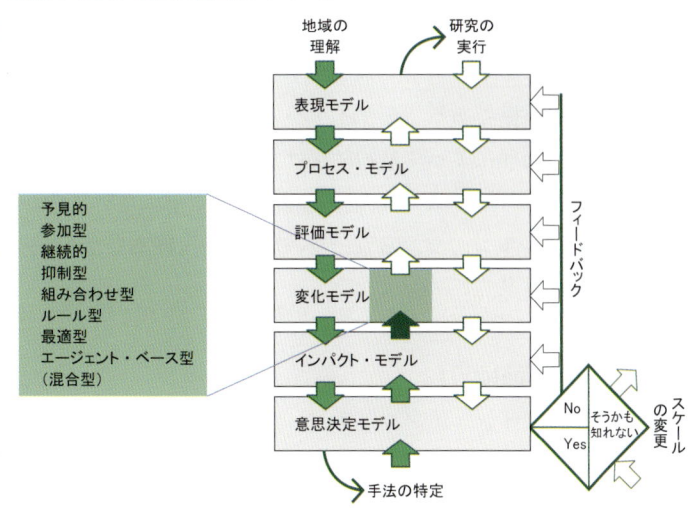

図5.14 9つの変化モデル。これらの8つの変化モデルと1つの混在型の例は、変化のデザインやシミュレーションに対する異なるアプローチの方法を表現している（出典：Carl Steinitz）

「予見的 (Anticipatory)」「参加型 (Participatory)」「継続的 (Sequential)」「抑制型 (Constraining)」「組み合わせ型 (Combinational)」「ルール型 (Rule-based)」「最適型 (Optimized)」「エージェント・ベース型 (Agent-based)」など、これらの変化モデルに関する方法の名前は、それぞれの本質的な考え方や特徴を反映したものとなっている。これら8つの方法の全てが、無限にある将来の選択肢を認識しつつ、シナリオの構築を支援するものである。これらの方法によって、無限にある選択肢の数は、マネジメント可能な数へと減らされていく。最終的には、変化モデルは最重要の課題を目的とした、適切な数の政策とデザインの選択肢を提供するものとなるのである。言ってみればほとんど全てのデザインというのはこれら8つの方法の組み合わせの結果であるが、ジオデザインのプロジェクトの中では、これら8つの方法の内の1つが卓越する傾向がある。つまり、変化モデルの構成と初期段階が非常に重要であり、それはフレームワークにおける2巡目の反復において予め計画されていなければならないのである。

設問4．以下は変化モデルに関連した設問である。
- 変化に対する仮説は何か？
- 必要条件は何か？
- 変化シナリオを定義するのは誰か？ またどのように定義されるのか？
- どのシナリオが選択されるのか？ シナリオの時期設定とスケールはどのようなものか？
- 変化はどのように表現され、伝えられるのか？
- どの変化モデルもしくはデザインの方法が、ジオデザインの検討に対して最も適切であるか？

「予見的(Anticipatory)」

　予見的なアプローチは、デザイナーの自信や経験によって、良いデザインという結果へと想像力を飛躍できるということが前提で成り立っている（図5.15）。デザイナーが十分に豊富な経験を持っているということが前提である。デザイナーである彼や彼女は、ゴールを決めた後に現況に立ち戻り、そこからは演繹法の論理によって最初に掲げたデザインを達成するために必要条件や選択肢に対して向き合っていくのである。第7章では、アメリカ、カリフォルニア州サンディエゴとロサンゼルスの間にあるキャンプ・ペンドルトンのプロジェクトで6つの代替案が予見的アプローチによってどのように作り出されたのかを見る[7]。

「参加型(Participatory)」

　参加型のデザイン・アプローチは、1人以上のデザイナーが参加すること、そして、彼らそれぞれがデザインの提案のコンセプトを持っているということが前提となる（図5.16）。デザイナーは将来の提案を行えるだけの、場所と時間に対する感覚を十分に有していることが期待されている。そして、これらのデザインはそれぞれ違うものである一方で、最終的にはこれらを誰もが合意できるデザインへとまとめあげる必要がある。第7章では、40人以上がその地域の将来ヴィジョンに対してデザインを行った、コスタリカのオサ・ペニンシュラの事例を見る[8]。ここでは、意見の一致をみることのできるデザインを導いていくための合意形成の手法が試されたのである。

「継続的(Sequential)」

　継続的なアプローチでは、デザイナーは将来のデザインに向かって体系的に、確信を持ちながら選択を行っていく（図5.17）。このアプローチでは、現況の考察から始まり、それぞれの要求に対して単一の選択を確実に直接的に行うことにより、明確に誘導していく論理展開を行う。継続的なアプローチについては、第7章において、14のデザインそれぞれが意識的な選択の連続によって生成されたバミューダ・廃棄物集積場[9]の将来ヴィジョンの検討を通じて紹介する。

「抑制型(Constraining)」

　抑制型の方法は、クライアントとジオデザインのチームが意思決定モデルに対して不慣れである場合や、プロジェクトの目的や必要条件の相対的な重要性がZipの法則（図5.3）に近似しながらも選択肢が多く存在する場合に有効である（図5.18）。これは継続的アプローチや、組み合わせ型アプローチと多くの点で似ている。第8章では、イタリア、パドヴァの工業地帯とロンカジェット公園の事例によって、抑制型アプローチを紹介する[10]。このプロジェクトの目的は、ロンカジェット公園とイタリアで最大の工業地帯における将来プランを考える上での真の目的と必要条件を明らかにすることであった。

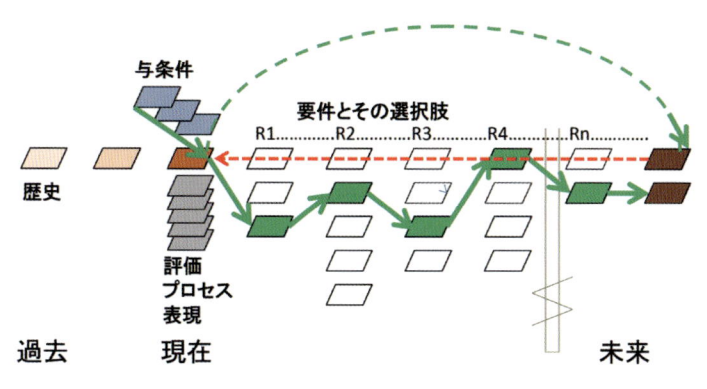

図5.15 予見的変化モデル（出典：Carl Steinitz）

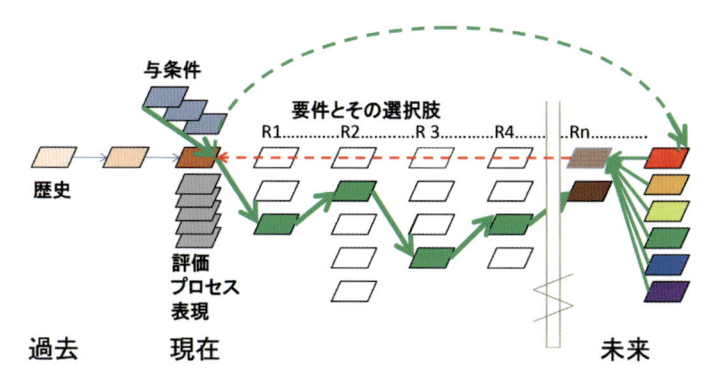

図5.16 参加型変化モデル（出典：Carl Steinitz）

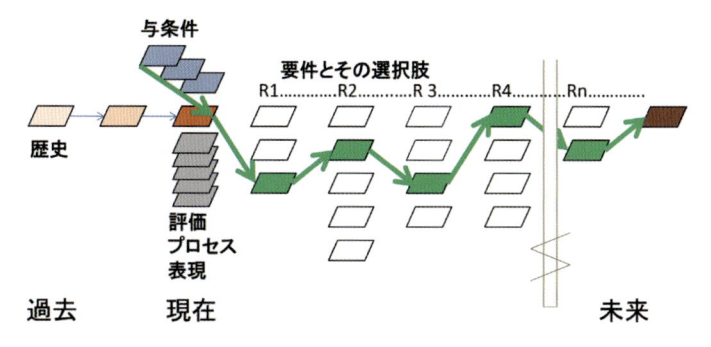

図5.17 継続的変化モデル（出典：Carl Steinitz）

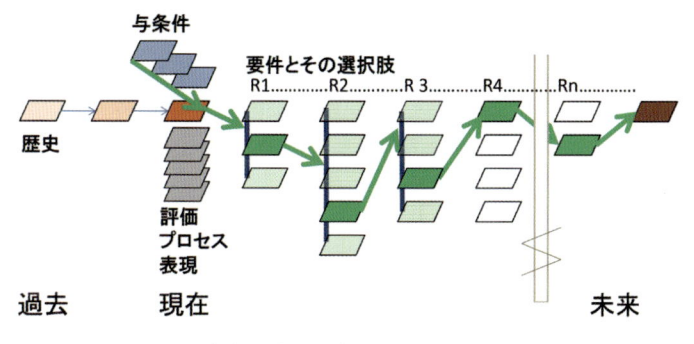

図5.18 抑制型変化モデル（出典：Carl Steinitz）

「組み合わせ型（Combinational）」

　デザイナーやクライアントがデザインを考えていく上で、最適な選択肢は何なのか判断できない時、この組み合わせ型アプローチは有効である（図5.19）。この方法は、未来における複数のシナリオを考える時によく使われる。この方法は、主な目的がほとんど、同じ重要性を持っていない場合や、鍵となる必要条件の組み合わせについて、重要性の低いものを考察する前に考察すべき場合に最適である。第8章では、イタリア、サルデーニャ州の州都におけるカグリアリの拡張計画を事例として紹介する[11]。

「ルール型（Rule-based）」

　ルール型アプローチでは、ジオデザイン・チームがデザインを構築するための明確なルールを特定できるだけの知識と自信を持っていることが前提となる（図5.20）。このようなアプローチは、コンピュータのアルゴリズムのようなもので構成されるのが普通だが、手動による精神的なステップで記述することも可能である。ルールは例えば「20%以上のスロープで、浸食が容易な土壌の上に建設をしてはいけない」といったような、脆弱性に関する抑制などといったものが考えられる。もしくは、「2車線舗装道路から20-100m離れた距離にある平坦で乾いた土地に建設せよ」というように、魅力に関することにもなりうる。それぞれの必要条件は、継続的アプローチと同様に、デザインの意思決定の連続性の中で組み合わせられる（図5.17）。第9章では、メキシコ、バハ・カリフォルニア・スル州の州都であるラ・パズの成長に関するプロジェクトを通じて、このアプローチに関して説明をする[12]。このプロジェクトでは、経済と環境を両立させる最適な政策を特定するために、経済と環境の視点から評価を行った。

「最適型（Optimized）」

　最適型アプローチは、8つの方法の内で、おそらく最も難易度の高いものである（図5.21）。このアプローチは、クライアントとジオデザインのチームに対して理想的な必要条件と選択の基準に関して、それらそれぞれの相対的な重要度を予め理解することを要求する。意思決定の最適化とは、意思決定を行う人間の文化的知識と彼らの目標をベースにしたものである。これらはつまり、彼らがデザインを評価するときの価値観であり、目標と価値観に投影される相対的な重要性である。最終的にそのデザインが最適なものであると宣言できるようにするために、このアプローチは、利益率や投票見込み数のような、単純な指標で比較できる価値基準を必要とするのである。最適型アプローチについては、第9章において、アメリカ合衆国コロラド州のテルユライド地方のプロジェクトを通じて説明を行う[13]。このプロジェクトでは、新しい開発の位置を、ヘドニック・アプローチによってモデル化された経済指標と支払い意欲の優先度をベースとして検討している。

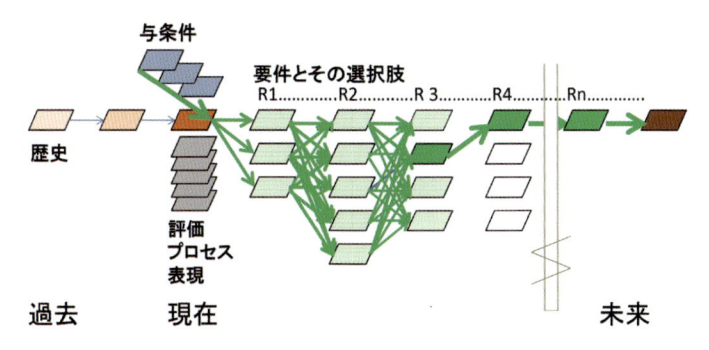

第 5 章　フレームワーク 2 巡目の作業：研究の方法をデザインする

図 5.19　組み合わせ型変化モデル（出典：Carl Steinitz）

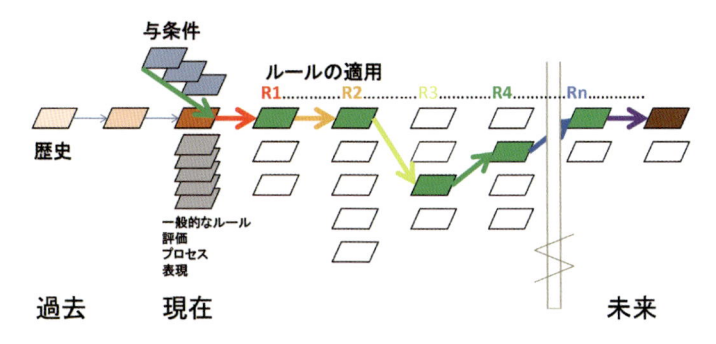

図 5.20　ルール型変化モデル。色のついた矢印は土地利用など、異なる必要条件表現している
（出典：Carl Steinitz）

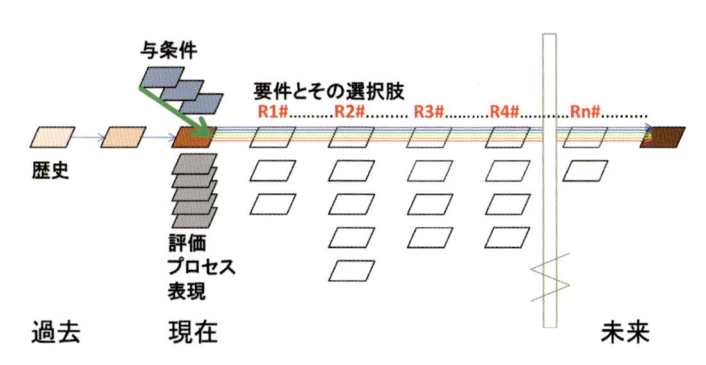

図 5.21　最適型変化モデル。色のついた線は土地利用など、異なる必要条件表現している
（出典：Carl Steinitz）

「エージェント・ベース型 (Agent-based)」

　エージェント・ベース型のアプローチでは、対象地域の将来像は、政策とデザインの決定の関係性により招来されると仮定する。この場合、デザインを判断することにより、個人は一定の指示を受けたり、魅了されたり、制約されたりするが、しかしその個人はルールに基づいた行動規範を有する独立したエージェントとして規定される。（図5.22）。主体となるのは、ステークホルダー、意思決定を行う者、現地住民などや、住宅を求めている人、開発業者、自然保護活動家などである。それぞれの主体には、彼らがそこにいる理由や、他のグループとの関わり方にそれぞれ違ったルールがある。これらのルールは、コンピュータのモデルの中に組み込まれ、それらの変化は同時に起こり、デザインに対する必要条件群との関わりの中で調整されていく。エージェント・ベース型モデルは、必然的にコンピュータ集約型となり、その遂行には多大な技術的専門知識を必要とする。第9章では、アメリカ、カリフォルニアのアイディルワイルド地域における火災管理と火災モデルの相互関係からこのアプローチについて説明を行う[14]。

「混在型 (Mixed)」

　混在型のアプローチでは、全体としてもしくは部分的に異なる複数のデザインの方法が組み合わされる。この時、変化モデルの組み合わせの数は、ほぼ無限にある。混在型の変化モデルの例としては、国立公園におけるキャンプ場の数を増やすためのデザインがあげられる。この場合、ジオデザイン・チームは、公園における魅力と制約を持つ場所に変化をもたらす新しい道路のコンセプト・デザインを行い、その後、キャンプする人々がどこにキャンプをしたいかという、主体の行動について考察を行うだろう（エージェント・ベース型モデルにおいてコンピュータ・エージェントが表現されたように）。

　混在型のアプローチの事例は、第9章において、継続的アプローチとエージェント・ベース型アプローチが組み合わされて使用された（図5.23）西ロンドンの歴史的研究の中で説明を行う[15]。19世紀および20世紀において、当時のジオデザイン・チームは、今で言う継続的変化モデルを用いて交通インフラをデザインした。彼らは、その後、エージェント・ベース型の変化モデルによるシミュレーションを用いて、多くの独立した主体による開発行為による変化の評価から、彼らのデザインを変更したのである。この変化モデルはその後、いくつもの時代と、更新された評価モデルによる評価をくぐりぬけ、西ロンドンの成長をモデリングするために使用され続けている。

変化モデルのアプローチ方法の選択

　デザインのアプローチの方法を選択する上で最も重要なことは、ジオデザイン・チームが意思決定モデルや関連する前提、必要条件についてどれくらい確実性のある認識を持っているかということである。予見的、参加型、継続的、最適型の変化モデルの全ては、ジオデザイン・チームに確実な認識を持っていることを前提としている。反対に、組み合わせ型と抑制型アプローチは、不確実な認識を前提としており、それゆえ結論を導くための選択肢を体系的に検討することが必要となる。ルール型、最適型、エージェント・ベース型の方法は、見込みと最終的なデザインに対しては不確実な認識を求めるが、プロジェクトの規定や、プロジェクトが現実に及ぼす影響などについては確実な認識を求めている。したがって、これらの変化モデルは不確実性に対する成果物の感受性をテストするためや、変化に対するシナリオが複数存在する時などに使用される。

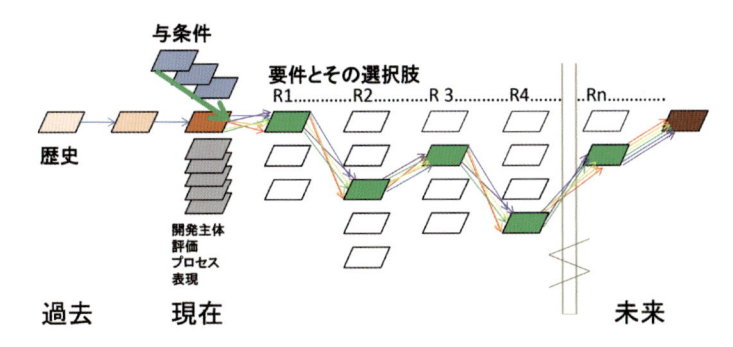

図 5.22 エージェント・ベースド・モデル。色のついた矢印は異なる土地利用を表現している
(出典：Carl Steinitz)

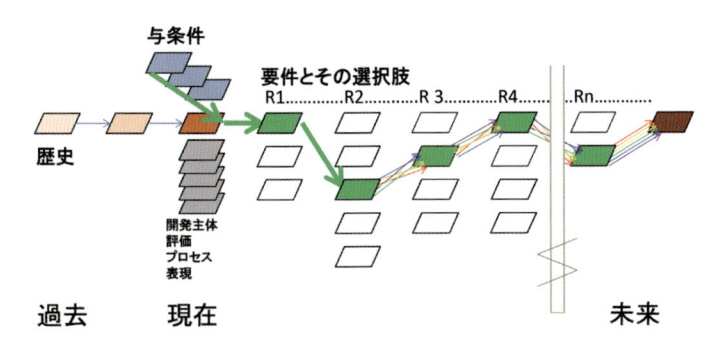

図 5.23 混在型のアプローチ。継続的とエージェント・ベースドも含む
(出典：Carl Steinitz)

　この章ではこれまでに、意思決定モデル、インパクト・モデル、そして変化モデルに言及してきた（設問4、5、6）。これらのモデルは、未来志向であり、ジオデザインの主たる展望となるものである。場所に変化をもたらす公の、もしくは個人の意思決定がどのように形成されるのかを理解することは、ジオデザイン・チームが方法論を開発する為に必須の知識である。ジオデザイン・チームは、意思決定を行う者や有権者によるインパクトの是非を定義できるだけの、問題や価値基準に対する知識を持ち合わせなくてはいけない。そして、将来に変化をもたらしうる政策や計画の選択を特定できるようにならなくてはいけない。
　私たちは次に、評価モデル、プロセス・モデル、表現モデルに対して言及を行う（設問3、2、1）。評価モデルは、地理的条件の変遷と現況を理解、評価し、特定のプロセス・モデルを選択できるようサ

ポートしてくれるものである。プロセスを一度理解し、データを特定すれば、データの収集と適切な情報管理と表現に関する必要事項の検討に移ることができる。

評価モデル

評価モデルの内容は、意思決定モデルから生み出されるものである（図 5.24）。評価モデルとは、提案されたデザインが現在の状況に対して与えうるインパクトを、意思決定を行う者たちが比較検討するための査定の必要性に基づいたものである。評価モデルは、デザインによる保全と開発の注目していることから、変化モデルに対して直接的に影響を及ぼすことになる。

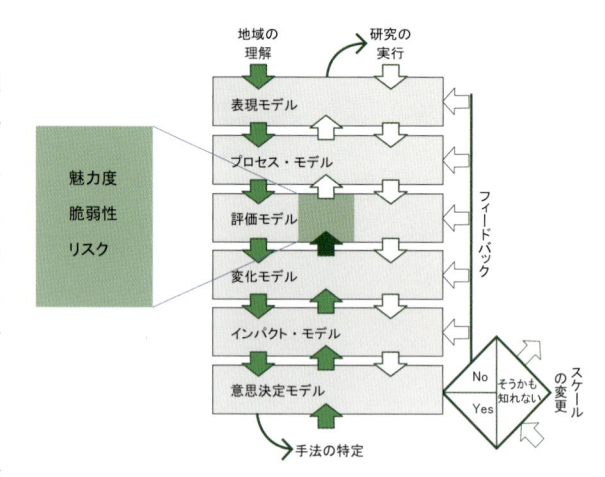

図 5.24 評価モデル（出典：Carl Steinitz）

設問 3. 意思決定モデルに関連した評価モデルに関する設問は以下の通りである。
・主な評価の指標となるのは何か（エコロジー、開発経済、視覚的嗜好、政治など）？
・空間、時間、量、質に関する単位となるのは何か？
・科学的論理に基づくものか、それとも主観的な論理に基づくものか？
・法律の基準に関連したものか？

評価の基準

ジオデザインでは、対象地域の地理的文脈を考慮する際、その評価基準が非常に重要になってくる。それは、対象地域、位置、行政、3つのグループに分けることができる。対象地域に関する評価基準は、物理的なものでは地形、地質、生態などや、社会的なものでは人口など、その場所に限定した内容となる。次に、位置に関係した評価基準だが、それはその場所に限定したものではなく、上流の水環境、風向きによる火災の可能性、醜悪な眺望などを含んだものになる。最後に行政に関する評価基準としては、用途地域や計画の規制や、様々な財産権などがあげられる。

評価基準は、以下の3つの問いに対する答えとして設定されなくてはならない。
・何が重要なのか？
・どうして重要なのか？
・どのくらい重要なのか？

単一のデータだけで評価基準とするのは十分ではない。例えば、急傾斜はそれだけでは基準にはならない。なぜなら、急傾斜が良いか悪いか、重要か重要でないかは分からないからである。ヘラジカの群れにとっては、夏の住処として良い場所であるだろうし、ショッピングセンターの建設には適していないだろう。つまり、「急傾斜は、ヘラジカの夏の住処にとって肯定的で魅力的な、重要な基準である」という言い方の方が適していると言える。

評価基準は、クライアントや委員会、デザイナーによる最良の判断、専門的コンサルタント、ユーザーの代表、デルファイ・メソッドの専門家、もしくはヘドニック法などの統計的回帰分析による類似デー

タの分析など、様々なソースから生み出される。また、法律、宗教的規則、伝統などからの場合もある。そして、規模とスケールが、ここであらためて考察の材料となる。小さなプロジェクトや、リスクが低く規制も少ないプロジェクトでは、評価基準はかなり独特なものになりうる。しかしながら、大きなジオデザインのプロジェクトで潜在的リスクも大きいものに関しては、評価基準は信頼性があり統計に基づく堅実なものになる。

　評価モデルの下敷きとなっている評価基準と価値観は、事実と見解との間の連続したつながりの間で特徴付けられている。連続性は、価値観が変わる遅さと関係している（価値観は実際に時代と共に変わる）。まず、例えば科学的な調査から形成された事実には、安定感がある。次に安定感があるのは、例えば、敷地の地質の分類や土壌の種類による収穫容量などに関する経験と知識である。そしてその次は、共同体の経験や合意形成など、過去になんらかの形でその地域に変化を与えた文化的、伝統的な慣習などである。さらに次は、例えば専門的な科学者のように、ある分野について専門知識を持っているが、空間と時間に関する知識が限られているという人が持つ専門知識である。そして次に来るのが、個人的経験に基づいた主観的判断である。最後に残されるのが特異な選択肢となる。典型的なジオデザインのプロジェクトでは、上記の内のいくつかの価値観に直面することになる。しかしながら、これらはすべて同じく信頼できるわけではないため、より大きくリスクの高いジオデザインのプロジェクトは、信頼性と持続性に長けた価値基準を選択しなくてはならない。

魅力、脆弱性、リスク

　評価基準は、典型的には、特定の目的に対する魅力などの肯定的な側面とともに、特定の資源や場所、行動の脆弱性を助長する否定的な特徴との関係から記述される。これらの肯定的と否定的な評価基準は、「平坦な土地を求める」ことと「急傾斜の土地を避ける」ことが同じであるように、陰と陽の関係性にある。これらはしばしば複雑な評価モデルの中で組み合わせられるが、私の経験から言えば、これら2つの評価基準の形式の内、どちらか1つだけを選ぶことが最善であると考える。リスクというものは、潜在的に有害な行為に対して高い魅力があると査定することと、価値ある土地資源に対して高い脆弱性があるとする査定を空間的に同時にすることから生まれるのである。

　例えば、メキシコ、ラ・パズでの複雑な事例研究の中で行った、シンプルなリスク査定のことを考えてほしい[16]（図5.25、第9章でも詳細な議論を行っている）。ここで作成したマップは、商業、産業、住宅に関する経済基準の集計に基づいて、開発の相対的な魅力を表したものである。

　私たちは、生態、視覚、レクリエーションに関する脆弱性の組み合わせによって指標をつくり、この地域の環境を評価した（図5.26）。

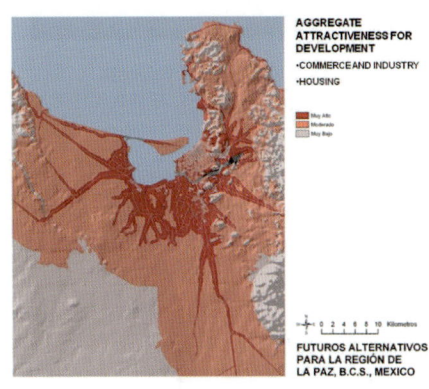

図5.25 メキシコ、ラ・パズ地区における開発の潜在性。濃い赤のエリアは開発の可能性が高い（出典：La Paz geodesign team）

図5.26 メキシコ、ラ・パズ地区における環境的脆弱性。濃い緑のエリアは保全の優先順位が高いエリア（出典：La Paz geodesign team）

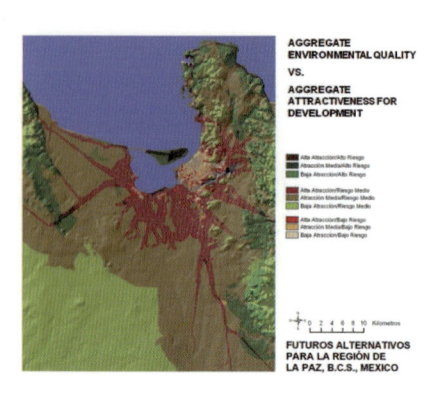

◀図 5.27 メキシコ、ラ・パズ地区における環境と開発の対立エリア。赤いエリアは下－中程度の環境的コストによって開発が行われようとしているエリア。緑のエリアは開発のプレッシャーが存在しない、保全可能なエリア。濃茶のエリアは開発による環境的コストが最大であるエリア（出典：La Paz geodesign team）

図 5.28 バランドラ湾（写真：Tess Canfield）

図 5.29 建築家 Frank Lloyd Wright によって 1936-39 に西ペンシルバニアに建設された落水荘（写真：Tess Canfield）

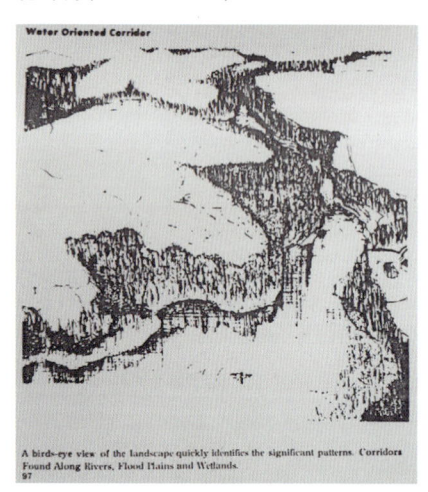

図 5.30 ウィスコンシンにおける最も保全価値の高いエリアの景観。Philip H. Lewis Jr. による（出典：Phillip H. Lewis Jr., *Tomorrow by Design: A Regional Design Process for Sustainability* (New York: Wiley, 1996)）

次いで、私たちは、これら開発圧力に関する評価と、環境価値に関する評価を組み合わせたのだが、その結果は、開発を起因として環境にとって相対的に最大のリスクがあるエリアが明らかになったのであった（図 5.27）。この地域こそ、行政による緊急の対応が必要な地域であった。

バランドラ湾と険しい後背地は、ラ・パズの近くにあるバランドラ半島の最も北西の角に位置している。ラ・パズのプロジェクトにおける成果の 1 つは、生態的、レクリエーション的に重要な景観の公的な保全であった（図 5.28）。

評価モデルは、究極的には意思決定モデルとその目的を構築する人々の文化的知性に依存している。評価に関する基準とその相対的な重要性は、決して普遍的なものではなく、地理や文化に依存し、著しく異なっている。分かりやすい例として、香港における「背の高い建物」と「混んでいる」という言葉は、アリゾナ州フェニックスにおける意味とは大きく異なっている。これらは、その評価の地理的背景の規模とスケールに依存しているのである。

私はここで、2 つの例をあげたい。どちらも似たような地理的背景を持つが、目的、規模、スケールの影響が明らかに現れているものである。建築家、Frank Lloyd Wright（1867-1959）は、1930 年代にペンシルバニア州の西部に建てられた著名な落水荘（図 5.29）のデザインについて、このように述べている。「美しい森の中、滝のそばに堅い岩層がそびえ立っていた。そして自然のものは、滝の上の岩層から住宅を持ち上げているように思われた。」[17]

これとは対照的に、ランドスケープ・アーキテクト／プランナーの Philip H. Lewis Jr. は、州立公園の敷地について、ウィスコンシン州中を評価している時、河川沿いに続く景観を州規模で保全することが最優先事項であるとした（図 5.30）[18]。

これら2人の著名なデザイナーは、同じような景観の特性を同じような地域で見ていたのだが、その規模とスケールが違うことから、全く異なる目的と見方をしていることが分かる。Wright はそこに建築することへの魅力を読み取り、Philip H. Lewis Jr. は保全するべき環境の脆弱性を読み取った。それぞれ異なる結論を導き出し、それぞれが正しいことをしたのである。

プロセス・モデル

プロセス・モデルは、提案されたデザインによるインパクトを査定する意思決定モデルにとって必要とされるものである（図 5.31）。様々な意思決定モデルが必要とする情報と、これらの結果としてのインパクト、変化、そして評価モデルは、土地に関する変化のプロセスへの理解を必要とする。これらのプロセスを理解することで、ジオデザインのプロジェクトおよびその適切な表現の手段にとっての必要なデータがどのようなものであるのかが分かるのである。

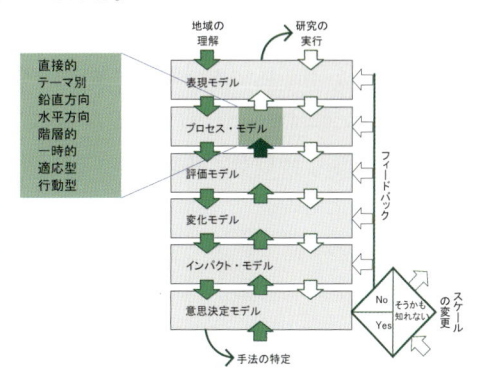

図 5.31 プロセス・モデル。これらはインパクト・モデル作成の必要性に基づくものである（出典：Carl Steinitz）

設問 2. プロセス・モデルに関する設問は、インパクト・モデルと関係したものであり、以下のようになる。
・どのモデルが含まれているべきか？
・モデルはどのくらい複雑であるべきか？
・インパクトについてはどのくらいまとめられ、表現されていればよいか？
・どのプロセス・モデルがジオデザイン・チームのモデリング能力を超えてしまうものであるか？

プロセス・モデルの必要条件

プロセス・モデルのどれもが、暗示的に表現されているか、もしくは明示的に表現されているかという特徴を持っている。都市システムのモデラーである Ira S. Lowry によれば、この特徴は、哲学、理論、形態、特質、そしてデータを含んだものであるという[19]。これらの全ては、連続体として機能し、他の地域への伝達性を有している。その中で、哲学と理論は最も一般化しやすく、特質とデータが最も一般化が難しい。Lowry はまた、理論家とモデラーの違いについても言及している（地理科学者とデザイナーの違いに似ている）。理論家は、論理的な一貫性や一般性、そして因果関係を追求する。モデラーは、現在取り組んでいる案件に適用することのできる、経験的に妥当性のあるモデルを追求する。またモデラーは、しばしば明快な因果関係を欠き、データやコスト、時間や回答の必要性への制約がある中で達成される一般化された記述を追求している。

ジオデザインのためのプロセス・モデルは、地理科学の分野から非常に頻繁に導き出される。プロセス・モデルは、著名な学術および専門家機構とよく結びつくので、ジオデザインが多様でそれぞれ異なるプロセス・モデルによる査定を必要とすることは不思議ではない。しかし、プロセスのそれぞれは容赦なく結びつき合っていること、そして1つに変更があると他の多くにも変更が起きるということを、私たちはずいぶん昔から知っている。1930年には、地質学者であり、地理学者である C. C. Fagg C. C. (1883-1965) と G. E. Hutchings G. E. (1900-1964) によって、『地域調査入門 An Introduction to Regional Surveying』が出版された。この本は、地域計画をどのようにしてつくるかを記した最初の教

科書の 1 つであった[20]。彼らの中心となった考え方は、景観は複雑な要素が互いに結びついた（図 5.32）、相関性を持つシステムであるということであった。

相互関係のあるプロセス・モデルを組み込む必要性は、ジオデザイン・チームに機会と課題の両方を示すことになる。もしいくつかのプロセスがジオデザインのプロジェクトに含まれており（これが一般的である）、コンピュータ・プログラムによってこれらのプロセスにつながりがあることが示されると、私たちの前に「卵が先か、鶏が先か」という問題が生じる。どのプロセス・モデルが最初に来るのか。プロジェクトのタイムフレームが長くなるにつれて、この順番を明らかにすることはより一層重要になる。私の経験では、この問題に対して 3 つの解決策がある。

1. それぞれを分けて考える。これは、ジオデザイン・チームが独立した専門家で構成されている場合に一般的な解決策となる。これが最も簡単な方法であるが、最も結果が正確でなくなる傾向もある。例として、第 7 章にあるキャンプ・ペンデルトンのプロジェクトを参照してほしい。
2. これらを数珠つなぎにする。こうすることで、1 つのモデルのアウトプットが他のモデルのインプットになる。この順番を決めるには、理論的な確かさと、フレームワークの中で私も推奨していることである、モデルのデザインに対して緊密なコラボレーションをとることが必要となる。第 9 章にあるラ・パズの事例を参照してほしい。
3. 細胞機構と他のエージェント・ベース型のモデルを基礎とした行動モデルにおけるフィードバック・ループを通じて、これらを直接つなぎあわせる。これも理論的な正確性が要求されるが、高度なコンピュータに関する知識も必要となる。第 9 章におけるアイディルワイルドの事例を参照してほしい。

プロセス・モデルの複雑性[21]

信頼性のある予測が可能なインパクト・モデルを求めるならば、プロセス・モデルにおける空間分析の複雑さが最適なレベルにあることが必要となる。インパクト・モデルとプロセス・モデルに関係する空間の複雑度の加減には、8 つのレベルがあると私は考えている（図 5.33）。8 つのレベルのそれぞれは積み重なっており、あるレベルのものは、1 つ下のレベルの課題にも対応している。つまり、上のレベルになって積み重なるほど複雑なプロセス・モデルとなる。これらが生成する解答は、そのモデルのタイプが有する分析の許容量を反映したものとなる。ジオデザイン

図 5.32 プロセス・モデルは相互関連システムである（出典：C.C. Fagg and G. E. Hutchings, An Introduction to Regional Surverying (Cambridge, UK: The University Press, 1930)）

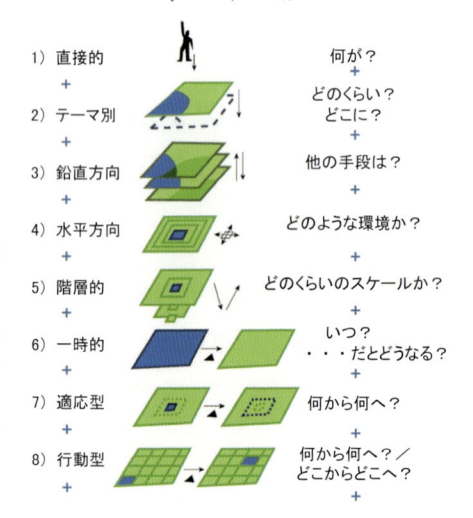

図 5.33 プロセス・モデルの複雑さに関する 8 段階
（出典：Carl Steinitz）

のプロジェクトの大きさが大きいほど、また結果としてのリスクが大きいほど、分析がなすべきことは、より複雑な理解と予測でなければならないと私は考える。それとは対照的に、規模とリスクが小さいプロジェクトでは、単純な分析で十分となる。以下に、8つの異なるレベルについて順々に確認をしていこう。

1. 直接的プロセス・モデル（Direct process models）

これは、個人的な経験に基づいたものであり、「そこで何が起きているのか」を問うものである。例えば、もしあなたがコロラドのテルライド地方にある雪崩の危険のエリアにいるとすれば、そこでの教訓は「そこには建てるな！」であることが明らかである（図5.34）。

この直接的モデルは、長期に渡る個人的な経験による知恵を含んだものであるがゆえに、信頼性が増して来ている。Patrick Geddes（1854-1932）は、生物学者であり、社会学者であり、哲学者、教育者、都市プランナーでもあった。彼は、様々な国を訪れ、特にインド、旧パレスチナ、そして故郷であるスコットランドなどで都市計画を行った。発明家として、そして地球規模の思想家として、彼は人間、人間の行動、そして環境の三者の相互関係に興味を持っていた。Geddesによる「バレー・セクション・ダイアグラム」[22]（図5.35は書き直されたもの）は、どこにでも見つけることのできる物事の普遍的な関係を彼が観察した時の直接的な経験で表現されている。そのセクションは、山から始まり、海岸まで延長されている。山の一番高い所では、鉱山労働者を見つけることが自然で普通である。それよりも低いエリアでは、森、そして木こりがいる。さらに低いところでは、猟師と猟犬がいる。もっと低い所に

図5.34 アバランチ・ゾーン、テルライド地区、コロラド州。建設に不向きな土地（写真：Tess Canfield）

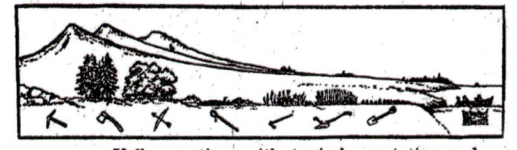

図5.35 Patrick Geddesによるバレー・セクション（出典：V. Brandford and P. Geddes. *The Coming Polity: A Study in Reconstruction*. London: Williams and Norgate, 1917）

は、農民と庭師がいる。そして、海辺には町があり、海には漁師がいる。このような、長い歴史を持つ景観と人間の関係に対して敬意を持たないと、プロジェクトはそもそもうまくいかないか、もしくは労力がかかりすぎたり、リスクが高すぎたりするようになる。つまり、サステイナブルでなくなるのである。この、Geddesによるバレー・セクションは、ジオデザインの実践の好例として見ることができよう。

2. テーマ別プロセス・モデル（Thematic Process Model）

テーマ別プロセス・モデルは、最も一般的にはテーマ別のマップ形式により示される。このようなマップは、「何が」「どこにあるか」を特定するものだが、もしヒストグラムがあれば、そこに「どのくらい」が加わる。伝統的な地形図に示されているデータなどは、水の流れや、微気象や、開発の歴史などのプロセス・モデルを理解するのに有効である。アメリカ合衆国地質調査所（USGS）によって制作され

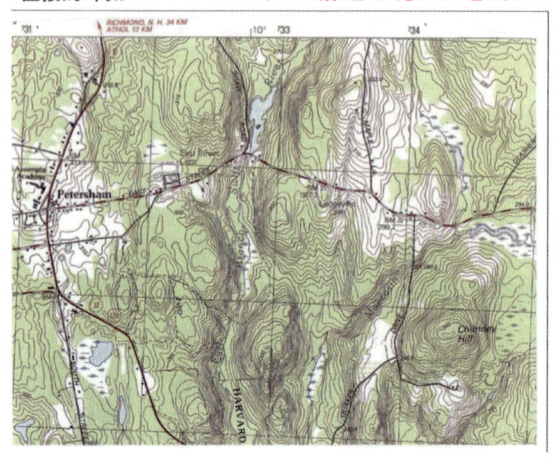

ているテーマ別マップ（もしくはアメリカ以外の国におけるこれと同等のマップ）は、おそらく最も簡単に入手できる地形図であり、特にフレームワークを遂行する初期段階において、または規模の小さいジオデザインのプロジェクトにおいて有用である。図5.36は、アメリカ合衆国地質調査所による1:24,000スケールのマップ（アメリカ合衆国マサチューセッツ州ピーターシャム）の一部である。この地形図のような2次元の平面図は、対象地域を理解するのに非常に参考になるが、これに量的情報を加えることも非常に有用である。しばしばこのような情報は、そのマップを見る人が、対象地域のデータを分かりやすく評価したり比較したりできるようにするため、3次元情報として表示される。

図5.36 アメリカ合衆国マサチューセッツ州ピーターシャム地域の1:24,000 USGS 地形図の一部。これに類似した地図は世界中で入手可能である（出典：アメリカ合衆国地質調査所）

3. 鉛直方向のプロセス・モデル（Vertical Process Model）

鉛直方向のプロセス・モデルは、様々なデータを重ね合わせ、そのレイヤを見ながら他に足せるものがないか、そしてどのようにこれらのレイヤを組み合わせられるのかを問うものである。したがって、これらはしばしば鉛直方向に表現される。1920年代から1930年代にかけて、現代的な地域計画が専門職としてスタートした頃、これに関する講義は、行政における担当者の育成のために行われていた。

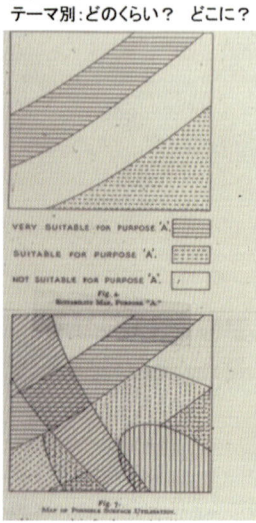

当時良く知られた著作として、『地域計画：英国における計画関連の科学的データの概説 *Regional Planning: An outline of the scientific data related to planning in Great Britain*』by L. B. Escritt（1902-1973）という、1943年に初版された、たった1cm厚の本がある[23]。1947年には、英国では社会党政権が選出された後、計画による全国的なコントロールが国によって行われた。彼らは迅速に素晴らしい計画のシステムを遂行したのだが、これは、彼らがシンプルで効果的な教育によって新しいプランナー（当時で言うところの、ジオデザインのまとめ役）を育てたからである。この教育には、ブーリアン法による評価を行うためにマップを重ね合わせていく表現方法や、このマップを特定の目的のために分析する方法に関するものが含まれていた（図5.37）。

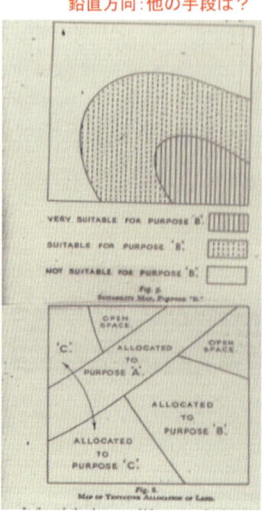

図5.37 Escrittによるグラフィック・オーバーレイ（重ね合わせ）の技法（出典：L. B. Escritt, *Regional Plannning: An Outline of the Scientific Data Relating to Planning in the United Kingdom* (London: jGeorge Allen & Unwin, 1943)）

4. 水平方向のプロセス・モデル（Horizontal Process Model）

　水平方向のプロセス・モデルは、空間分析を行った後、「どのような距離、大きさ、形、パターンなどを私たちはここで必要とするか」を問うものである。例えば、Sullivan and Schaeffer (1975) は動物保護について研究を行い、保全する土地の形態に関するルールの優先度を確立した（図5.38）[24]。彼らは、動物達にとって、保全する土地は広い方がより良く、中くらいの大きさでも1つまとまった土地の方が小さい土地が沢山あるものよりも良いということ、そして拡散するより集約した方がいいということを記した。

　Kevin Lynch による水平方向のプロセス・モデルと、Richard Forman and Michel Gordon によるものは、ジオデザインにおいて最も影響力のあるものである。私の先生でもあり、良き指導者でもあった Lynch という都市プランナーおよび理論家は、デザイナーは提案をする前に一般の人々が彼らの環境をどのように捉えているか理解しなくてはいけないと考えた。彼は様々なトピックに関する著作を多数書いているが、最も重要な著作は、『都市のイメージ The Image of the City』であろう[25]。これは、一般の人々の都市への認識と理解を明らかにするために口頭および地図を使ったインタビューの分析が行われた最初の研究である。この分析は、水平プロセス・モデルを通じて記述されている。Lynch はデザインによって都市はもっと分かりやすくなると考えていた。彼は、良い都市というものは、イメージすることが容易な形態を持っており、そこにはデザイナーやプランナーによって押し付けられたものがなく、その場所を使う人々の認識から派生した形態であると考えた。

　1986年、生態学者の Richard Forman and Michel Gordon は、『景観生態学 Landscape Ecology』という、非常に影響力のある本を出版した。そして、これもまた水平プロセス・モデルによって構成されているものである[26]。今日では、景観生態学は学術や実践の舞台において急成長している分野であるが、これは、景観の空間構造を生態学的に見ることによって過去と未来における環境の変化の影響に関する理解を助けてくれるものである。Lynch、Forman、Gordon らは、異なる用語を使用しているものの、多くの共通点を持った水平的空間と構造のモデルを提示したのである（図5.39）。

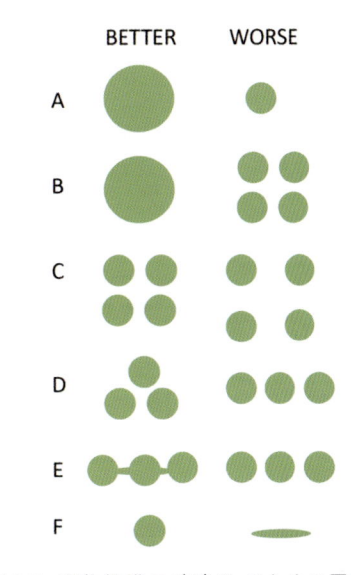

図5.38　動物保護のデザインのための原則（出典：Carl Steinitz、A.L. Sullivan, and M.L. Shaffer, "Biogeography of the Megazoo," Science 189 (1975): 13-17. Copyright 1975, American Association for the Advancement of Science）

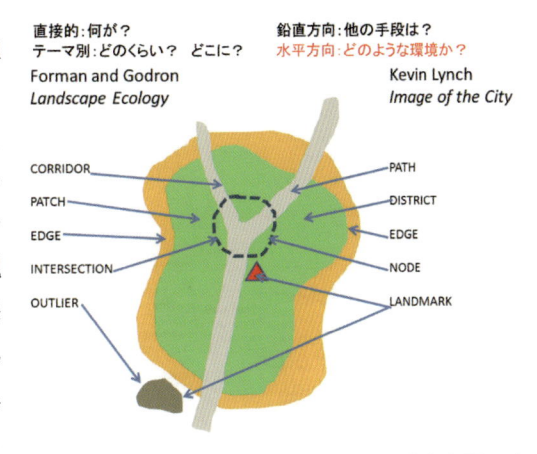

図5.39　Lynch、Forman、Gordon による平面的な空間モデル（出典：Carl Steinitz、Lynch、Forman、Gordon の考えに基づく）

5. 階層的プロセス・モデル

　このプロセス・モデルは、入れ子構造的な関係にあるスケールの違いが何を生じさせるかを問うものである。例をあげると、オーク・リッジ国立研究所の生態学者である Virginia Dale and H. Michael Rauscher は、広大な地域スケールの景観と 1/10 ヘクタールにおいて（空間のスケールの違い）、または 100 年単位の時間と 1 週間の時間において（時間のスケールの違い）、このような空間と時間のスケールの相違の関係性がどのように異なったモデルの生成を促すかを記述している（図 5.40）。これらの階層的な関係性を使用して、彼らは南アメリカの松林におけるアブラムシの蔓延に関する様々な現象について調査を行った（図 5.41）[27]。彼らはここで、適切な時空間のスケールによって、エコロジカル・プロセスをモデル化したのであった。

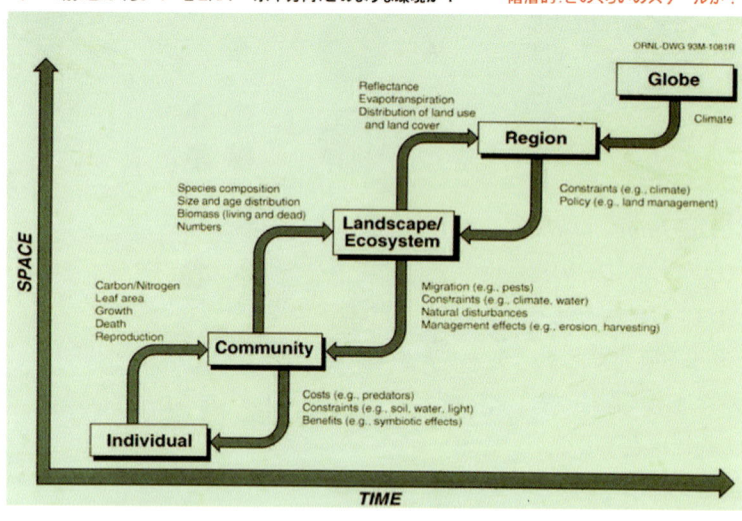

◀図 5.40　アブラムシの侵入に関する、異なる空間・時間的スケールにおけるプロセス・モデル（出典：V. H. Dale and H. M. Rauscher, "Assessing Impacts of Climate Change on Forests: The State of Biological Modeling," *Climatic Change* 28 (1994): 65-90）

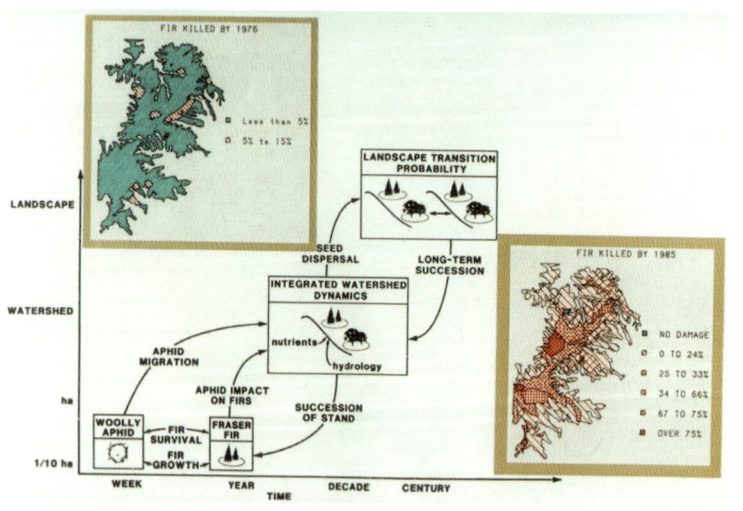

◀図 5.41　アブラムシの侵入に関する、異なる空間・時間的スケールにおけるプロセス・モデル（出典：V. H. Dale and H. M. Rauscher, "Assessing Impacts of Climate Change on Forests: The State of Biological Modeling," *Climatic Change* 28 (1994): 65-90）

第5章　フレームワーク2巡目の作業：研究の方法をデザインする

6．一時的なプロセス・モデル

　このプロセス・モデルは、どの時期をターゲットとして、その景観について考えるのかについて問うものである。このモデルは、デザインと査定のプロセスに、景観の変化のダイナミズムを導入しようとしている。第9章にある事例研究の1つでは、アメリカ合衆国コロラド州テルヨライド地方におけるキジオライチョウの2008年における潜在的な生息地と、2030年における経済成長や現行規制、そして活発な鉱物産業などを条件から考えられる潜在的な生息地を比較している（図5.42）[28]。

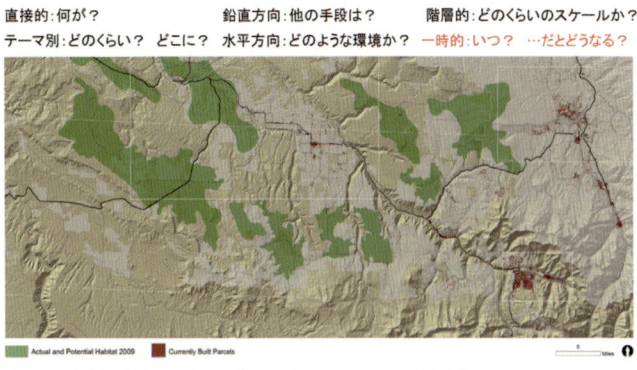

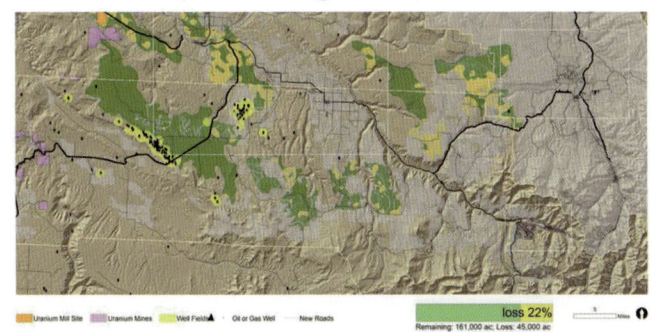

▶図5.42　2008年から2030年におけるGunnison Sage Grouseの潜在的生息地の変化。ここで用いられているプロセス・モデルについては第9章において解説している（出典：Telluride geodesign team）

7．適応型プロセス・モデル

　このプロセス・モデルは、景観の変化のダイナミクスに対してより複雑だが、より予測可能であるという特性を持っている。これらは、事象の内容と位置の変化を問うものである。これらは一般的には長期間の観察を基礎とした変化に基づいており、生態学と地理学に共通したものである。植生遷移のモデルはその一例である。適応型モデルは都市と人間の活動のためにも開発されてきた。建築家でありプランナーであるRussell A. Smithは、南アジアにおける熱帯ビーチリゾートの変化を、8段階のモデルでデザインした（図5.43）[29]。彼のモデルでは、ビーチでのキャンプから、重要な問題を有する完全に開発されたリゾート都市へと適応していく段階の流れが示されている。

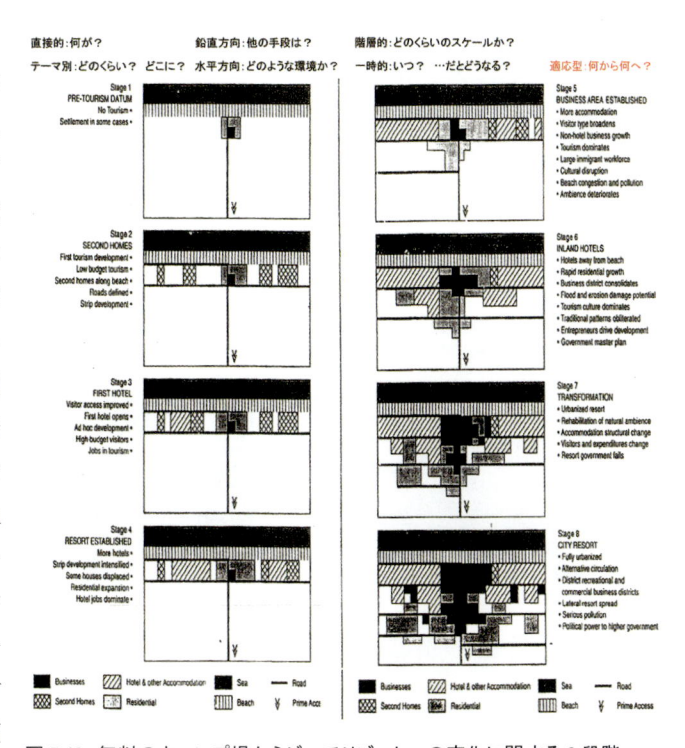

図5.43　無料のキャンプ場からビーチリゾートへの変化に関する8段階
（出典：R. A. Smith, "Beach Resorts: A Model of Development Evolution." *Landscape and Urban Planning* 21, no. 3 (1991): 189-210）

8. 行動のプロセス・モデル

　このプロセス・モデルは、ある特定の対象の行動に関するプロセスへの理解を深めてくれるものである。行動のプロセス・モデルは、火事や都市のような現象の変化に関する研究に応用されてきた。図5.44は、Michael Flaxman によるエージェント・ベース型の火事のモデルで表現された火事の進行の図であり、カリフォルニア州アイディルワイルド地方における火事の動きと市民による消火活動の戦略について言及しているものである。これは第9章の事例研究の内容である。

　行動のモデルは、都市の成長の研究にも応用されてきた。2008年、地理学者でありプランナーである Michel Batty は、「*Generating Cities from the Bottom-Up: Using Complexity Theory for Effective Design*」[30]というタイトルの研究を行った。この中で、彼はエージェント・ベース型モデルを使用し、都市の成長パターンを研究している（図5.45）。

◀図5.44　景観を移動していく火事
（出典：M. Flaxman, "Multi-scale Fire Hazard Assessment for Wildland Urban Interface Areas: An Alternative Futures Approach" (D. Des. Diss., Graduate School of Design, Harvard University, 2001)）

◀図5.45　新道を軸とする都市の成長。小さな道沿いの小さな集落から始まる（A）、この集落はへと成長し（B）、新しいバイパスのそばに建設される（C）、そしてその後、道に向かって成長は続く（D）（出典：M. Batty. "Generating Cities from the Bottom-Up: Using Complexity Theory for Effective Design." *Cluster* 7(2008): 150-61）

プロセス・モデルの複雑度が上がってくると、私たちはコミュニケーションの問題に直面することになる。複雑なモデルは、より高度な科学と努力が必要となるが、単純なモデルは簡単に記述でき、説明しやすい。そして、単純なモデルは、一般市民や意思決定者にとっても、理解がしやすい（図 5.46）。私たちは、分析の複雑性に対して妥協するか、近年ますます情報の透明性に敏感な聴衆に対してのコミュニケーションをシンプルにしなくてはならないのである。Albert Einstein がかつて言ったように、「物事はシンプルであるべきだが、必要以上にシンプルになってもいけないのである」[31]。

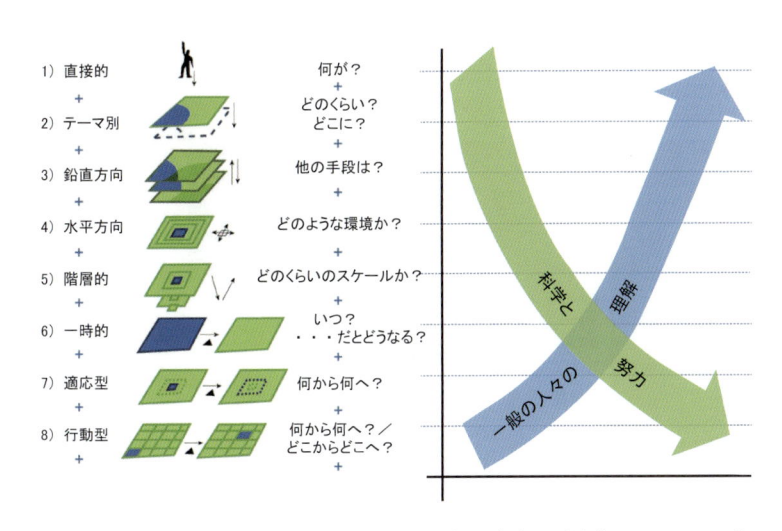

図 5.46 科学と努力の度合いに対する人々の理解の度合い（出典：Carl Steinitz）

表現モデル

ジオデザインのプロジェクトにおけるフレームワークの 2 巡目では、そのプロジェクトに本当に必要な「*最低限*」のデータについて見極めが行われなければならない。つまりこの目的は、プロジェクトに必要のないデータの収集や準備にかける無駄な努力を回避することにある。こうするためには、先立って作成された意思決定モデル、インパクト・モデル、変化モデル、評価モデル、プロセス・モデルを特定することをまず行わなければならない。それに加えて、表現モデルとその視覚化の方法を考える際には、変化がどのように視覚化されるか考慮されなければならない。

全ての目的、規模、地理にとって万能なデータベースというのは存在しない。したがって、ジオデザインを行うメンバーは、データのいくつかは複数のモデルに使用可能であり、また別のいくつかのデータは 1 つの目的でしか使えないということを認識する必要がある。入手が容易なデータもあれば、そうでないデータもあるだろう。このような事実から、時にはモデルの結果に影響を与えうるデータについて、その選択や優先順位の設定を行うことは避けられないのである。

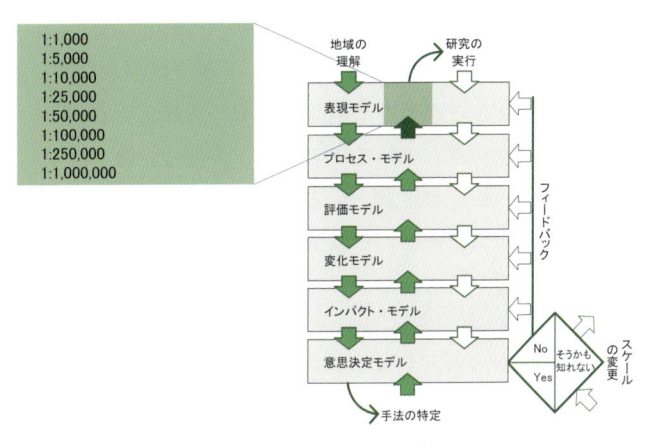

図 5.47 表現モデル（出典：Carl Steinitz）

設問1. 表現モデルに関する問いは以下のようなものである：
- どのデータが、どの場所のために、どの特定のスケールで、どの分類において、どの時間設定において、どの情報源から、どれくらいのコストをかけて、どのような表現のために必要とされるのか？
- どのようなデータ管理技術を用いることが適切だろうか？
- 視覚化にはどのような技術を用いることが適切だろうか？

　表現モデルの空間的スケールが特に重要である。このスケールこそが、ジオデザインのメンバーによる課題や場所の認識を表すレンズだからである。一般的な原則として、近距離のレンズを用いた場合は、より複雑な分類と空間的視覚化が、どんなデータに関しても可能である。図5.48は北京とフェニックスの空中写真であり、それぞれ 1:200,000、1:25,000、1:5,000 のスケールである。

中国・北京

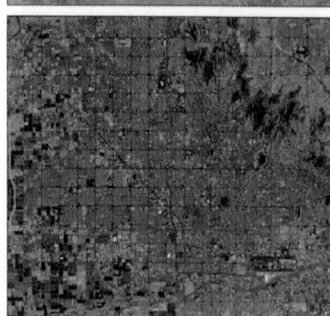

アリゾナ州・フェニックス

◀図 5.48 中国の北京（上）、とアリゾナ州のフェニックス（下）の3つの異なるスケールによる空中写真からは、規模と大きさの重要性が理解できる（出典：Pho:15000, Pho: 1:200000, Bei: 1:200000 courtesy of i-cubed, information integration & imagine, LLC – distributed through i-cubed's Data Doors Archive Management www.datadoors.net: Bei: 1:25000, Pho: 1:25000 courtesy of GeoEye Satellite imagery)

必要なデータの特定

　Herbert Simon は以下のように書いている。

「・・・情報が溢れかえった世界では、情報の豊富さはその他の何かの死を意味する。情報による消費で、欠乏は引き起こされるのである。情報が消費することは、極めて明白である。情報は、情報を受け取る人の注意力を消費しているのである。情報の豊富さは注意力の貧困さを招くのであるが、それゆえに過剰な情報源の中では注意力を効率的に配分することが必要となるのだ。」[32]

　表現モデル（データ）を協働するメンバーの間で共有することを考えると、ジオデザイン・チームのメンバー全員が、必要なデータの特定に関わる必要がある。全体のフレームワークにおける各構成モデルに対し、誰かが責任を持って、それまでに決定したモデルの複雑さに合うよう調整した「必要リスト」を作らなくてはならない。ここで再び、スケールが主な関心事となる。なぜなら、異なったスケールでは、ジオデザインの研究対象地域に対して異なったレンズが必要となるからだ。スケールによって内容が決められるため、データ、特に分類に関して、簡単にスケールアップもしくはスケールダウンしてはならない。

出発点としては、まず、それぞれのモデルに必要となるデータの種類を、別々の小さな（そして古風な）紙のカードに書き並べるというシンプルな方法が、きわめて有効である。カードには、モデルとチーム名、評価基準におけるデータの位置づけや使用法、データに必要なスケールと分類の設定、そしてデータの相対的な重要性が記されるべきである。次のステップでは、私たちは手書きで書かれたカードの情報を、大きなスプレッドシートに移動する（図 5.49）。そのスプレッドシートでは、各モデルが行に、必要となるデータが種類に応じて列に並べ替えられる。こうすることで、それぞれのモデル間でのデータの共通項目を特定できるのである。

ジオデザイン・チームのミーティングにおいて、それぞれのモデルやデータを必要とする理由を共有し、データの習得やデータ内容に関する議論を行う時、もし必要であれば、スプレッドシートのフォーマットは、ジオデザイン研究の過程におけるデータやメタデータの獲得とこれらのマネジメントのために使用することもできる。

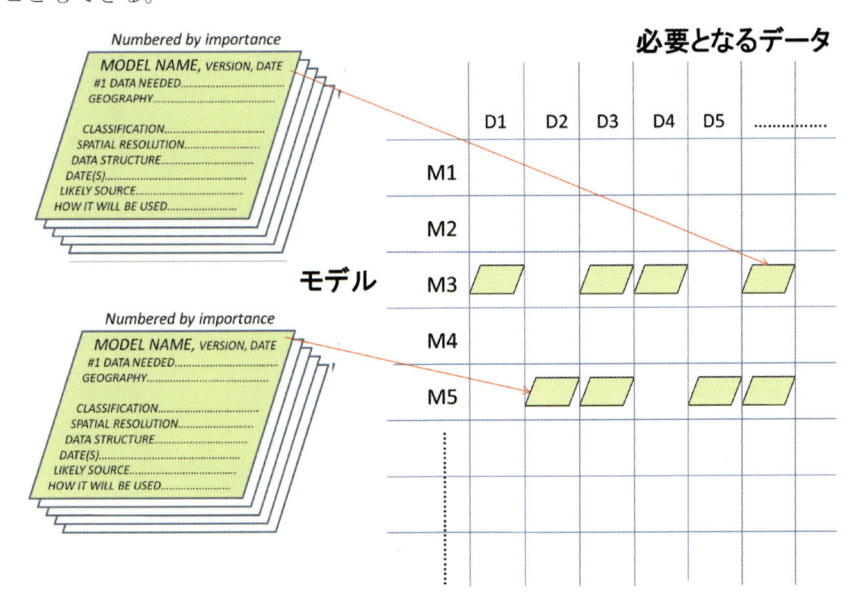

図 5.49　必要なデータの特定（出典：Carl Steinitz）

選択すべき事項

フレームワークの1巡目では、ジオデザイン研究の見通しが決定された。2巡目では、それぞれの構成モデルを定義し特定する。ジオデザイン・チームはジオデザインの手法とツールを、状況に合わせて適切に選択しなければならない。図 5.50 において緑色の矢印で示されているように、質問6から1の順番で、6つの選択を行うのである。図 5.50 は、主要部品工場の建設を考えている大きな自動車会社が、ジオデザイン・チームに建設場所と20年の開発プランに関する検討を依頼した、という事例を想定したものである。その事例では、新たな工場を建設した場合のインパクトや、それに関連する雇用、その工場が立地する地方自治体や地域における第二次産業について考える必要がある。

2巡目では、このようにモデルを賢く選択することが、ジオデザイン研究を効率的なものにするために、極めて重要となる。そしてこれらの選択は、以下でまとめるように、意思決定モデルから表現モデルまで、一連の順番において行われる。

6. 意思決定モデルはインパクト・モデルにおいて必要な情報と、評価モデルの内容を決定する。
5. これに基づき、インパクト・モデルの内容と複雑さは、プロセス・モデルの仕様を決定する。
4. これに基づき、いくつかのデザインの手法は、ジオデザインの研究対象地域の表現のあり方を示す。
3. これに基づき、評価モデルは特定される。
2. これに基づき、プロセス・モデルは特定される。
1. これに基づき、表現モデル、必要なデータ、情報管理と視覚化の方法が特定される。

これらの一連の選択によって、ジオデザインの戦略が作り出される。つまりこれらは、私たちが働きかける研究対象地域の将来を決定するために役立つ、ある特定のジオデザインの方法となるのである。

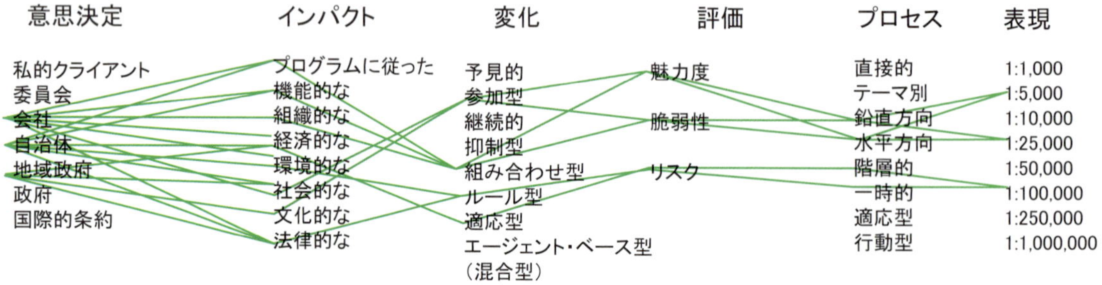

意思決定	インパクト	変化	評価	プロセス	表現
私的クライアント	プログラムに従った	予見的	魅力度	直接的	1:1,000
委員会	機能的な	参加型		テーマ別	1:5,000
会社	組織的な	継続的	脆弱性	鉛直方向	1:10,000
自治体	経済的な	抑制型		水平方向	1:25,000
地域政府	環境的な	組み合わせ型	リスク	階層的	1:50,000
政府	社会的な	ルール型		一時的	1:100,000
国際的条約	文化的な	適応型		適応型	1:250,000
	法律的な	エージェント・ベース型（混合型）		行動型	1:1,000,000

図5.50　2巡目における選択はスタディの手法を形成する。フレームワークでのそれぞれのモデルに関する議論を表にした図5.50のように、単純化された選択や項目のセットでさえ（図5.50）、二兆以上の組み合わせが考えられるのだ。どの2つのジオデザイン研究も、同一のものになることはないのである（出典：Carl Steinitz）

　モデルを選択し、特定するには、賢明になる必要がある。様々な研究の協力者、要件の社会的な競合の中で、私たちは選択や決定を行う必要があり、この競合をマネジメントする必要がある。分散コンピューティングやテレビ会議の時代においては、単純で、時代遅れに見えるかもしれないが、私は、この2巡目に関する多くのミーティングに参加した経験を通じて、ジオデザインにおいては、参加者全員がひとつの大きな部屋に「顔を合わせて」集まり、ジオデザインの研究をどのように実行するかの合意が得られるまで1人も立ち去らないということが重要であると考えている。この段階においては、ジオデザイン・チームのメンバー全員が必ず、ジオデザインの手法の開発に協力する必要がある。こうすることで、情報全てがプロジェクトに参加する多くの人々の間で効率的に結びつき、伝達されるのだ。

　私は普段、そのようなミーティングを、展示用のスペースや、書き込むためのスペースが十分にある大きな部屋で行っている。参加者全員は、アプローチ全体を俯瞰する必要があり、そしてさらに重要なことだが、自分自身の役割や、期待されること、タスク、研究における他メンバーとの個人的、技術的な関係性を知る必要がある。これらをふまえた上で、研究における各要素のダイアグラムや仕様をまとめた大きなマスターチャートを作ることが重要である。この1つの事例が、図5.51である。方法が決定されたなら、そのチャートはスプレッドシートとして再構成することができる。それぞれのボックスは、フレームワークの3巡目において、さらに研究を実行するときに、強い結びつきを形成するのである。

　このようなミーティングを通じて生み出された成果物は、メンバーが研究を通じて理解したことを表したものである。もしもその研究が、実務や研究における資金獲得に関するものである場合、この共通理解をもとにスケジュールや予算を検討してもよいだろう。つまり、このような成果物はジオデザインのマネジメントを支援してくれるのである。

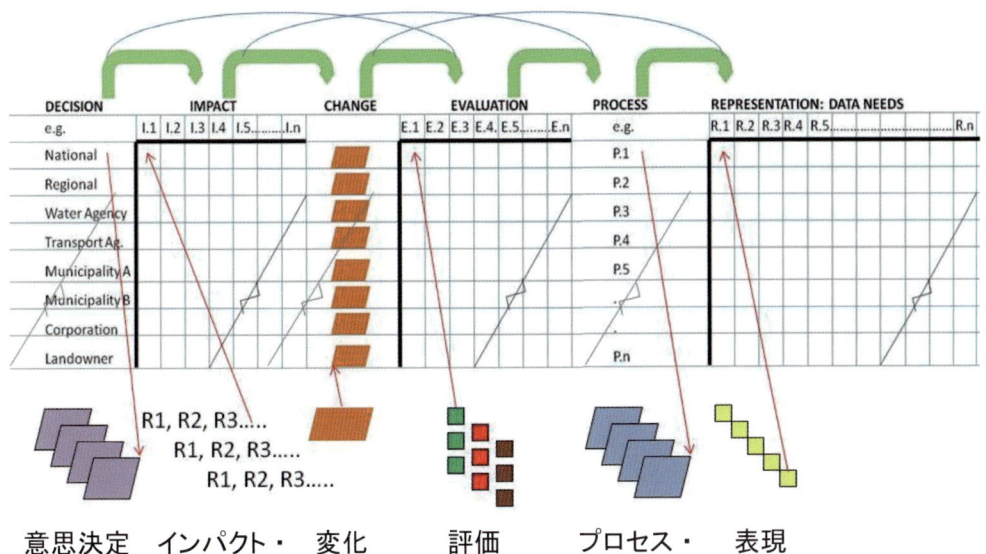

第 5 章　フレームワーク 2 巡目の作業：研究の方法をデザインする

図 5.51　2 巡目におけるジオデザイン研究の手法の特定（出典：Carl Steinitz）

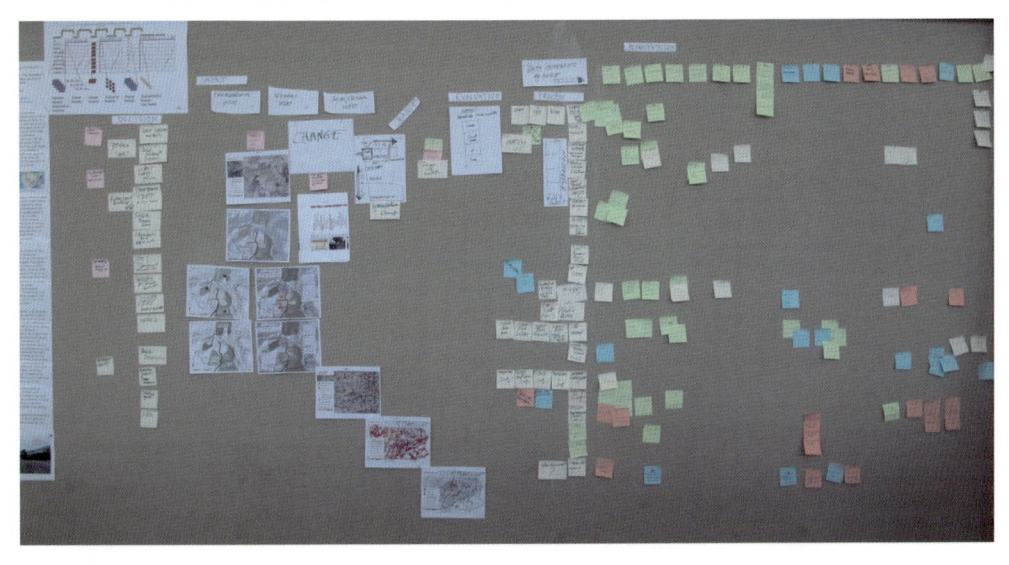

図 5.52　実践の場では、非公式で柔軟なチャートがフレームワークにおける 2 巡目での議論を記録することに非常に役に立つだろう（ブリアン・オーランド（Brian Orland）撮影）

91

意思決定　インパクト・　変化　　　評価　　　プロセス・　表現
モデル：　モデル：　　モデル：　モデル：　モデル：　　モデル：
　　　　　必要条件　　　　　　　　　　　　　　　　　　必要なデータ
　　　　　重要度

図 5.53　初期の実験とテスト（ブリアン・オーランド撮影）

　実践の場において、スタディグループで顔を合わせてミーティングするような時には、格式ばらず柔軟に、チャートを組み立て、マネジメントするのがよいだろう。図 5.52 は、最近私がペンシルバニア州立大学で行った研究の1つの事例である[33]。教職員と学生によるチームは、ペンシルバニア州ブラッドフォード郡（Bradford Country）のマルケルスシェール地域（Marcellus Shale area)におけるシェールガスの踏査と開拓がもたらすインパクトの研究から始まった。図 5.52 にある大きなボードには、第1週目最後の、スコーピング・オリエンテーションが終了した後に、プロジェクトの手法がどのように位置づけられたのかが示されている。このボードは、研究の多くの参加者による長く、激しい議論の成果物なのだ。

　それ以降 3 週間かけて、図で示された内容は何回か変更された。ボード自体がマネジメントのツールとなり、最初の実験の成果や手法を試した結果は、結果的には特定の仕様へと姿を変えていった（図 5.53）。

　フレームワークにおけるこの時点で、ジオデザイン・チームはすぐにステークホルダーと会い、提案するアプローチを発表するべきである。「これは、私たちがあなた方の状況をどのように理解したかを示しています。そして私たちの提案は、このようなものです・・・」といったように。

【注】

1) S. K. Williams, "Process and Meaning in Design Decision-making," in *Design + Values*, (1992 Council of Educators in Landscape Architecture Conference Proceedings. edited by Elissa Rosenberg. Landscape Architecture Foundation/Council of Educators in Landscape Architecture. 1993), 199-204.; Williams summary from Lawrence Kohlberg, *The Philosophy of Moral Development* (New York: Harper & Row, 1981).

2) Thucydides, "Pericles' Funeral Oration," in *History of the Peloponnesian War* (New York: Penguin

Books, 1954), 147.

3) Zipf's law is named after the Harvard linguistics professor George Kingsley Zipf (1902 — 1950), who first proposed it in *The Psychobiology of Language* (Houghton-Mifflin, 1935). Zipf's law occurs when a power law relationship exists in which the frequency or size of a phenomenon is inversely proportional to its rank in a frequency table. The same power law relationship occurs in many other rankings, unrelated to language word frequency, such as the population ranks of cities in various countries, corporation sizes, income rankings, earthquake magnitudes, etc. A power-law implies that large instances are extremely rare while small occurrences are extremely common. From L. A. Adamic, *Zipf, Power-laws, and Pareto - A Ranking Tutorial* (Palo Alto, CA: Information Dynamics Lab, Hewlett Packard Labs, date unknown), original citation G. K. Zipf, *The Psychobiology of Language* (Boston: Houghton-Mifflin, 1935).

4) US Department of Energy, Western Area Power Administration, "Quartzite Solar Energy Project EIS," (Scoping Summary Report, Western Area Power Administration, Phoenix, Arizona, 2010.)

5) Richard Toth first shared these very useful ideas (and others) with me in the late 1960s. They are in two of his unpublished teaching papers, "An Approach to Principles of Landscape Planning and Design" (1972) and "A Planning and Design Methodology" (1974), and they are summarized in R. Toth, "Theory and Language in Landscape Analysis, Planning and Evaluation," *Landscape Ecology*, 1 no. 4 (1988): 193-201.

6) Repton, H., (1752-1818) *Observations on the Theory and Practice of Landscape Gardening: including some remarks on Grecian and Gothic architecture, collected from various manuscripts, in the possession of the different noblemen and gentlemen, for whose use they were originally written; the whole tending to establish fixed principles in the respective arts*: London: Printed by T. Bensley for J. Taylor, 1805. Cite properly?

7) C. Steinitz, M. Binford, P. Cote, T. Edwards, Jr. ,S. Ervin, R.T. T. Forman, C. Johnson, R. Kiester, D. Mouat, D. Olson, A. Shearer, R. Toth, and R. Wills, *Landscape Planning for Biodiversity; Alternative Futures for the Region of Camp Pendleton, CA.* (Cambridge, MA: Graduate School of Design, Harvard University, 1996), and C. W. Adams and C. Steinitz, "An Alternative Future for the Region of Camp Pendleton, CA," in *Landscape Perspectives of Land Use Changes, eds.* U. Mander and R. H. G. Jongman, Advances in Ecological Sciences 6. (Southampton, UK:WIT Press, 2000), 18-83.

8) J. C. Vargas-Moreno, "Participatory Landscape Planning Using Portable Geospatiai Information Systems and Technologies: The Case of the Osa Region of Costa Rica" (D. Des. diss., Graduate School of Design, Harvard University, 2008.)

9) C. Steinitz, ed. 1986. Alternative Futures for The Bermuda Dump. (Cambridge, MA: Graduate School of Design, Harvard University, 1986), and Bermuda, Department of Planning, *The Pembroke Marsh Plan* 1987 (Bermuda; Department of Planning, Government of Bermuda, 1987).

10) C. Steinitz, L. Cipriani, J. C. Vargas-Moreno, T. Canfield. *Padova e il Paesaggio-Scenarui Futuri peri I Parco Roncajette e la Zona Industriale / Padova and the Landscape - Alternative Futures for the Roncajette Park and the Industrial Zone* (Cambridge, MA: Graduate School of Design, Harvard University, Commune de Padova and Zona Industriale Padova, 2005.

11) C. Steinitz, C. "Teaching in a Multidisciplinary Collaborative Workshop Format: The Cagliari Workshop," in *FutureMAC09: Alternative Futures for the Metropolitan Area of Cagliari, The*

Cagliari Workshop: An Experiment in Interdisciplinary Education/FutureMACOQ: Scenari Alternativi per i'area Metropolitana di Cagliari, Workshop di Sperimentazione Didattica Interdisciplinare, by C. Steinitz, E. Abis, V. von Haaren, C. Albert, D. Kempa, C. Palmas, S. Pill, and J. C. Vargas-Moreno (Roma: Gangemi, 2010).

12) C. Steinitz, R. Paris, M. Flaxman, J. C. Vargas-Moreno, G, Huang, S.-Y. Lu, T, Canfield, O. Arizpe, M. Angeles, M. Carifio, P Santiago,T. Maddock III, C. Lambert, K. Baird, L. Godinez, *Futures Alternatives para la Region de La Paz, Baja California Sur, Mexico/ Alternative Futures for La Paz, BCS, Mexico.* (Mexico D. P, Mexico: Fundacion Mexicana para la Educacion Ambiental, and International Community Foundation, 2006), and C. Steinitz, R. Paris, M. Flaxman, J. C. Vargas-Moreno, T. Canfield, O. Arizpe, M. Angeles, M. Carino, P Santiago, and T. Maddock. "A Sustainable Path? Deciding the Future of La Paz," *Environment: Science and Policy for Sustainable Development* 47 (2005): 24-38.

13) M. Flaxman, C. Steinitz, R. Paris, T. Canfield, J. C. Vargas-Moreno, *Alternative Futures for the Telluride Region, Colorado.* Telluride, CO: Telluride Foundation, 2010).

14) M. Flaxman, M., "Multi-scale Fire Hazard Assessment for Wildland Urban Interface Areas: An Alternative Futures Approach" (D. Des. diss.. Graduate School of Design, Harvard University, 2001.)

15) K. Stanilov. and M. Batty, "Exploring the Historical Determinants of Urban Growth Through Cellular Automata," *Transactions in GIS* 15, no. 3 (2011): 253-271.

16) C. Steinitz, R. Paris, M. Flaxman, J. C. Vargas-Moreno, T. Canfield, O. Arizpe, M. Angeles, M. Carino, P. Santiago, and T. Maddock, "A Sustainable Path? Deciding the Future of La Paz," *Environment: Science and Policy for Sustainable Development* 47 (2005): 24-38.

17) F. L. Wright "A Conversation w/ith Frank Lloyd Wright," interview by Hugh Downs, "Wisdom", NBC News, recorded May 8,1953.

18) Philip H. Lewis, Jr., *Tomorrow by Design: A Regional Design Process for Sustainability* (New York: Wiley, 1996).

19) Ira S. Lowry, "A Short Course in Model Design," *Journal of the American Institute of Planners* 31 (May 1965): 158-65.

20) C. C. Fagg and G. E. Hutchings, *An Introduction to Regional Surveying* (Cambridge, UK: The University Press, 1930).

21) Adapted from C. Steinitz, "On Scale and Complexity and the Need for Spatial Analysis," (Specialist Meeting on Spatial Concepts in GIS and Design, Santa, Barbara, California, December 15-16, 2008).

22) P. Geddes, *Cities in Evolution: An Introduction to the Town Planning Movement and to the Study of Civics* (London: Williams & Norgate, 1915).

23) L. B. Escritt, *Regional Planning: An Outline of the Scientific Data Relating to Planning in the United Kingdom* (London: George Allen & Unwin, 1943).

24) A. L. Sullivan, and M. L. Shaffer, "Biogeography of the Megazoo," *Science 189* (1975): 13-17.

25) K. Lynch, *The Image of the City* (Cambridge, MA: MIT Press,1960).

26) R. T. T. Porman and M. Godron. *Landscape Ecology* (New York: Wiley, 1986).

27) V. H. Dale and H. M. Rauscher, "Assessing Impacts of Climate Change on Forests: The State of Biological Modeling," *Climatic Change* 28 (1994): 65-90.

28) M. Flaxman, C. Steinitz, R. Paris, T. Canfieid, and J. C. Vargas-Moreno, *Alternative Futures for the Telluride Region, Colorado* (Telluride, CO: Telluride Foundation, 2010).

29) R. A. Smith, "Beach Resorts: A Model of Development Evolution," *Landscape and Urban Planning* 21, no. 3 (1991): 189-210.

30) M. Batty, "Generating Cities from the Bottom-Up: Using Complexity Theory for Effective Design," *Cluster* 7 (2008): 150-61.

31) Quote attributed to Albert Einstein.

32) H. A. Simon, "Designing Organizations for an Information-Rich World," in Computers, *Communication, and the Public Interest,* by M. Greenburger. (Baltimore, MD: The Johns Hopkins Press, 1971).

33) The Pennsylvania State University, College of Arts and Architecture, Landscape Architecture 414, Depth Studio. Professors Brian Orland and C. Andrew Cole.

第6章　フレームワーク3巡目の作業：研究の実行

　ジオデザイン・フレームワークの3巡目の反復をするために、ここで1から6の質問とモデルへ戻ろう。この反復では、*何*が、*どこ*で、*いつ*、についての質問を取り扱い、それらに対する答えは、2巡目の反復で具体化されたジオデザインの方法論のワークフローから得られる。そしてそれがジオデザインのプロダクトとなる。

　この章は簡潔で、ジオデザインのチームが3巡目の反復において、研究を実践に移すべく費やす実際の時間に対しては不釣り合いなほどである。それには2つ理由がある。まず第1に、何度も述べていることだが、本書はどのようにジオデザインを行うかを教える教科書ではない。ジオデザインの方法論を実践する過程は、必ずユニークで、その状況に置かれたチームのメンバーや対象地域において固有なものである。しかし、方法論と成果はコピーできない一方で、それらを似たような状況に適用できることもある。そのような指導を探している方には、膨大で常に量を増す技術書の束を参照することを推奨する。技術書はジオデザインの多くの段階のガイドとなり、方法を与えるものである。第2に、経験を得ようとするときには、事例研究と実践例は技術的なルールによる処方箋よりも助けとなり力となる、と私は信じているからである。技術的なルールは常に変わってしまうからだ。したがって、次の第Ⅲ部では、ジオデザインのフレームワークが多様な事例研究においてどのように適用されてきたかを紹介する。各事例は、フレームワークの活用例を示すものであるが、変化モデルにおいては多様な形をとる。それが、デザインの方法論なのである。

質問1から6とモデルの実行

　実践において、プロジェクトの大部分が実行に移されるのはこの3巡目の反復の間である。この段階は時間がかかるだろう。ここでは、データが集められ、整理され、特定の課題についてのモデルや目的のために使い勝手の良い形式で表現される。私たちはプロセス・モデルを実行し、そのアウトプットは評価モデルによって既存の景観評価に用いられる。これは予想される変化のインパクトを比較するための土台を作りだす。将来の状態をシミュレートするために、少なくとも1つもしくはそれ以上のデザインを準備する。これらの影響はインパクト・モデルによって評価される。こうしてジオデザイン・チームは、後々ステークホルダーへの報告と合意形成のために提示するであろう、選択の結果としての可能な将来像をよりよく理解することができるのだ（図6.1）。

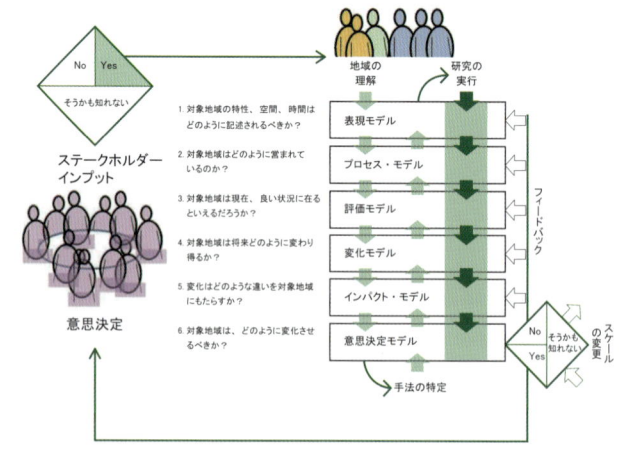

図6.1　課題を実践（*何を、どこで、いつ*）に移すための、3巡目の反復。この反復においては、フレームワークの質問が問われ、モデルが実行に移され、番号順に使われる。準備段階として、初期の段階で具体化されたモデルを再考してフィードバックを行うかどうか、もしくはプロジェクトのスケールや規模を変更するかどうか、より深いレビューを行い、最終的な合意形成のために前に進むかどうか、という点に関して決定が行われる（出典：Carl Steinitz）

第 6 章　フレームワーク 3 巡目の作業：研究の実行

　1 から 6 までの 3 巡目の反復では、いくつかのモデルが実行される。

1. 表現モデル
- 必要なデータを入手する。
- 適切な技術でデータを整理する。
- データを時空間上に視覚化する。
- ジオデザイン・チームのメンバー間で共有できるように、データを整理する。

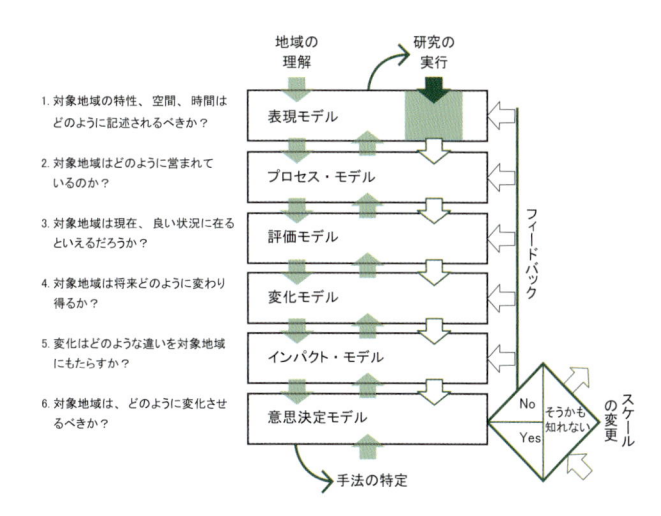

図 6.2　表現モデル（出典：Carl Steinitz）

2. プロセス・モデル
- プロセス・モデルを実行、調整、試行する。
- それぞれのモデルを適切に関連付ける。
- 予想される変化モデルにプロセス・モデルを関連付ける。

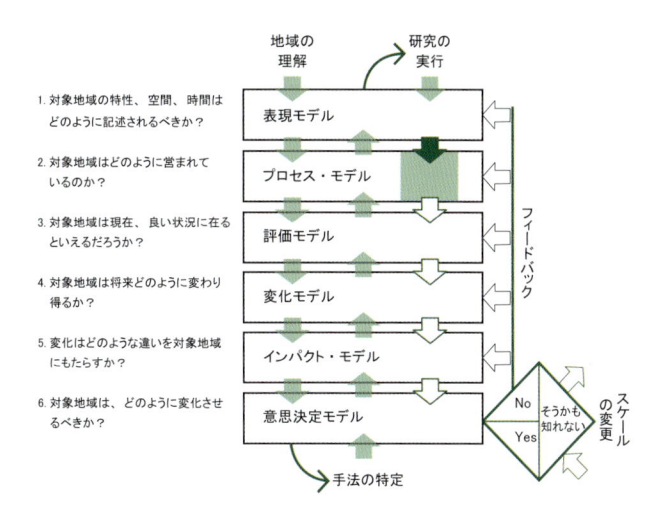

図 6.3　プロセス・モデル（出典：Carl Steinitz）

3. 評価モデル
- 過去と現在の状況を評価する。
- 結果を視覚化し、意見交換する。

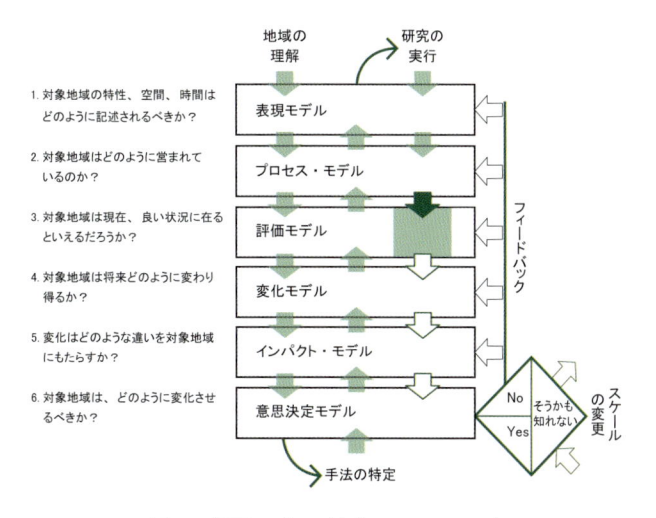

図 6.4　評価モデル（出典：Carl Steinitz）

4. 変化モデル

- 将来起こりうる変化を提案もしくは、シミュレートする。
- （データとして）変化を表現する。
- 変化を視覚化して意見を交換する。

図 6.5 変化モデル（出典：Carl Steinitz）

5. インパクト・モデル

- プロセス・モデルから生成されたそれぞれの変化モデルによるインパクトを評価し、比較する。
- 結果を視覚化し、意見交換する。

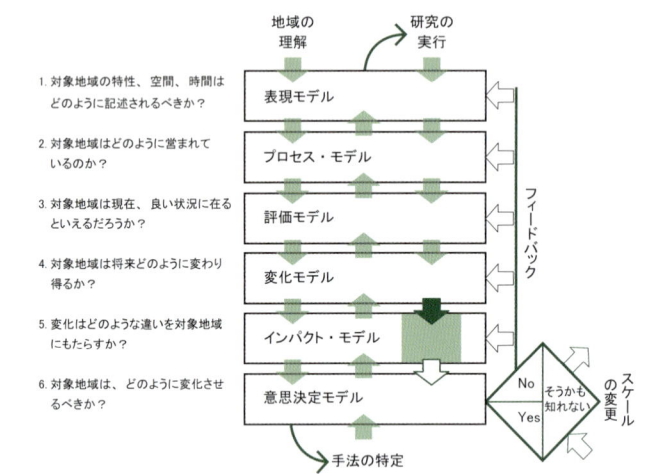

図 6.6 インパクト・モデル（出典：Carl Steinitz）

6. 意思決定モデル

- 変化モデルのインパクトを比較し、決定を行う。
「No」の場合、フィードバックが必要である。
「そうかも知れない」の場合、異なる規模やスケールでの追加的な検討が必要かもしれない。
「Yes」の場合、ステークホルダーの合意形成やプロジェクトの実施を可能にするためのプレゼンテーションを行うことができる。

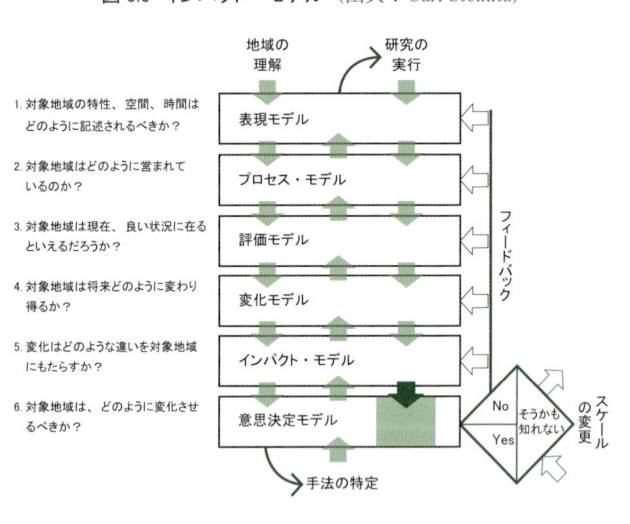

図 6.7 意思決定モデル（出典：Carl Steinitz）

第6章　フレームワーク3巡目の作業：研究の実行

最初の決定：No・そうかも知れない・Yes

　ジオデザイン・チームが、ステークホルダーの代表などと協力しながら、研究の予備的な成果について考察している時、ステークホルダーからの批評を受け、研究成果を実践するか否かについて彼らが決定する前に、3つの基本的な選択肢がありうる。それは「*No*」、「*そうかも知れない*」、そして「*Yes*」という選択肢である（図6.8）。*No*の場合は、フレームワークの中でフィードバックの繰り返しが発生し、ジオデザイン・チームは再考のために前段階の質問やモデル、成果へと戻るよう促されるだろう。そうかも知れないの場合は、研究のスケールや規模、期間を変更する必要があるだろう。もし*Yes*という結論が出れば、プロジェクトは関係者の最終評価と決定のためのプレゼンテーションをする準備ができている。

フィードバック戦略

　ジオデザイン研究の一連の流れの中で、何かを変更したり、調整しなければならないことはかなりよくある。6つのフレームワークの質問のどれもが、フィードバックによって他の案、もしくはどのように異なる案が必要か、を導くためのフィードバックに焦点を当てている。データの追加やより良いデータが求められることもあれば、修正されたもっと複雑なプロセス・モデルが求められたり、魅力や脆弱性についての基準を見直して再評価する必要があったり、変化モデルを修正することで提案された変化を再デザインすることが必要かもしれないし（これが最もよくあるフィードバックの戦略である）、問題のある影響の緩和や、意思決定者とのコミュニケーションに異なったアプローチが求められることもある（図6.9）。

　特にデザインの変更に伴う影響を調べる時に、迅速なフィードバックを得られることは、デジタルのジオデザイン技術を用いることに

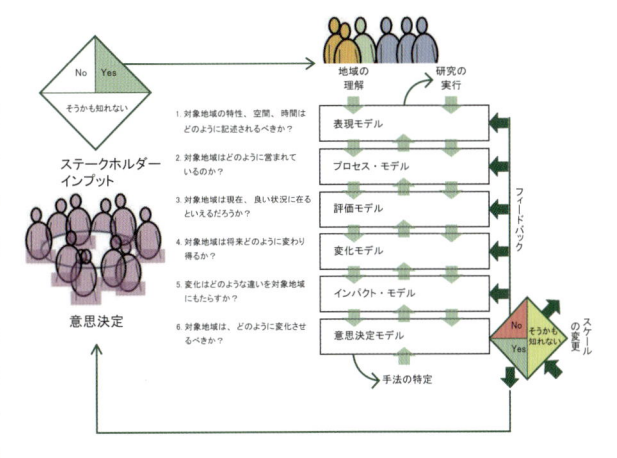

図6.8　ジオデザイン・チームが最初の決断を下す時期
（出典：Carl Steinitz）

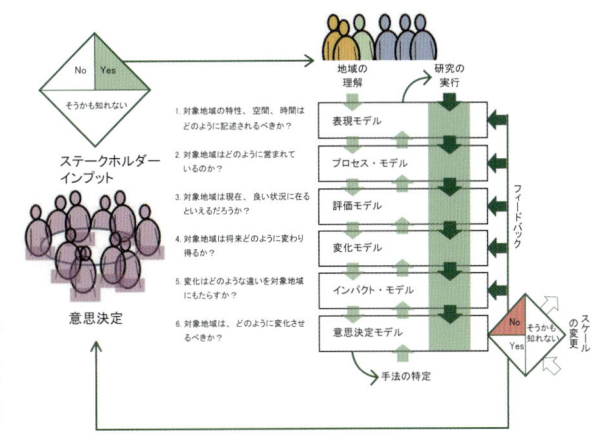

図6.9　フィードバックの項目。もし「No」の結果が出たら、結果から得られるフィードバックを参考にして、ジオデザイン・チームは6つのフレームワークの質問のうち、1つもしくは6それ以上の質問へと戻ることとなる（出典：Carl Steinitz）

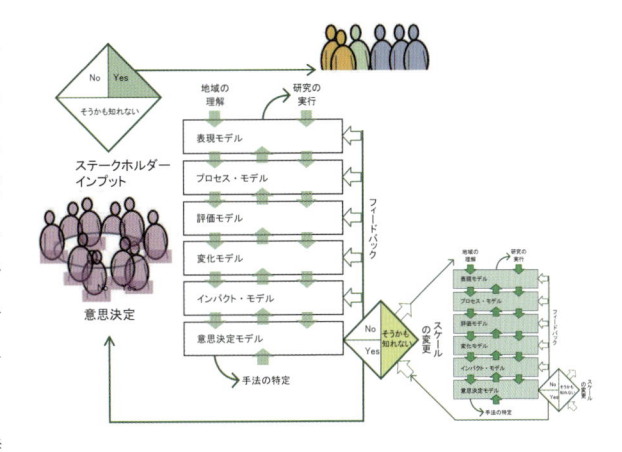

図6.10　スケールや規模の変更は拡大も縮小もありうる。一度その変更が発生すると、全体のフレームワークはもう一度使われるが、異なるスケールと規模で、そしておそらく異なるモデルで用いられることになる（出典：Carl Steinitz）

第Ⅱ部　ジオデザインのためのフレームワーク

る最大の利点である。明確な目的を有した意思決定モデルにおいて、迅速なフィードバックは、方法論に依らない等価の結果を生成しながらデザインするという過程において、非効率な選択肢を生み出さないための防衛策となるだろう。これによって、既に描写されているどのような変化モデルからでも、そこから生成されるデザインを改善する方法論として、素早い「山登り」が可能となるのである。

スケールや規模の変更

「そうかも知れない」（これは条件付きの「No」としてまだ機能している）の場合は、調査の地理的な文脈のスケールや規模を、変更する引き金となるかもしれない（図6.10）。スケールや規模の変更は、フレームワークの1巡目や2巡目の反復における元々の対象範囲、デザイン、内容の明確化の一部に含まれていたかもしれない。この変更に伴って、ジオデザイン・チームはフレームワークの3回の反復に再度進む必要があるだろう。6つの質問自体は変わらないが、それらは新しいスケールや規模に適用される。一方で、モデルは、修正や根本的な変更を行うこともあり、異なったものとなるだろう。

スケールや規模の変更は、研究課題によってより大きなものになったりより小さなものになったりする。例として、地域開発の決定による地域への影響や、保全戦略に対する地域住民の貢献が考えられるが、どちらも第9章のラ・パズの事例と、その結果もたらされたバランドラの保全に含まれている（図5.25から図5.28）。

「Yes」、そして意思決定者の評価へ

フィードバックを具体化し、必要なスケールや規模への変更を行った後、ジオデザイン・チームが3巡目の反復を実行し、肯定的な「Yes」の決定を得られるまで研究は継続する。その上で、デザインとその代替案は評価と最終決定の

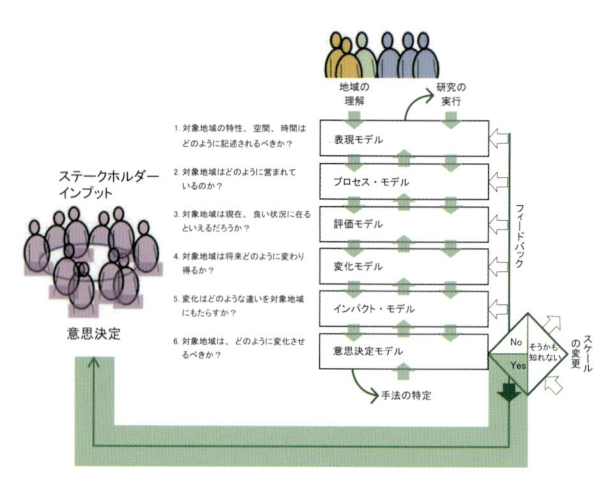

図6.11　ジオデザイン・チームが「Yes」を決断することは、ステークホルダーへ判断を求めるためのプレゼンテーションに対して準備ができているということである（出典：Carl Steinitz）

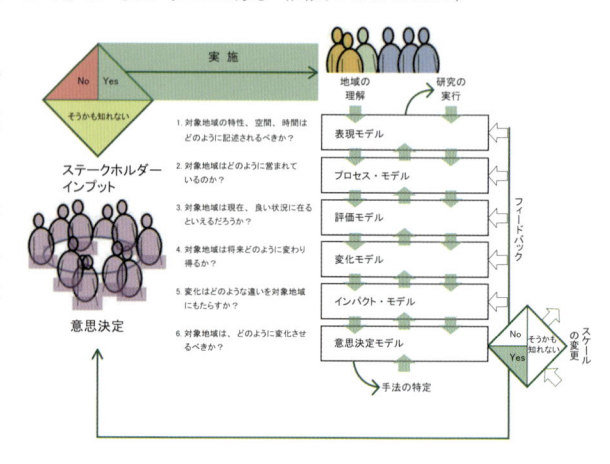

図6.12　ステークホルダーによる最終的な「Yes」は、計画を実行する準備が整ったということである（出典：Carl Steinitz）

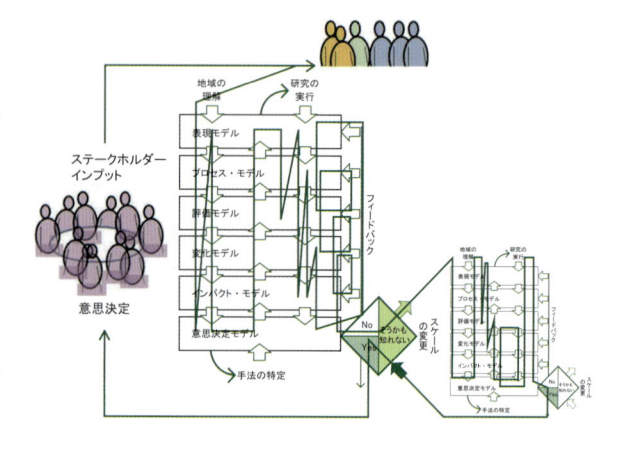

図6.13　実際には、フレームワークを通して想定される上図の流れが示すように、ジオデザインの調査研究における展開は、順番通りや直線的にはなりにくい（出典：Carl Steinitz）

ために、ステークホルダーへと提示される。実際には、プレゼンテーションは数回に渡って、様々な異なるコミュニケーション手段を用いて行われる。

この時点で、ステークホルダーは、ジオデザイン・チームが前に下した「*Yes*」「*そうかも知れない*」「*No*」の3つの答えに戻ることができる（図6.6）。最終的な「*No*」は調査研究の終了と、ジオデザイン・チームとの関係性が終了することを意味するかもしれない（実際に起こったことがある）。「*そうかも知れない*」は調査研究のいくつかの側面を見直し、それに続いて必要なフィードバックを進めることを意味しているだろう。「*Yes*」の決定はジオデザインの調査研究が完了し、実施がそれに続くことを示す。実施となった場合には、地理学的な研究対象地域の変更点は、新しい現実を反映させるべく、表現モデルにおいて更新される必要がある（図6.12）。

最後に、繰り返しになるが、ジオデザインというものは型通りの手続きでも、一直線のプロセスをたどるものでもない。私は問題やモデルがフレームワークの中で順番を持って続くような構造化された方法論を描画したが、現実はそれほど直線的ではない（図6.13）。経験のある専門家は、最も明解なフレームワークを持ってしても、最も適切な方法論であっても、最良のプランを出したとしても、意外な展開が生じるということを知っている。明快で、簡潔であり、頑健なフレームワークを持つことの利点は、効率的かつ協働的なやり方で、ジオデザイン・チームが全体の流れのどのあたりかをいつも意識することができ、必要に応じてより効率的に再編成したり再スタートしたりできる、ということである。

注意：適応性（もしくは、「十分に練りあげられた、強力なコンセプト」に伴うトラブル）[1]

ステークホルダーやプロのデザイナーはしばしば、提示された選択肢の中からどのようにして最も良いものを選ぶかについて考え、最終的な「*Yes*」の決断を下す。デザインスクールや計画の審査員によく見られる視点は、最も良い案は「十分に練りあげられた、強力なコンセプト」を持っているということだ。こういった見方はよくあることなので、計画のプロの間では語り継がれる伝承のようになっている。しかし、どのような条件下でこの考え方は有効で、どのような条件下では妥当でないどころか、有害にさえなるのだろうか。

この考え方を2つの部分に分けてみよう。1つ目は「*強力なコンセプト*」、そして2つ目は「*十分に練りあげられた*」として、順番に考えてみる。まず初めに、計画の批評家や意思決定者は、理解するのが簡単な構造を持っている、十分に発展させた「強力な」幾何学的もしくは典型的なデザインに気を良くすることがしばしばある。しかしながら、デザインの強さや明解さは、必ずしもデザイン自体をより良いものとする訳ではない。時にはデザイン以外の分野を引き出してくることも必要かつ有用である。例えば、独裁政治は非常に強力なコンセプトだが、その強さや明瞭さは正義でも有用でもない。デザインを独裁政治に例えたのには理由がある。歴史が私たちに示したことは、物理的形状を持った多くの「強力な」コンセプトは人々が最終的に拒絶するような社会的な含意を有しているということである。当時のデザインの専門家たちに高く評価され、かつ重要視されたプロジェクトから学ぶことができる。例えば、Pruitt-Igoe Homesはセントルイス（アメリカ合衆国ミズーリ州）にある大きな複合公共住宅で、33の大きな、似たような建物から構成されていた。このプロジェクトは影響力のある建築家、Minoru Yamasaki（1912-1986）によって設計され、1956年に完成した。Yamasakiは著名なフランス人建築家のle Corbusier（1887-1965）による、1922年に提案されたLa Ville Radieuseから間接的に影響を受けていた。しかし、たった16年後に、Pruitt-Igoeの複合施設は連邦政府から取り壊しを命じられ、

図 6.14 Pruitt-Igoe の破壊。強力なデザインコンセプトは居住者のニーズや欲求を貧相に並べたものであり、変化の選択としては取り壊す以外はなかった（出典：アメリカ合衆国住宅・都市開発省）

1972 年から破壊が始められた（図 6.14）。

多くの点から、Pruitt-Igoe のデザインは「強力で、十分に練りあげられた」と評価されただろう。私が思うに、そこに住んでいた人々は、建築の形式や生活の仕方について、たった 1 人の支配的な官僚とデザイナーの「強力な」価値や方法論によるものではなく、より多様性を持ち、分散化され、柔軟性があるものを好んでいたのではないだろうか。

2 つ目の、おそらく最も重要な部分が「十分に練りあげられた」である。繰り返すが、これは規模とスケールの問題である。私が信じるようになったこと、それは、とても小さいプロジェクトでは通常掲げられているゴールを、地域的な影響があるようなとても大きなプロジェクトに適用すると過ちになってしまうということだ。例えば、「完結する」というゴールは小さな仮設のパビリオンに対しては妥当であるが、それが大きな地域の居住に関するデザインとなると、不可能どころかとんでもないことになる。デザイナーが彼らのアイディアを完全な形で実施する自由は、個人の私的な利用や楽しみのために取り組んでいるときには筋が通っているが、ジオデザイン・チームが広大な地域、他者からの巨額の資金、何万人もの人々の生活を巻き込むデザインを行う際には、不可能どころか危険すら伴う。

ジオデザインは適応性を有しなければならない。私が思うに、大きなジオデザイン・プロジェクトは、単一の、完結した、全体的な、十分に整理された、もしくは十分に発展したデザインのスケールを、自ずと超えてしまうものであるということだ。大きなプロジェクト、例えば広範囲に及ぶ水辺のプロジェクトや地域開発のデザインは、いつも未知なことで満たされているだろう。こういったプロジェクトを実施した後の最初の 20 年では、無数の行政、企業、個人によって下された様々な決断による影響が、変化し、表面化していくことがわかるだろう。私たちが、大きな変更なしに 20 年以上継続して実施されたデザインの事例を有していないとしても、規模の大きなデザインを「十分に練りあげられている」と考えることは合理的でないだろう。長期の計画に対して「十分に練りあげられたデザイン」を要求するような長期の計画が意味するものは、仮説の脆弱性を示すものに他ならない。

提案されたデザインがより長期にわたって役立つことが保証されうる唯一の方法は、人々が直接デザイン自体に将来変更を加えられるように設計を行うことである。このようにして、以下のような逆説が生じる。ジオデザインの調査研究範囲が大きく、デザインの予定寿命や使用期間が長いほど、柔軟性や適応性がデザインに備わっていなければならない。それは、全ての構成要素が「十分に練りあげられた」ものであるという考え方と対立する。

この議論は、私の師である都市プランナーの Kevyn Lynch（1918-1984）が何年も前に論文「Environmental Adaptability（環境への適応性）」[2]（1958 年）で論じており、この論文はジオデザインに興味を持つもの全てが読むべきである。比喩として、Lynch は次のような問題を提示した。100 人の人がいて、それぞれがコップを欲しがっている。彼は、3 つの根本的な戦略を描き出したが、それぞ

れが基本的な課題を有している。最初の戦略では、平均的なコップを100個デザインする。これは全員をある程度は満足させるはずだが、一握りの「平均的な」人を除いては、完全に満足させるわけではない。次に、100種類のコップを作り、それぞれに選ばせる。これは、早く選んだ人を満足させるが、後から来た人に対してはそれほどでもないだろう。誰が最初に選び、なぜそうなるかという平等性の問題が生じる。3つ目、つまり最後の戦略は、全員に粘土を渡し、それぞれが自分のコップを作るというものだ。ここでは、全員が自分の望むようなコップを作るための方法を学ばなければならない、という問題がある。中には方法がわからなかったり、作ることができない人もいるだろう。けれども、個人の学習過程が現実的な目標であり、特に長期間となると、3番目の戦略のみが有効である。

　デザインの専門家が、ジオデザインが目指すような、分散化され、協働的で参加型の視点へと向かうならば、彼らはだんだんと、Lynchの第3戦略や地理科学の広大な観点により影響されるようになるだろう、と私は考えている。そして、「強力で、十分に練りあげられた」ものを好むようなデザイナーの価値観は魅力を失うだろう。同時にこの考え方は、完全に決定論的で標準化されたアルゴリズムを、ジオデザインの活動結果として求めることに対抗する議論となる。これは、大規模の調査研究や、基準となる想定および将来の未知なる事象への変化のリスクを曖昧に定義しているような調査研究において、特に重要である。ローマの奴隷で格言家でもあったPublilius Syrusは約2000年前に次のように述べている。「*修正を許容しない計画は悪い計画である*」[3]。

選択が問題である

　フレームワークの3巡目の反復において決断され、実行される選択は、それぞれ重要である。1巡目の「なぜ？」という質問は全体を見渡す視点とジオデザイン適用の目的を提供する。つまり、問題、地理的な調査範囲、関連するスケールである。それらはまた、地域住民の意思決定モデルをも意味する。2巡目の「どうやって？」という質問は、その場所の将来に貢献するようなジオデザインの適用方法を定義する。3巡目の「*何を？*」「*どこで？*」「*いつ？*」という質問は、フィードバックやスケール、時間の変化と合わせて、計画の具現化や実施の一部を担う事象である。一方で、私たちはある特定のスケールでデザインしており、誰か別の人間が同じ地域を、より大きなもしくは詳細なスケールでデザインを考えている可能性もあれば、誰かが私たちよりも以前にデザインを終了しているということや、きっと私たちの後にもう一度デザインを行うだろうということを、常に認識していなければならない。「*ジオデザインはデザインによって土地を変える、進行形のプロセスである*」。

【注】

1. Adapted from C. Steinitz, "The Trouble With 'A Strong Concept, Fully Worked Out,'" *Landscape Architecture* (November 1979): 565-67.
2. K. Lynch, K. "Environmental Adaptability," *Journal of the American Institute of Planners* 14, no.2 (1958):16-24
3. D. Lyman Jr., *The Moral Sayings of Publius Syrus, a Roman Slave* (Cleveland, OH: L. E. Barnard & Company, 1856), maxim 469.

第Ⅲ部　ジオデザインの事例研究

　この部では、フレームワークがこれまでどのように適用されてきたかを示す事例研究を選んだ。各事例研究はデザインの主要な方法としての変化モデルを、様々な形で具体的に示す。全部で9つの事例研究があり、うち8つは第5章で述べられた異なる変化モデルであり、9つ目は2つの別の事例研究を結合したものである。多様性の観点から、ジオデザインの比較的古いものから、最近の事例研究まで加えている。事例研究によって、継続期間が4日から2年、予算はゼロから多額まで、方法はデジタルのものとデジタルでないものとその双方、参加者は2人から15人、と幅を持っている。政府から援助を受けたものや財団、個人のステークホルダーがスポンサーになったものもある。様々な国で、異なる規模や異なるスケールの地理科学的な事例研究が行われた。中心となるテーマは様々であり、教育や調査、コンサルタントの活動と関連付けて実施されるものもあった。

　私は3つの異なるグループに事例研究を整理した。第7章で触れた、デザインの3つの方法（予見的、参加型、継続的）は全て、デザイナーやジオデザイン・チームが対象地域の将来の状態についてのデザインを直線的に開発していく確信があると想定している。第8章では、抑制型や組み合わせ型の事例研究で、ジオデザイン・チームが極めて重要な初期の意思決定について確証が持てない場合、あるいは、残りのデザインに進む前に主要かつ必要な変数を調べなければならない場合を想定している。第9章の事例研究では、ジオデザイン・チームが、変化のプロセスを導くルールを理解していると想定するが、最も有益なデザインによる問題解決ができるよう、主要な条件の可変性について検査することが義務付けられている。そこでは私たちは、ルール型、最適型、エージェント・ベース型のアプローチを混合モデルによって探求する。この事例で混合モデルは、偶然的に継続的かつエージェント・ベース型のデザイン法をとることになった。

第7章　確実性とジオデザイン

　予見的、参加型、継続的変化モデルは全てデザイナーやジオデザイン・チームが調査地域の将来状況についてのデザインを直接的に作りあげる能力に自信がある状態を想定している。こういった自信は通常、デザイナーや学者として、または研究事例の背景や論点に直接関係する参加者として、といった個人的な経験に由来する。さらに、こういった自信は、地域住民やステークホルダーから得られる、どのようにデザインを作りあげたいか、という点についての明確な指示によっても生み出される。

予見的変化モデル（アメリカ合衆国カリフォルニア州キャンプ・ペンデルトン地域、Camp Pendleton, California, USA）

　予見的変化モデルを使うとき、デザイナーは着手した時から、全体の解決方法を捉えている（図7.1）。経験を積んだデザイナーであれば、これは珍しいことではない。彼らは、多くの場合明確なコンセプトを持ち、図表にしたコンセプトなども最初から描いている。いつも困難なのは、どのようにして想定された将来像に現状を結び付けるかという演繹的な論理を用いようとする際や、デザインを改善できる仮定の数を具体化しようとする時である。一般的には、このようなアプローチは小さめの計画においては上手く行くことが多い。さらに、早いペースで作業を進める必要がある時や、変化の大まかなパターンが迅速に評価され、比較される必要があるような大規模研究の初期段階においても有効なアプローチである。予見的デザインは、明確でシンプルな図表に基づくことが多いので、デザインの問題が大きくなった時や複雑化した時、特徴が十分に定められない時、長時間が経過した場合にはうまくいかない傾向がある。

　どこから概念の洞察が生まれるのか。経験である。ノースウエスタン大学の知能情報研究所 Intelligent Information Laboratory の共同ディレクターである、Kristian Hammond が提示したモデルが最もうまく説明するかもしれない（図7.2）。明らかに、このデザイン・アプローチは、誰かの心理的な蓄積であれ、インターネットを通して得られるようなものであれ、多数の洗練された事例記憶を持つことを重視している。

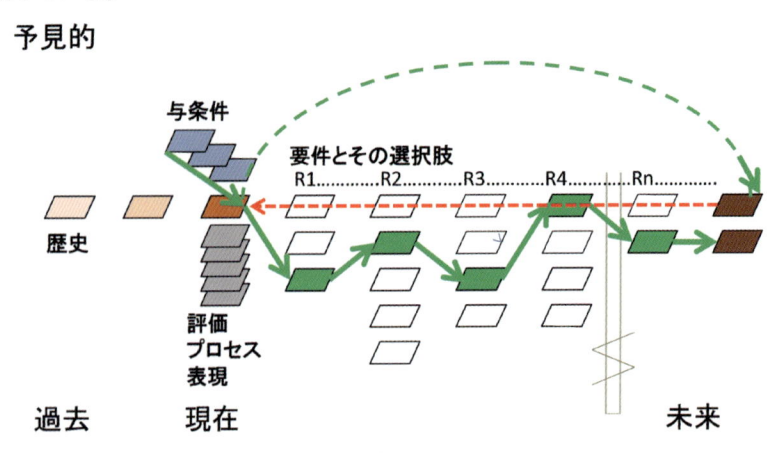

図7.1　予見的変化モデル（出典：Carl Steinitz）

事例記憶は3つの事柄から構成される。それらは、成功したデザイン手法、うまくいかなかったデザイン手法、そしてそのどちらにおいても判断の基準となったルールである。多くの場合、事例記憶はデザイナーの個人的な経験である旅行や読書、教育、情報、そしてデザインに関わる活動などに由来する。事例記憶を拡大するためには色々な方法があるが、簡単なのはインターネットを利用した情報源へのアクセスである。しかしながら、関連する事項を読むことと過去の方法を実際に見ることにはずれがあり、現在取り組んでいる問題にどの程度関係があるかを真に理解することとも違うだろう。問題となっているデザインの特定の分野について、関連する歴史に詳しくなることには大きな利点がある。ある意味で、事例記憶は名詞的に「デザインの倉庫」として機能し、おそらく最も重要なのは、デザイナーがデザインを選択し、評価することを助けるような原則を蓄積することである。これにより、何をすべきでないかを決定し、その代わりに成功する可能性があるコンセプトに集中することができる。

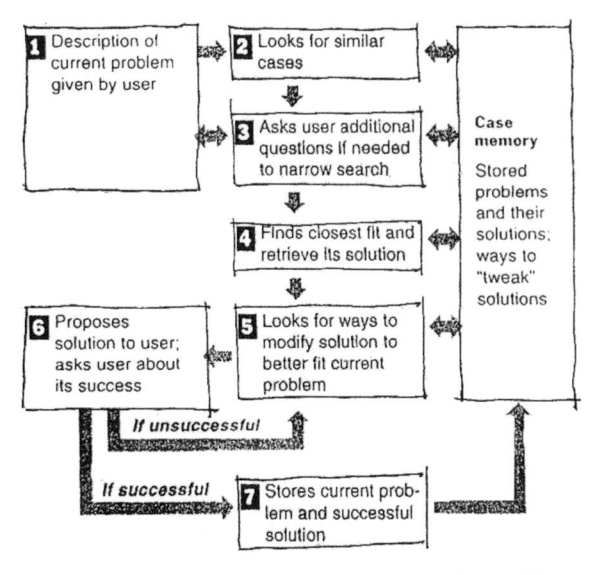

図 7.2 Hammond（1990）による事例記憶の役割。「事例記憶」は新しいデザイン問題が起こったときに引き出すことができる、力強い経験の蓄積である（出典：Kristian Hammond）

事例記憶から派生した変化モデルはしばしば戯画のようなものであり、ダイアグラムとして表現される簡潔な解決策である（図 7.3）。

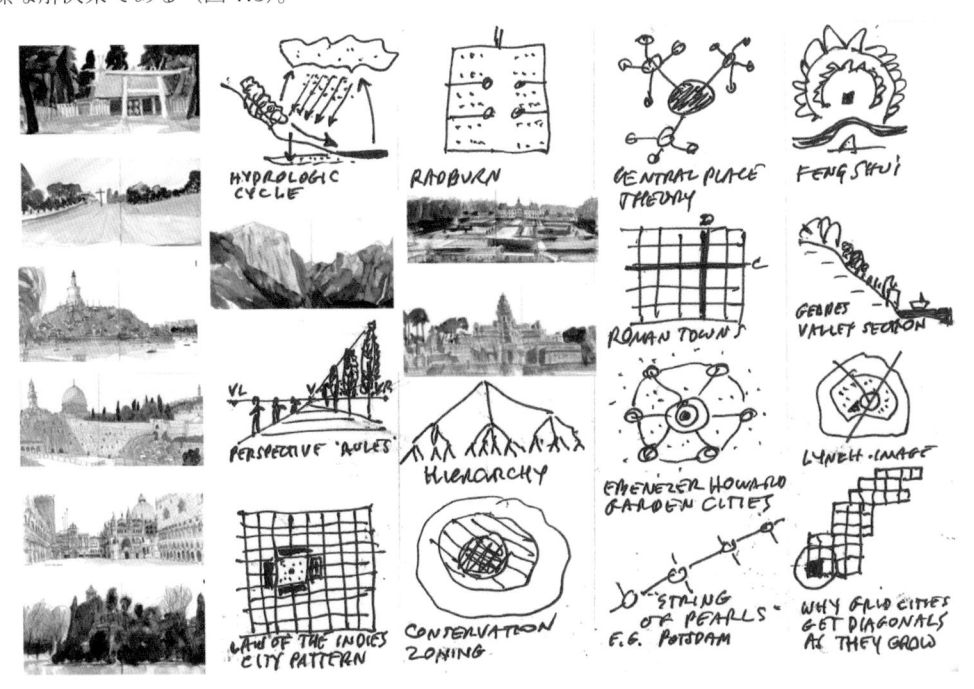

図 7.3 私の事例記憶からの例：訪問、描いた場所と研究のコンセプト。この章で検討するキャンプ・ペンデルトンの事例では、事例記憶コレクションの中にある Ebenezer Howard の図（図 7.13）が特に大きな影響を与えた（出典：Carl Steinitz）

これらが依拠するのは、重要で有名な歴史的事例であったり、単純な幾何学、個人的見解であったりする。ほとんどのジオデザイン課題は初期のコンセプトとしてとても有用である一方で、最終的にはより空間的に複雑な解決策が要求される。

ジオデザインは点や線、地域、ネットワークなどを振り分けるアルゴリズム的な戦略の組み合わせだと考える人もいる。しかし、私が事例記憶を用いて取り組むとき、物体やより幾何学的に複雑で統合されたデータ形式を考える。例えば、地域と公園、通りと街、川と流域、排水パターンと施設のネットワークといったように。デザインの分野で教育を受け、ジオデザインに携わる大部分の人々はそういった視点で考えるのである。これらのデータ形式とその構成要素は変化モデルの選択に影響を与える（デザイン戦略）。それらは続いて、適切なコンピュータ・アルゴリズムからの選択に影響を与える。単純で反復的なデザイン課題を除き、要素の幾何学やアルゴリズム全体を先験的に定義することは不可能であり、大抵のジオデザイン課題は単純でも反復的でもない。事例記憶から適用できるようなコンセプトはアルゴリズム的であることはあまりない。

予見的デザイン方法で取り組む場合、デザイナーはフレームワークの最初の過程である質問1から6を実施するか、もしくは、クライアントが提供した明確な問題提起を用いるだろう。そして、デザイナーは経験や自信に基づき、任意の（または決定的な）潜在的解決策を直接的に導きだす。デザインが成功するような（デザイナーが担当する部分の）決断は、正式なプロセス・モデルよりはむしろデザイナーに内在化されたインパクト・モデルに基づくことが多い。予見的アプローチが確実に有益になるのは、経験のあるデザイナーと、同意が得やすいクライアントの組み合わせで取り組む場合である。

アメリカ合衆国カリフォルニア州キャンプ・ペンデルトン地域（Camp Pendleton, California, USA）[1]

キャンプ・ペンデルトンの事例は1994年から1997年にかけての2年の研究プロジェクトで、サンディエゴとロサンゼルスの間に位置する急速な発展地域において、都市の拡大と変化が地域の将来的な生物多様性にどのような影響を与えるかを調べるものである（図7.4）。この研究で比較された6つの選択可能なデザインは、初期に予見的変化モデルによって着想された。ジオデザインのチームはハーバード大学デザイン大学院、ユタ州立大学、アメリカ合衆国政府の生物多様性部局 (the National Biological Service)、農務省の森林局 (the USDA Forest Service)、自然保護・生物多様性組合 (The Nature Conservancy and the Biodiversity Research Consortium) から構成された。さらに、関連する地域の部局からは、サンディエゴ市政府連合、南カリフォルニア地域政府連合、キャンプ・ペンデルトン海軍基地の協力も得た。ジオデザイン・チームは仮説として、生物多様性に影響を与える主要なストレスは都市化にあるとし、これが調査戦略の基礎となった。生物多様性へ

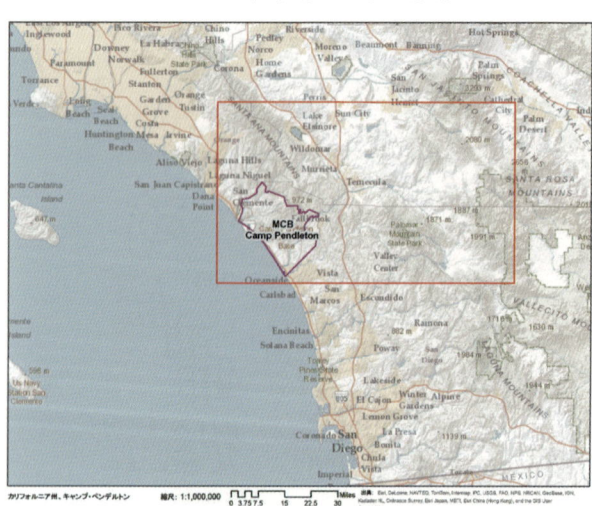

図7.4　アメリカ合衆国カリフォルニア州キャンプ・ペンデルトン地域

の影響は、人々がどこにどのように家を建てるか、新しい産業施設や都市化を支える社会基盤施設がどこに建てられるか、土地がどの場所で保全されているか、といったことを含むいくつかの要因によって決まるだろう。間接的、2次的で累積的な影響として、動植物の生息環境、最終的には生物多様性に影響を与える水文や山火事による影響も想定された。

表現

1990年代、キャンプ・ペンデルトンを取り囲む地域、つまり、サンディエゴ郡やオレンジ郡、リバーサイド郡（San Diego, Orange, and Reverside counties）はアメリカ合衆国で最も住みやすく、働きやすい場所だった。1994年から1997年にかけての調査期間中の人口は約110万人で、その後も急速に増加し続けた。この地域は未だに、アメリカ大陸において最も生物学的に多様な環境を有している。連邦政府や州政府によって、地域内で200以上の動植物が絶滅危惧種のリストに登録されている。49,857ヘクタールもの景観を有するキャンプ・ペンデルトン海軍基地は、南カリフォルニアの海岸線上で最大の未使用地であり、地域の長期的な生物多様性を維持するための中心的な位置を占めている。

それと同時に、当時は（現在も）キャンプ・ペンデルトンの第1使命は海軍の訓練であり、全敷地はその目的を達成するための様々な機能のために管理されていた。特徴的に重要な点としては、キャンプ・ペンデルトンは西海岸で唯一陸軍空軍共同での接近戦の演習が行われていたということだ。さらに、キャンプ・ペンデルトンの海軍は、廃止された基地から移転した部隊で、基地での訓練を拡大、強化することを望んでいた。

拡大する開発が複合的に、基地やその周辺地域、地域の豊かな生物多様性に圧力をかけ、自然資源に関する問題が注目されるようになった（図7.5）。

大規模な地理情報システム（GIS）が準備され、ジオデザイン・チームで共有された。キャンプ・ペンデルトンは大部分が未建設地だったが、未開発というわけではなかった。キャンプ・ペンデルトンの27kmの海岸線は南カリフォルニアにおける唯一の海鳥の大規模生息地を維持していた。その北東の境界線はクリーブランドナショナルフォレスト（The Cleveland National Forest）

図7.5 キャンプ・ペンデルトン地域（出典：Scott Sebastian）

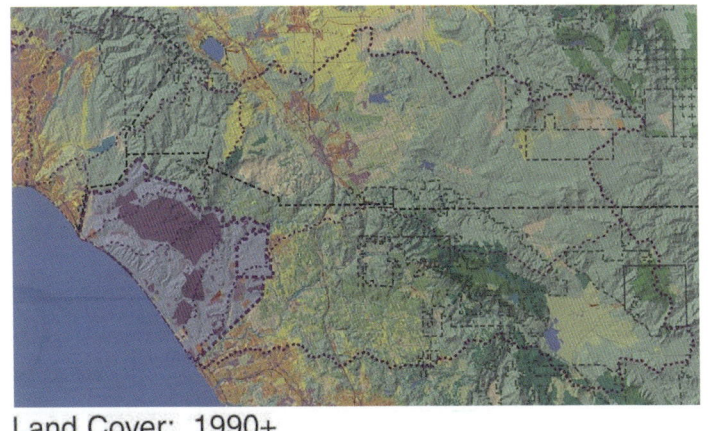

図7.6 1990年以降の土地被覆図（出典：Camp Pendleton geodesign team (1996)）

のサンマテオ自然保全区と隣接し現存する最大の野生カリフォルニアバンチ・グラスの草原を有する、サンタローザ台地生態保全区にも近い。このように、キャンプ・ペンデルトンは地域のエコシステムの連続性において、次第に重要度が増すような役割を常に担ってきた。

プロセス、評価

　ジオデザイン・チームは一連のプロセス・モデルを用意し、現状と変化の影響を同時に評価した。私たちは土壌モデルを用いて地域の農業生産を評価し、水文モデルを用いて25年の洪水曲線、洪水到達高度、地域の河川とその流域の排水を推定した。これらのモデルを組み合わせて、調査地域全体の土壌の湿潤度を算出することができた。複数の火事モデルによって、山火事やその鎮圧に関わるリスクと合わせて、植生を維持するための野焼きの必要を評価した。視覚的なモデルでは、ステークホルダーや政策立案者に地域の景観についての風景的嗜好を調べた。生物多様性、つまり生物多様性を維持するために重要な土地が定義され、3つの方法でモデル化された。景観生態学的パターンモデル、選出された10種についての生息地モデル、種数を多様にするモデルである。いくつかのモデルは別のモデルの結果を入力値として必要とした。この「連鎖的」プロセスは例えば、部分的にミュールジカのモデルに影響されるクーガーの生息地モデルで顕著である。洪水平原や主要な農地、水辺のゾーンといった見栄えの良い地域を含んだ、開発にリスクを伴う土地はモデル化されて識別された。

変化

　私たちは6つの選択可能なデザインを作り、計画された開発に基づく地域の変化をシミュレートした。それぞれの選択肢は2つの計画に適用された。2010年までに50万人の将来人口の増加を収容するもの、そして現在の地域計画に基づく合法的な建設履行、である。全6種の選択肢は予見的変化モデルによってデザインされ、私が描画した。

　GISベースの評価モデルを用いてさらにデザインを改良した後、各選択肢の地域デザインは1990年以降の基準値と同様の土地利用分類を用いた土地被覆図として表現された。将来変化もまた、3つの異なる規模やスケールで用意されたデザインを用いてシミュレートされた。つまり、3次までの河川流域や大規模住居分譲地、数個の復元プロジェクトである。

　選択肢#1は「建設履行プラン」と名付けられた（図7.7）、南カリフォルニア地域政府連合とサンディエゴ政府連合、キャンプ・ペンデルトンがまとめた地域計画に基づく都市化のパターンである。これらの計画が全体として示すのは、過去の発展よりもずっと集中的な開発のパターンである。

　選択肢#2の「拡散プラン」（図7.8）は、現在の傾向のまま、中程度の密度で谷や広範囲の周辺地域に戸建が拡がり、景

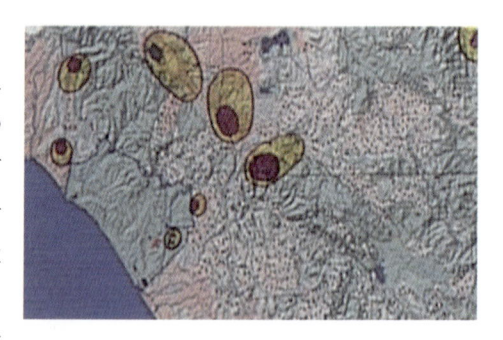

図7.7　建設履行プラン
（出典：Camp Pendleton geodesign team (1996)）

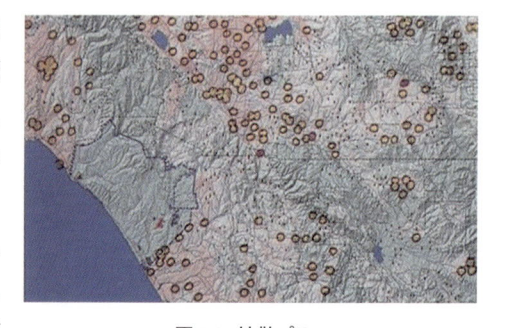

図7.8　拡散プラン
（出典：Camp Pendleton geodesign team (1996)）

観全体の植生に取って代わるパターンが継続するという前提に基づいている。ここでは、新しい保全用地の買い取りはなく、大きい道路も交通システムも新設されず、特別な環境配慮は開発に伴わないと想定する。

選択肢#3は「拡散と2010年からの保全プラン」（図7.9）で、選択肢#2と同様の拡散、低密度の開発を仮定するが、2010年に開始される保全戦略を提案するものである。1990年から2010年の開発は地域の水文を変化させ、景観の生態学パターンを分断し、ある野生動物相の地域的絶滅をもたらす可能性があった。これは人々が開発から自然植生を守ろうとする動きを促進させるだろう。したがって、この選択肢は、残りの全ての土地に対して保全政策の優先度を高め、水辺の植生、海岸のサルビアやシャパラルの低木群を、2010年から買い取りなどの手段で守ることを想定している。保全されたゾーンの外側や2010年までに開発されなかった土地は、建設履行のための土地としてゾーン化されて開発されるとする。

選択肢#4は「民間保全プラン」（図7.10）であり、将来の見通しとして、保全のための公的資源による土地獲得が難しいと想定した。この選択肢が提示するのは、重要な生息地を含む、もしくは隣接する土地を、個人が大区画で土地所有することによる広範囲での生物多様性の保存である。このプランでは、現行のプランに従った、配慮ある開発による利益は、低密度の住宅開発がもたらすリスクを上回ると仮定した。

選択肢#5は「マルチセンター戦略プラン」（図7.11）で、生態学的形態への影響を最小限にすべく新しいコミュニティの塊を作る開発である。ジオデザイン・チームは7つをリバーサイド郡とオレンジ郡に、4つをサンディエゴ郡に、計11の地域を「拠点」として指定した。拠点が構築された後、明確な境界線や連続的な回廊を提供する手段として、追加的保全区の購入やグリーンベルトの設置が行われる。開発と保全の複合的なパターンは、自然地域とグリーンウェイを高度に結び付け、それによって生物多様性の維持も人口増加も共に許容することを目指している。

選択肢#6は「新都市プラン」（図7.12）でリバーサイド郡テムキュラ渓谷のコミュニティを結び付け、規模を拡大しながら、1つの新しい都市に地域の成長を集約させる。

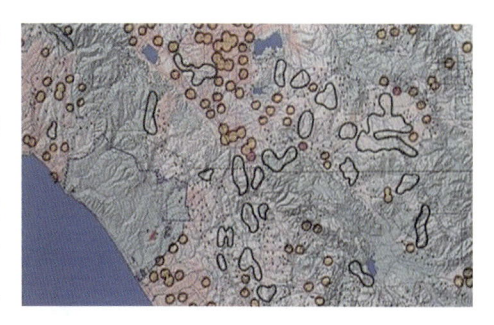

図 7.9　拡散と2010年からの保全プラン
（出典：Camp Pendleton geodesign team (1996)）

図 7.10　民間保全プラン
（出典：Camp Pendleton geodesign team (1996)）

図 7.11　マルチセンター戦略プラン
（出典：Camp Pendleton geodesign team (1996)）

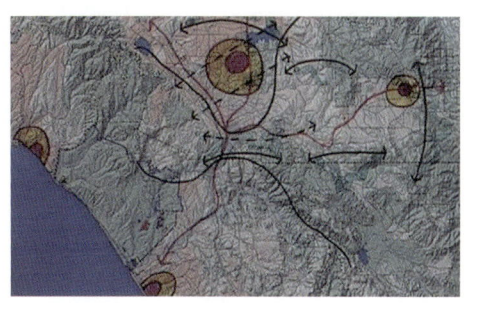

図 7.12　新都市プラン
（出典：Camp Pendleton geodesign team (1996)）

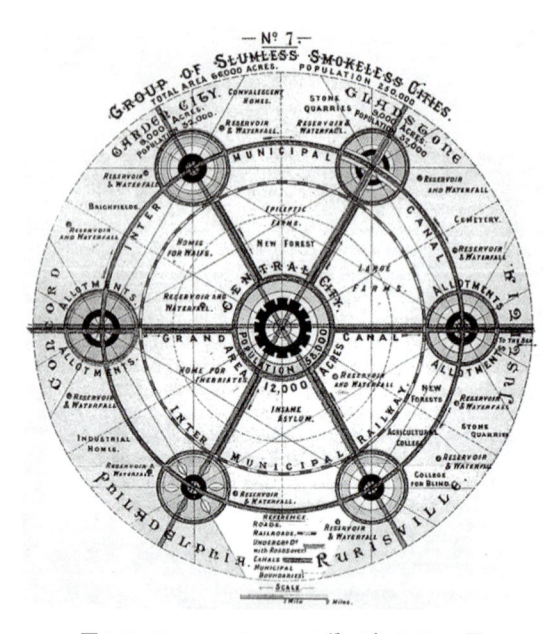

図 7.13 Ebenezer Howard のガーデンシティー図
(E. Howard, Garden Cities for Tomorrow (London: S. Sonnenschein & Co., Ltd., 1902))

図 7.14 調査地域に適用されたガーデンシティーの図式
(出典：Camp Pendleton geodesign team (1996)、Carl Steinitz)

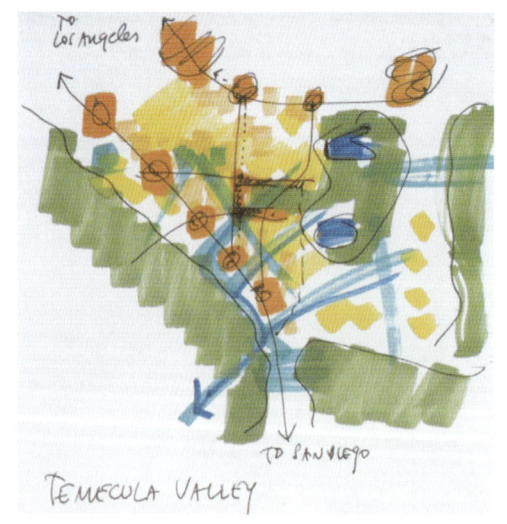

図 7.15 新都市のコンセプトについてのデザイン画
(出典：Camp Pendleton geodesign team (1996)、Carl Steinitz)

交通、下水道、上水道は利用でき、現存する景観生態学的パターンだけでなく、主要農地や種の豊かさを維持することに焦点を当てた保全が行われる。都市開発に適した地域内での開発を促進し、生物多様性に重要な地域から隔離するため、「新都市」のデザインは現存する都市地域を衛星的なコミュニティとして併合する。

「新都市プラン」の図式化されたコンセプト・デザインは（私の事例記憶を通して）Ebenezer Howard や Raymond Unwin が提案し、1902 年に Howard[2] が出版したコンセプト図（図 7.13）に影響を受けた。Howard（1850〜1928 年）は銀行の事務員で、Unwin（1863〜1940 年）は建築家かつプランナーであり、19 世紀の産業化する英国で劣悪な住宅事情に悩まされていた。当時、貧しい労働者階級は、過密で危険な汚い住宅に押し込められていたが、住宅事情の窮状に苦しんでいた知識人たちが集まり、ガーデンシティー協会（Garden Cities Association）が 1898 年に創設された。彼らの最も重要な提案はガーデンシティーのコンセプトであり、それは都市を田園の帯で取り囲み、人々を小さなニュータウンに住まわせ、効率的な公共交通で結ぶことによって、都市の人口密度を低下させることを狙っていた。私たちのチームは 1902 年の Howard の図をコンセプトの図式に変化させて、調査地域における新都市とその周辺街区を配置した（図 7.14）。中心的な新都市が位置づけられ、評価モデルを用いて、より詳細な配置や開発が示され（図 7.16）、視覚化された（図 7.17）。

インパクト

6 つの選択肢（建設履行プラン：Plan、拡散プラン：Spread、拡散と 2010 年からの保全プラン：Spread with Conservation 2010、民間保全プラン：Private Conservation、マルチセンター戦略プラン：Multi-Centers、新都市プラン：New City）は全て、その効果を空間的、または量的なインパクト・モデルによって評価された（変更された条件下でのプロ

図7.16 新都市のデザイン
（出典：Camp Pendleton geodesign team (1997)）

図7.17 視覚化された新都市
（出典：Camp Pendleton geodesign team (1997)）

図7.18 質的方法による6つのデザインによる影響の比較　（出典：Camp Pendleton geodesign team (1996)）

セス・モデル）。関連する、質的な要点を示すために行列形式で並べた図がコミュニケーションを促進した（図7.18）。

　「建設履行プラン」も「拡散プラン」も生物多様性を重要な目的としてマネジメントできておらず、その点ではパフォーマンスが低いといわざるを得ない。「民間保全プラン」は最重要な生息地の保全を目指しているため当然その点では成功しているが、低密度住宅の拠点開発が、地域で最も破壊されやすい環境の一部に影響を与えるリスクも有している。それでも、開発のプロセスがうまく調整されたならば、私有地による土地マネジメント政策は、地域の生物多様性を保全する上で最も効果的であること

が証明されるだろう。「マルチセンター戦略プラン」と「新都市プラン」は、より集中的な開発を適切な場所へと呼び込み、同時に保全とインフラに対する公共コストの投入を最小化することを目指した。2010年までの見通しとしては、低密度の開発である「建設履行プラン」から大部分が分化する開発パターンを実施するという難題を過小評価しないとしても、これらのプランが生物多様性にとって妥当な戦略であると思われた。

シナリオが建設履行へ向かうような、より長期間のフレームワークで捉えると、全6パターンの選択肢は、大部分が自然な地域景観である状態から、大部分が都市化された状態への変化によって引き起こされるインパクトについて、概ね同様のパターンへと収束していく。全ての選択肢が農業生産性の高い土壌を毀損して浸食や沈降を進行させ、土壌水分が変化し、河川流域の地下水面が低下して、劇的な洪水流量の増加が引き起こされる。実質的な影響としては、水辺のゾーンで水循環の周期が短くなり、洪水が堆積物やそこに根付く自然植生を洗い流してしまい、キャンプ・ペンデルトン地域の生物多様性が減少することであった。生物多様性に関する直接的な結論は、程度を変えながらも全てのシナリオにおいて否定的であった。景観の生態学的パターンはますます断片化された。自然環境は縮小され、都市化された地域の中で分離されていった。いくつかの最も重要な種、例えばブユムシクイやピューマは深刻な影響を受け、当該地域での長期的な生存は難しくなる。種の豊かさのパターンは劇的に侵入生物種に塗り替えられるだろう。

良い面としては、2010年の予測人口は（数倍にも増えたとしても）、全てのシナリオにおいて、容易に収容可能である。全ての地域計画と選択的なシナリオにおいて想定されているように、もし水が今後も地域外からもたらされるならば、地域が長期的な将来の人口増加を許容できるということをモデルは示した。

意思決定

キャンプ・ペンデルトン地域において、生物多様性が保全され続けるためには、革新的な合意形成が必要だろう。1996年に、キャンプ・ペンデルトンの計画および政策と、周辺の管轄区域は完全に分離してしまった。地域的なスケールで、開発と保全計画のさらなる協議が喫緊に求められたのである。これは言うは易く行うは難し、であった。なぜならば、最重要な問題のいくつかは管轄区域を超えるものであったからだ。サンタマルガリータ川流域上流での開発は下流のキャンプ・ペンデルトンや他の区域での洪水を引き起こす。東側の貯水域であるリバーサイド郡の保全地域は隣のサンディエゴ郡が策定した計画と関連性がない。ある区域での水路造成は地域的な生息地のパターンをかく乱する。さらに、広域的な水供給や山火事対策の計画について協力が必要なことは明らかであった。

基地と調査地域の関係は、周辺地域の新しい開発によってますます追いつめられ、開発は全体の環境システムに影響を与えていった。期待された調査研究の産物は、キャンプ・ペンデルトンに対して環境保全のプレッシャーを与え、それによって軍事演習という基地の第1任務と動植物の生存環境保全という目的の間に緊張関係をもたらすことになった。生物学的見地からは、最大の公的な景観であるクリーブランド自然林とキャンプ・ペンデルトン海軍基地がもはや自己完結し、単体としてマネジメントできる独立の存在ではないといえる。

ジオデザイン研究の最も重要な直接的成果としては、キャンプ・ペンデルトン海軍基地と周辺地域の管轄区域が共生しており、将来的な生物多様性を保全するための役割分担において、活発なパートナー

シップが求められる、ということの重要性が広く認識された点である。多くの年月と相当の努力が必要であったが、このような相互理解と十分に協力的な計画策定が達成されてきている。

　初期の数日にわたるスコーピングの後、私たちが気づいたことは、キャンプ・ペンデルトンの指導者や軍の支援者にとって、熟考された一連の選択肢が素早く視覚化されることがいかに重要か、ということである。これが、「予見的アプローチ」がこのプロジェクトに最適である理由の1つであった。選択肢は図式化され、課題と関連付けられ、明確に違いが分かり、理解される必要があった。初期に、調査チーム全体でこの研究に利用可能な変化モデルを考えた際に、4つの異なる入れ子構造の課題を選んで、それぞれの課題を異なるスケールで検討することを決めた。予見的アプローチを用いて、ジオデザインが適用される社会背景に関する、4つの規模やスケールの出発点とした。調査チームの様々なメンバーにそれらの指揮を委任し、私は地域全体に取り組みながら前述の6つの図式化されたデザインを製作した。続く第2次の調査研究では、キャンプ・ペンデルトンの新都市デザインを発展させるため、大学院生のチームによるスタジオ演習として予見的、継続的、抑制型の変化モデルが適用された。

参加型変化モデル

　もしあなたが、「参加型」の変化モデルに進むならば、デザインの利用者（地域住民）として一番に想定されるべきは「参加者」となる。このように、参加型の変化モデルは潜在的に他の方法よりも民主的であることが利点である。しかしながら、協働するデザイナーのチームも、時々このアプローチを用いるが、そこでは（しばしば予見的方法を通して実現される）個人のアイデアが変化の提案に向かって調和させられなければならない。どんな参加者のグループであっても、調査地域の望ましい将来像について完全な同意に達することは難しい。これはデザインのための委員会が組織される時によくある状況である。したがって、このモデルの主要な義務としては、潜在的に対立するデザインを、1つのまとまった実現可能な計画へと調和、統合することである。そこで、たとえ同意が達成されたとしても、参加型変化モデルは改良可能なデザインであることが求められる。

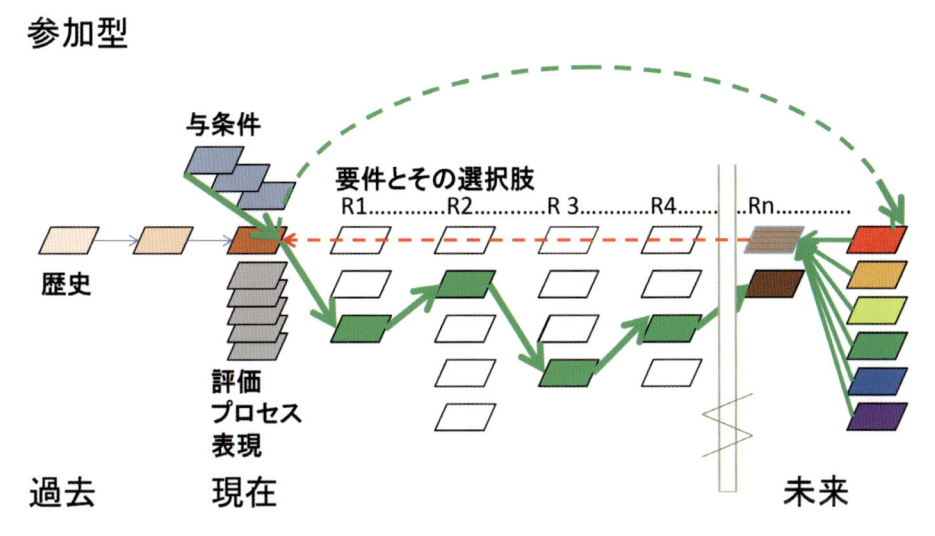

図 7.19　各参加者のアイデアが取り入れられるような参加型変化モデル
想定される参加者の初期デザインの不一致は異なる色の「未来」で示されている（出典：Carl Steinitz）

コスタリカ、オサ地域（The Osa Region, Costa Rica）[3]

　この事例研究は、ハーバード大学大学院で私が指導した、Juan Carlos Vargas-Moreno の 2008 年の博士研究「携帯可能な地理空間情報システム技術を用いた参加型景観計画：コスタリカのオサ地域を事例として（原題：Participatory Landscape Planning Using Portable Geospatial Information Systems and Technologies: The Case of the Osa Region of Costa Rica）」を改変したものである。コスタリカは、中央アメリカのパナマとニカラグアの間に位置し、400 万人の人口を有している。中心部にある火山性の山脈は北から西へと国を横切り、険しい地形と海岸沿いの平野群を形成している。調査地域であるオサ半島は太平洋に面するプンタレナス郡に位置し、コスタリカの首都であるサンホセの約 370km 南西にある（図 7.20）。

　調査対象地域は状況が急激に変化していることから、デザイン過程における地域内外ステークホルダーの直接的な融合が必須であると思われ、よってこの調査では参加型の手法を実践することになった。このアプローチが目指したのは、合意に基づくデザインを生成するために、迅速に、変化についてのデザイン案をステークホルダーから得ることであった。参加型のアプローチをとることによって、合意が得られるエリアとそうでない（つまり対立が起こる）エリアを知ることができ、結果として協力が可能なエリアを探し出し、合意形成や最終的な変化についてよりよく知らしめることができる。

　既に他の研究者によっていくつかの参加型デザインが実施されていたが、そこでよく用いられる技術や方法は、直接的かつ空間的に系統立てられた探索方法を欠いていた。そこでは、媒介者が自分の解釈だけに基づいて関係者の変化に関する意思を代弁し、それによって暗に情報が歪められてしまうという危険がある。この研究で提案される方法は GIS だけでなく、関係者が持つ空間的土地利用の選択肢に関する知見を、「直接的」に引き出し交換するための参加型の技術も用いている。

　この方法論は、2006 年春にコスタリカのオサ地域で実施された、複数回の個人およびコミュニティの参加型地図作りワークショップで用いられた。このミーティングの間、Vargas-Moreno は 40 人の地域内外の参加者と共に、将来の土地利用の分配について意見を収集した。最終的な結果は地図上に、土地利用の分類と関係者グループ間の対立と同意のパターンとして具体化された。事例研究は、国家レベルの計画策定者に対しても、地域住民や研究者のグループに対しても、高度に情報を提供することを実証した。そして強化されたのは、キャパシティー・ビルディングやガバナンス、さらには情報に基づいた合意形成である。

図 7.20　コスタリカとオサ半島の位置

表現

　調査対象地域は 175,000 ヘクタールで、2 つの郡（オサ Osa とシエルペ Sierpe）と 8 つの区域から構成されている。2000 年のコスタリカ国勢調査によると、オサ地域は約 25,000 人の人口を擁している。オサの地勢としては、小規模で森林に覆われた山々や、

農業や林業に利用される平地が連なっている（図 7.21）。

オサの都市開発は、パンアメリカンハイウェイと海岸に平行する半島の連絡道路に沿った小さな町村に限られていたが、コルコバド国立公園の南方に向かって拡大していた（図 7.22）。プエルトヒメネスがオサ地域の中心的な町であり、人口は 1,800 人である。

調査に必要な GIS データの大半はコスタリカ政府部局や地域支局から提供された。

オサはコスタリカの保全戦略において重要な鍵となっている。調査地域はオサ保全地域（スペイン語で ACOSA）の一部で、当該地域は国全土に渡る 11 地域の 1 つとして、全国的な保全地域網（SINAC）を構成している。オサ保全地域においては、国立公園とマングローブ湿地のみが公有地である。

それ以外の保全地域はほとんどが私有地であり、生態系サービスへの納付金は森林保全を促進する財政的なインセンティブ機構として使用される。調査地域における最も重要な保全地域はコルコバド国立公園であり、これはコスタリカで最大の国立公園であると同時に、中央アメリカで唯一残存する低湿地である。

図 7.21 モゴス（Mogos）から眺めたドゥルセ湾（Golfo Dulce）方向のオサ半島（出典：J. C. Vargas-Moreno, "Participatory Landscape Planning Using Portable Geospatial Information Systems and Technologies: The Case of the Osa Region of Costa Rica" (D. Des. diss Graduate School of Design, Harvard University, 2008)）

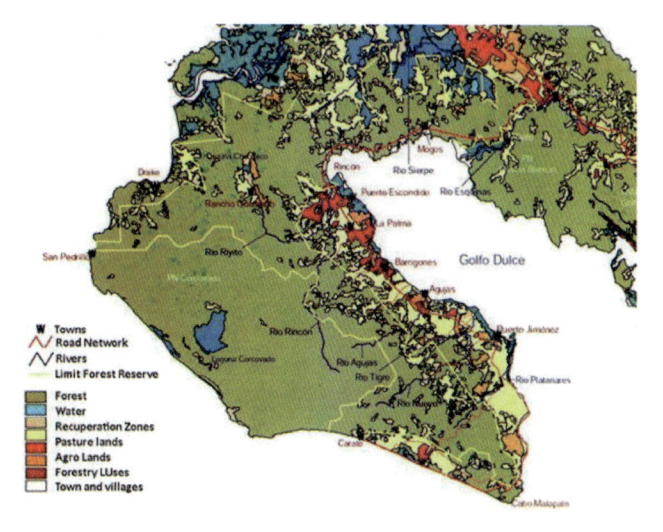

図 7.22 オサ半島の土地被覆（出典：J. C. Vargas-Moreno, "Participatory Landscape Planning Using Portable Geospatial Information Systems and Technologies: The Case of the Osa Region of Costa Rica" (D. Des. diss Graduate School of Design, Harvard University, 2008)）

プロセス、評価

オサの経済史は「急成長あるいは恐慌」である。1930 年代から 1980 年代にかけて、オサへの国内移動が一定の流れとして発生した。労働者らは地域の希少資源を資本化する企業に惹かれ、インターアメリカンハイウェイの開通によってこの地方への交通の利便性はあがった。20 世紀の間は、地域経済と社会的慣習は資源採取をベースとしていた。具体的には、1930 年代の金鉱採掘、1950 年代のバナナ、1960 年代から 1980 年代にかけての木材伐採、1980 年代から 1990 年代にかけての農業輸出（主にバナナとパーム油）である。しかし、全国的に発展のエンジンであった農業分野は、不良土や農地不足を抱えたオサにおいては発展しなかった。このことにより、豊かで持続可能な農業社会の構築が妨げられることとなった。

豊かな自然資源と魅力的な環境のおかげで、1990年代までには、エコツーリズムがオサでの集客力かつ収益性が高い産業となった。急発展する経済活動は住民だけでなく外部の人々をも魅了し、伝統的な土地と自然資源のマネジメントに取り組むこととなった。観光関連活動や森林収穫は、自給農業や放牧、小規模の商業的漁業を押しやって経済部門として最大となった。一番明らかな課題として、森林・農地から居住地・観光用地への急速な土地利用の変化が継続している。

変化

オサの将来的な土地利用に関する、関係者の視点に基づいた参加型の研究は、いくつかの要因によって特段の興味を引くこととなった。オサはコスタリカの中でも居住人口が少ない地域の1つであると同時に、生態的にはより脆弱な場所だった。観光開発や活発な保全論争、繰り返される土地投機や賛否両論の計画策定の過程が人々の注目を喚起した。その社会機構は常に複雑で多様であり、地元の集団、いくつもの社会的な市民集団、強い力を持つ積極的な外部者のコミュニティが連なっていた。そうした地域での市民参加は国でも評判となり、資源管理および持続的な生活の創造についても興味をひきつけた。オサは全国で最も非政府組織（NGO）やコミュニティが母体の取り組みが集中する地域であった。合意形成の全ての局面において、徹底して住民参加が求められたのである。

オサの社会情勢に合わせ、この研究では合意に基づくデザインを作り出すことを目指し、迅速で、かつ参加によって関係者のデザインが変化に反映されるような方法論を提示した。計40人の参加者が選ばれ、2つの領域に分けられた（図7.23）。参加者は2つのグループを代表していた。1つ目は「地域の専門家」と名付けられた地域のステークホルダー、2つ目は「地域外の専門家」と称される学術経験者、科学者、政府関係者のグループである。

この研究が他と異なる特徴は、GISを用いて参加型デザインの方法論をとり、提案される景観の変化をリアルタイムで収集、分析、視覚化したことである。この戦略によって、地域住民が抱えていた外部のコンサルタントに対する不安に対処することができた。

タッチペンで操作できるディスプレイ[4]を通してコンピュータを操作することで、参加者はコンピュータの画面上の地図に直接書き込むことができ、したがって各人のデザイン過程への個人レベルでの貢献が容易に実現された。デバイスのおかげで人々は直感的に、比較的迅速に、独立して作業することができた。この経験によって、全ての参加者が操作や関与、貢献している感覚を強化することができた。デジタルペンで入力しながら、参加者は10年間の計画対象期間に対して、望ましい土地利用や土地被覆の案を書き込むよう指示された。彼らは13の異なる土地利用分類から選択し、コンピュータ画面上の現存する地形の上に直接、配置を描いた（図7.24）。

GISは特殊に設計されたので、リアルタイムでインパクト評価が提供され、参加者は特に否定的な評価となる場所については、「やり直しredo」ができるようになっていた。10年という長期間が設定されたのは、それがコスタリカの地域政府の約2期分のサイクルであり、大規模の土地利用計画が実施され観察されるには十分な時間だからである。

第 7 章　確実性とジオデザイン

領域	No.	ステークホルダーグループ	ステークホルダーグループコード	Ind.Code	関係者
地域外	1	政府関係者	GOV_X	GOV_X_1	地域の政策策定
	2			GOV_X_2	保全地域の責任者
	3			GOV_X_3	観光計画の策定者
	4	NGO 関係者	NGO_X	NGO_X_1	保全の NGO
	5			NGO_X_2	持続可能性の NGO
	6			NGO_X_3	保全の NGO
	7	コンサルタント、科学者、学術経験者	CSC_X	CSC_X_1	計画コンサルタント
	8			CSC_X_2	農林業コンサルタント
	9			CSC_X_3	人口学専門家
	10			CSC_X_4	環境マネジメント専門家
	11	開発者	DEV_X	DEV_X_1	土地開発企業
	12			DEV_X_2	観光開発
	13			DEV_X_3	商業開発
地域	14	地域の政府関係者（オサ）	GOV_L	GOV_L_1	保護地域担当者
	15			GOV_L_2	コミュニティ担当者
	16			GOV_L_3	農林業担当者
	17			GOV_L_4	土地利用担当者
	18			GOV_L_5	観光担当者
	19			GOV_L_6	野生生物担当者
	20	地域のコンサルタントおよび科学者	CSC_L	CSC_L_1	生態学専門家
	21			CSC_L_2	農学専門家
	22			CSC_L_3	林業技術者
	23	地域の NGO 職員	NGO_L	NGO_L_1	農学 NGO の専門家
	24			NGO_L_2	環境 NGO
	25			NGO_L_3	林業 NGO の専門家
	26	地域企業の代表者	BUS_L	BUS_L_1	陸上輸送業務
	27			BUS_L_2	観光業経営者
	28			BUS_L_3	観光業経営者
	29	地域の農林業部門	AFS_L	AFS_L_1	農業法人代表者
	30			AFS_L_2	農業法人代表者
	31			AFS_L_3	農業法人代表者
	32			AFS_L_4	農業法人代表者
	33	コミュニティの活動家	COM_L	COM_L_1	コミュニティーリーダー（共同経営者）
	34			COM_L_2	コミュニティーリーダー（共同経営者）
	35			COM_L_3	コミュニティーリーダー（共同経営者）
	36			COM_L_4	コミュニティーリーダー（若者）
	37			COM_L_5	コミュニティーリーダー（先住民）
	38	外国人	FOR_L	FOR_L_1	外国人のホテル所有者
	39			FOR_L_2	外国人の地元ボランティア
	40			FOR_L_3	外国人の退職者

図 7.23 関係者の構成と専門領域

(出典：J. C. Vargas-Moreno, "Participatory Landscape Planning Using Portable Geospatial Information Systems and Technologies: The Case of the Osa Region of Costa Rica" (D. Des. diss Graduate School of Design, Harvard University, 2008))

第Ⅲ部　ジオデザインの事例研究

　参加型のインタビュー・プロセスにおいて各参加者に（下記にあげられた）一連の質問が投げかけられ、それに対して返されたスケッチと回答が、新しい GIS データ、オサの計画策定プロセスで用いる質的で間接的な評価基準やフィードバックとなった。

1. ツールによって、あなたに提供された土地利用を用いて、自分の希望や知識、必要に照らして、変化すべきだと思うエリアを描いてください。
2. どうして、そういった土地利用をその場所に配置したのですか？
3. どうして、その量の土地を各土地利用分類に配分したのですか？
4. （あなたのデザインによる）地域への影響をどのように考えますか？

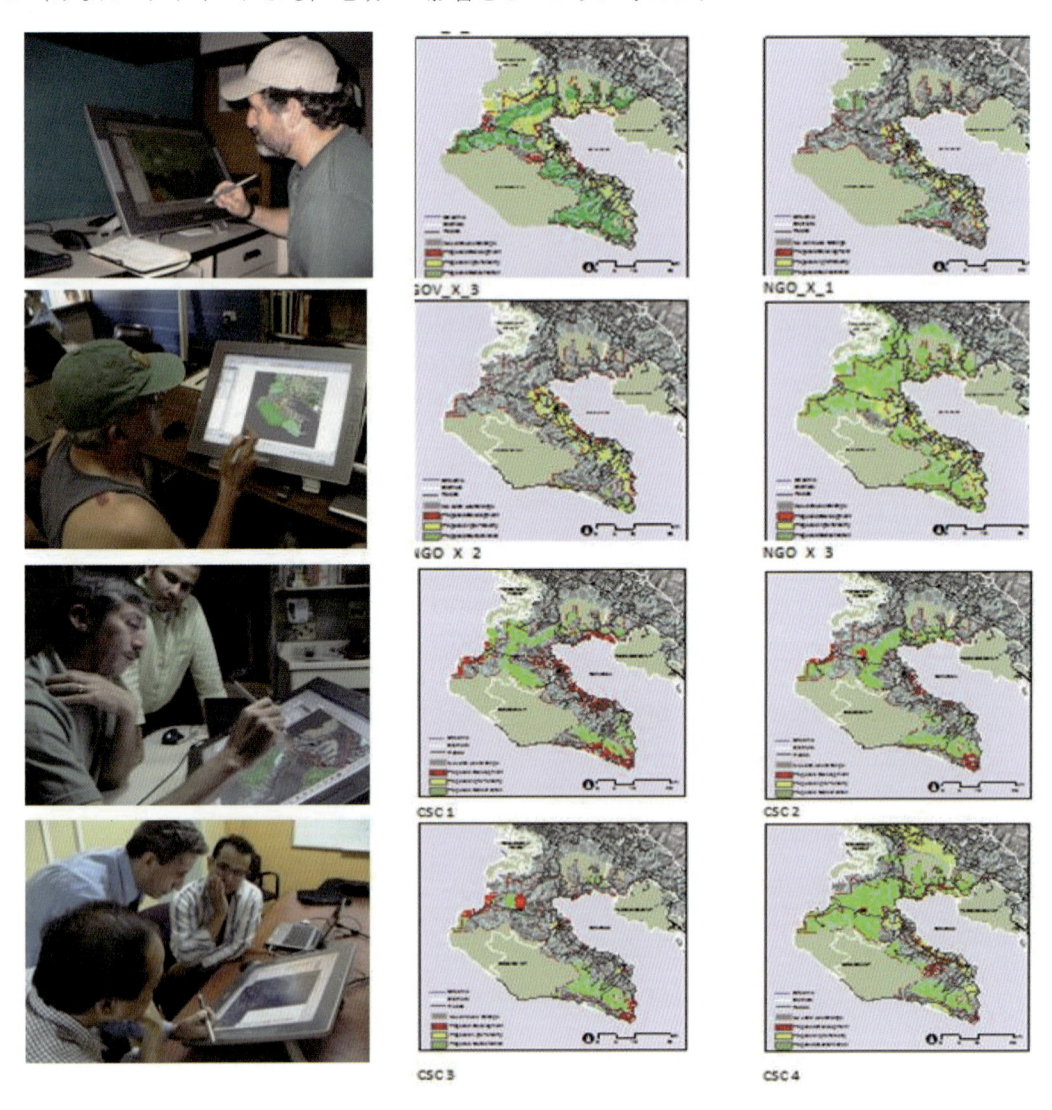

図 7.24　参加型の変化プロセスといくつかの異なる結果
（出典：J. C. Vargas-Moreno, "Participatory Landscape Planning Using Portable Geospatial Information Systems and Technologies: The Case of the Osa Region of Costa Rica"（D. Des. diss Graduate School of Design, Harvard University, 2008））

インパクト

研究初期の領域では、参加しているステークホルダー間の「同意」と「対立」が中心となるので、評価されるべきインパクトは、直接的な環境や経済的側面というよりもまず、社会的かつ政治的側面であった。以下の質問が分析の方向を導いた。

1. 参加者の土地配分を統合したものの代表性はどのレベルであるか？
2. 参加者の同意と対立はどのレベルであるか？
3. 地域の土地利用計画は参加者の土地利用配分からどのようにして設計されるか？
4. 何が有用な情報として生成されるか、そして合意形成のどの場面においてこの情報が用いられるか？

空間的な合意と対立の分析を単純化するため、土地利用のカテゴリは最初の13項目から、保全、開発、農林業の3項目へと統合された。地図の代数計算を利用するために、手書きのベクター図形が10×10mのグリッド内のラスターを基準にした形に変換された。「同意」の評価は、どの場所で異なる参加者が同じセル位置において同じ土地利用を指定しているかを、オーバーレイで分析することによって行われた。3つの変数があるので、分析は7つの異なる対立と1つの同意を示す可能性があった。最小の統合は「同意」と呼ばれ、全ての参加者の土地利用のセル値が合致した場合に生じた。過半数の参加者が同じ位置で同じタイプの土地利用について意見が一致した時、合意形成が達成された。

主要な関係者グループの14人の代表者は、統合された土地利用の配分が彼らの最初の要望や将来の土地利用変化に対する洞察を表現しているかについて、再度個別に調べた。14人はインタビューによって、統合の4段階の各時点で、3つの可能な土地利用に対して彼らの視点が表現されているかどうか問われた（図 7.25）。異なる統合の累積レベルを表現し、空間的土地利用配分を地図化したものが用意された。最も低いレベルは全40人の参加者の個々のデザインを示す。

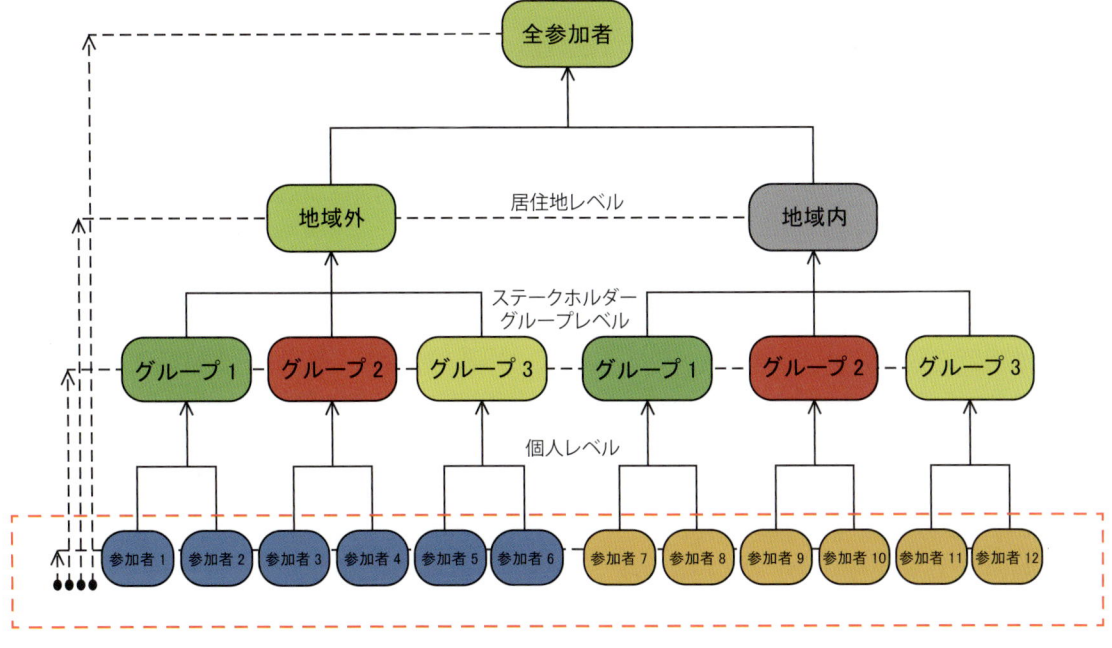

図 7.25　4段階の統合プロセス

（出典：J. C. Vargas-Moreno, "Participatory Landscape Planning Using Portable Geospatial Information Systems and Technologies: The Case of the Osa Region of Costa Rica"（D. Des. diss Graduate School of Design, Harvard University, 2008））

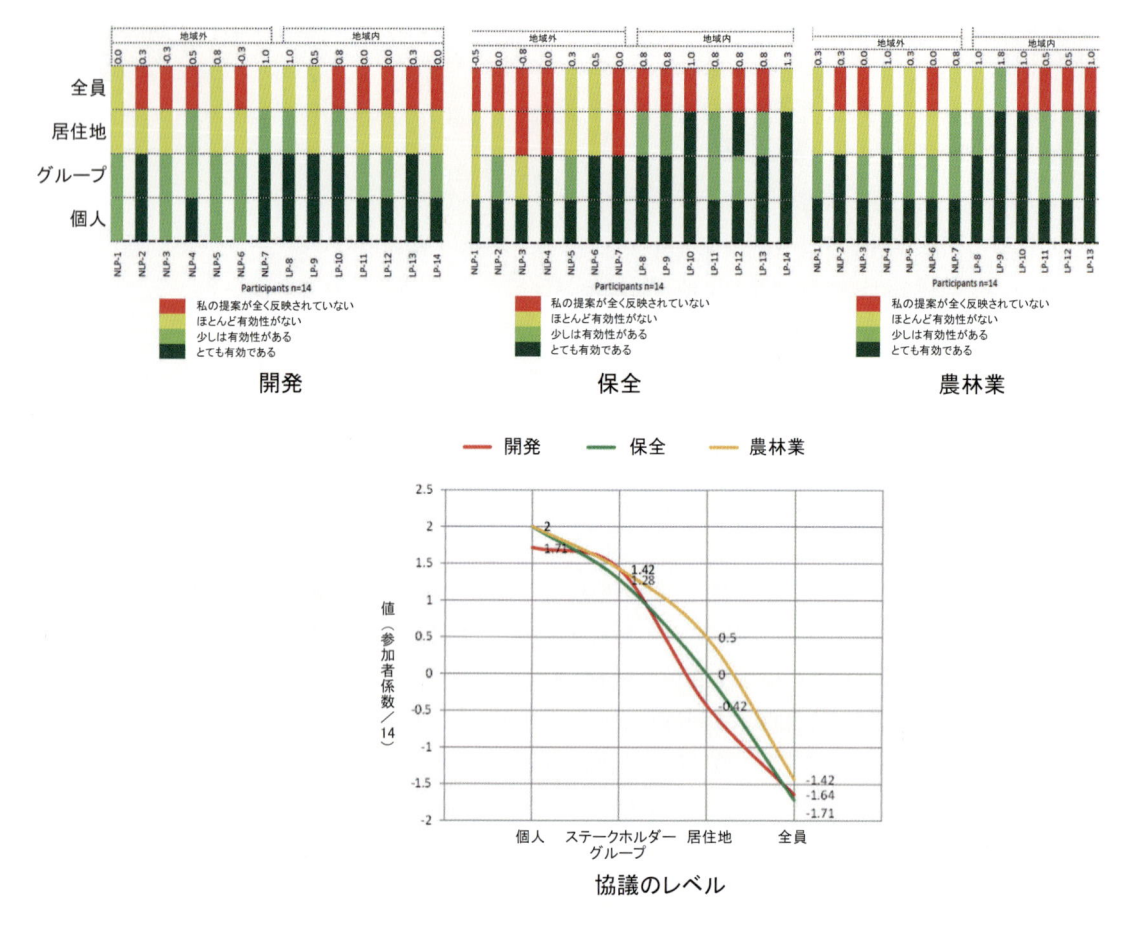

第Ⅲ部　ジオデザインの事例研究

開発　　　　　　　　　　**保全**　　　　　　　　　　**農林業**

図 7.26　参加者のグループ別での土地利用の統合段階によって異なる合意の程度
（出典：J. C. Vargas-Moreno, "Participatory Landscape Planning Using Portable Geospatial Information Systems and Technologies: The Case of the Osa Region of Costa Rica"（D. Des. diss Graduate School of Design, Harvard University, 2008））

　それらの地図は、漁師、森林観光客、政府の計画業務担当者といったステークホルダーのグループに「統合」された。次のレベルでは、地図はさらに結合され、地域内もしくは地域外の参加者の2つのデザインとなった。最終的に、全部で40のデザインは1つに統合された。地図に加え、分析によって合意形成についての統計的な検討がなされた。

　参加者のデザイン間での合意と対立の程度は、分析の最重要な指標である。図7.26に示された結果が示すのは、各参加者のデザインが上方向に連続的に統合されていくにつれ、土地利用パターンがだんだん自分の希望から遠ざかると感じている、ということだ。個人からステークホルダーのグループ・レベルへの下降の程度が小さい一方で、ステークホルダーから居住地レベルへの変化は大きく、ほぼ全参加者がデザインの「代表性」の程度は、僅かもしくは全くないと述べた。ステークホルダーから居住地（地域内か地域外か）への統合では、最も同意が得られたのが「*保全*」を選択された地域で、次が「*農林業*」、そして最後が「*開発*」であった。開発の土地利用は最も議論を呼び、統合された際には代表性および参加者の最初の選択との適合が最も低いと認識された。したがって、最も同意が得やすい可能性は、「地域内」と「地域外」によって統合された同意のデザインを比較し、保全と農林業を計画する場合にあるだろう。

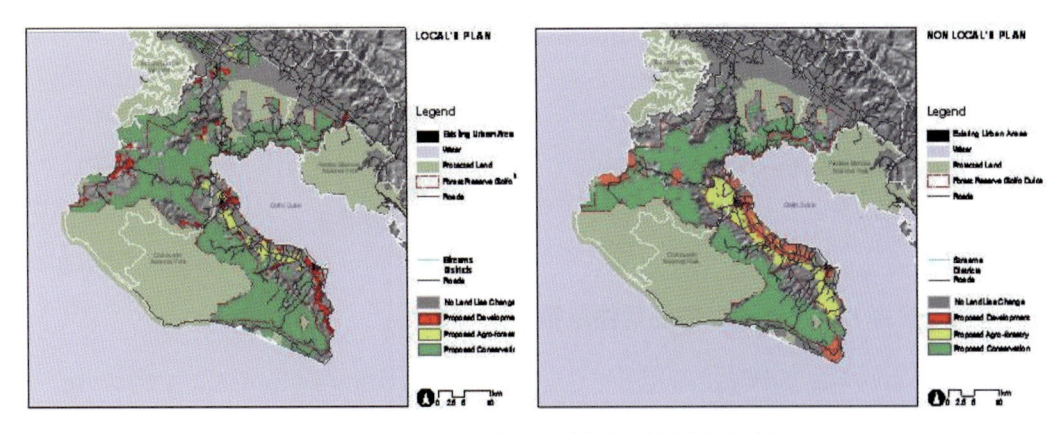

図 7.27A、B　地域内および地域外参加者の統合されたデザイン
(出典：J. C. Vargas-Moreno, "Participatory Landscape Planning Using Portable Geospatial Information Systems and Technologies: The Case of the Osa Region of Costa Rica" (D. Des. diss Graduate School of Design, Harvard University, 2008))

意思決定

　提案された将来の土地利用パターンは、地域内参加者と地域外参加者で大部分は似通っていた（図 7.27A と B）。全般的には、保全のパターンは緩衝領域を統合し景観の連続性を増加させることに焦点があてられていた。同時に、3 つの大きく異なる地域が明らかになった。地域内参加者は地域外参加者よりも、多く、広大な保全を好み、連続性に着目していた。地域内参加者はまた、都市開発が、既存の町の近くではより小さくクラスター状に、同時に、半島の先に近い新しい広大な地域では、既存の主要な町近くの平坦な土地で行われることを好んでいた。対比的に地域外参加者は、半島の中央に長く、幅広い、回廊状に開発地域をデザインする傾向があった。中央の回廊につ

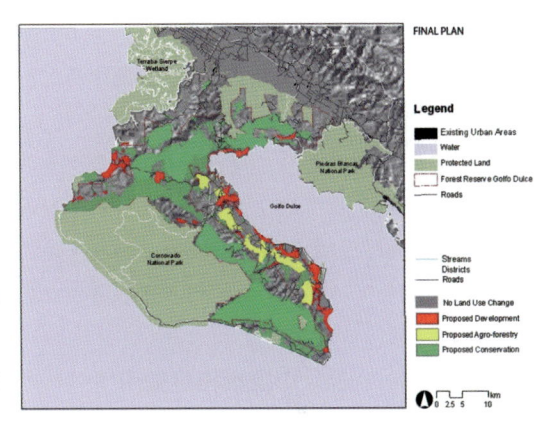

図 7.28　オサでの合意。色付けされた地域は参加者が新しい土地利用の提案について合意した地域であり、その他の地域は対立もしくは変更なしと提案された地域ある（出典：J. C. Vargas-Moreno, "Participatory Landscape Planning Using Portable Geospatial Information Systems and Technologies: The Case of the Osa Region of Costa Rica" (D. Des. diss Graduate School of Design, Harvard University, 2008))

いては地域内参加者から強く異議があがった。最後に、地域外参加者は地域内参加者の 4 倍も、新しく農林業へ配分する傾向があった。この違いは中央政府が開発目的で農林業を優遇していることに起因しているかもしれない。また、それほど重要ではないにしても、地域住民の当初の開発目的が、観光と自然資源の保全に依存していたことにも起因している可能性がある。

　14 人の参加者の集団に自由回答のインタビュー調査が行われ、この参加型デザイン方法の効果と有用性について調べられた。分析から導かれたのは、GIS やデジタルペンを入力の装置として用いて各個人の土地利用デザインを収集することはとても効果的であったということだ。95% の参加者がそのプロセスを良いと認めた。しかしながら、さらに分析が示したことは、参加者から得られたデータが統合されるほどに、個々の参加者の洞察を反映するためのシステムとして効果的でなくなるということだ。しかし、相違点があったにも関わらず、それでも実施へと結びつくような強い合意を得られるエリアが多くあった（図 7.28）。

参加したステークホルダーらが可能な土地利用の変化として合意した場所は、オサ地域全体に渡り、最終的な合意計画のベースを形成するものであるが、さらなる作業がどんなものであれ、より深い交渉が必要となるであろう。私たちの追跡インタビューの中で参加者たちは、GIS のサポートを得ながら参加型デザインの話し合いを何度も重ねることで、全ての参加者がより高いレベルの合意を形成できると認めた。

継続的変化モデル（バミューダの廃棄物集積所）

「継続的」アプローチは、デザイナーやデザイン・チームが、一連の選択が将来の変化につながるデザインをもたらすことに確信があるような場合を想定する（図 7.29）。デザイナーは、遭遇する要件が選択的であることが多いと気づいているかもしれないが、これらの要件は形式的には検討や比較がされていない。その代わり、場合によってはクライアントの希望から影響を受けるが、将来のデザインについての継続的な意思決定は、基本的にはデザイナーの好みや経験に基づいている。継続的なデザイン方法は、事例記憶（case memory）から有効な助言を得ることが多いために、経験のあるデザイナーが好んで使う。

継続的変化モデルについての 2 つの特別なケースがある。1 つは、要件と選択肢がクライアントなどから前もって与えられており、変化モデルへと統合される準備ができている場合である。もう 1 つは、複数のデザイナー、が要件の選択肢の中から意図的に差異を設けた方法を継続的に選び、将来に向けて広範囲の予備的なアイディアを展開させる場合である。後者については後で述べる。

バミューダ（Bermuda）の廃棄物集積所[5]

小さな島国であるバミューダは、アメリカ合衆国の東海岸から 600 マイル離れた場所に位置する（図 7.30）。1986 年に英国から独立した直後、初代首相である John Swan は廃棄物集積所の将来について調査を依頼したが、その場所を新しいセントラル・パークのような施設に転用したいと考えていた。既に新しい焼却炉を建設する計画が存在したが、それが使用可能になるまでには何年もかかることが分かっていたので、私は、異なる開発のアイディアを具体化するようなスタジオコースを指導することを申し出た。首相は、私の申し出と学生およびボランティアを受け入れ、それらがデザインコンペのように組織され、最初のデザインを用意する際には異なる継続的変化モデルがその後に構築されることを理解していた。このプロジェクトについての私の記述は、C. Steinitz 編 *Alternative Futures for the Bermuda Dump*[5]、およびバミューダ国家の計画部局による *Pembroke Marsh Plan*[5] から引用している。

表現

既存の廃棄物集積所の周りには、市の施設や広大な湿地、利用客の多い運動場、バミューダの大部分に飲料水を提供する湧水地、英国総督の家があった。これらは全て、Swan 首相だけでなく国で最も貧しい人々の居住地に隣接していた（図 7.31）。

第 7 章　確実性とジオデザイン

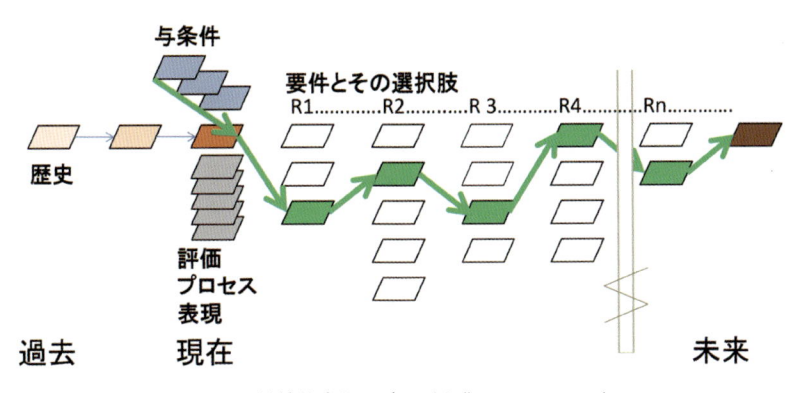

図 7.29　継続的変化モデル（出典：Carl Steinitz）

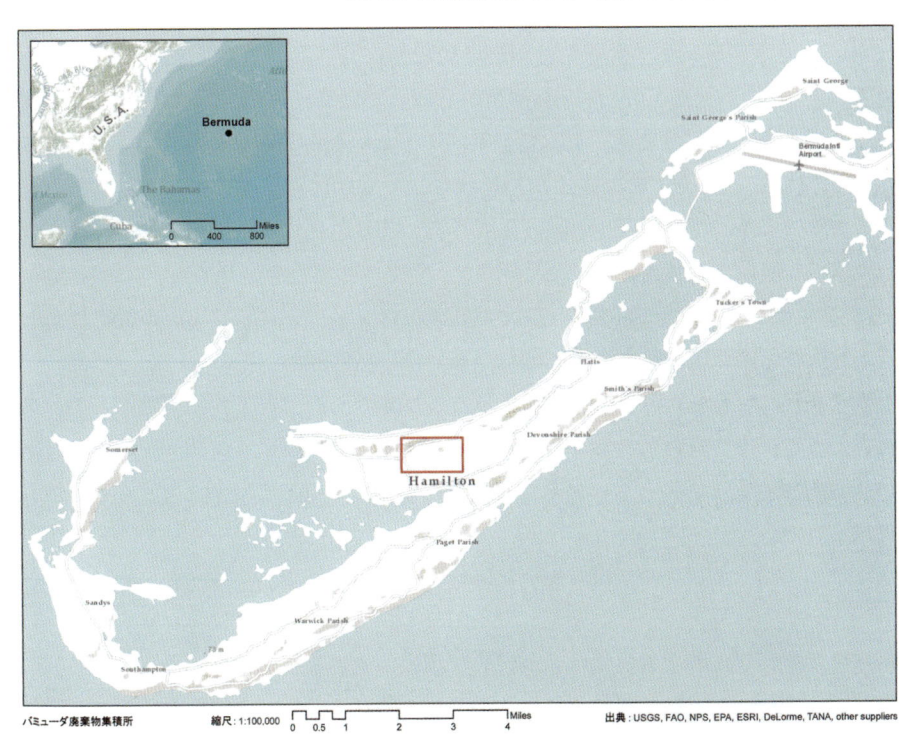

▲図 7.30　バミューダ廃棄物集積所の調査地域

▶図 7.31　バミューダ廃棄物集積所とその周辺の調査地域
（出典：C. Steinitz, ed., Alternative Futures for The Bermuda Dump (Cambridge, MA: Graduate School of Design, Harvard University, 1986)）

125

プロセス、評価

　前半の章で書いた通り、ジオデザイン・チームに現場を訪問させることは、地域の知識や事情をできるだけ多く知るために非常に重要である。学生は調査地域を訪れ、廃棄物集積所と周辺地域がどのように機能しているかについて、何度も説明を受けた。私たちは公開されている会合に参加し、そこであげられた課題や、住民あるいは行政職員が学生に提示したプログラムの要素、物理的なデザイン、政策のためのアイデアについて注意深く記録した。

　いつも夕方に学生との打ち合わせをし、私は彼らに課題をリストアップして分類させ、彼らが聞いたもしくは彼ら自身が考えたあらゆる見解やアイデア、提案についての簡単な図を用意させた。これらの図は標準的なスケールでのシンプルな線描だった。地域住民が提案したものであれ、歴史的事例に基づくものであれ、学生が考案したものであれ、全ての図は事前の価値判断なしに収録された。図は匿名で提示され、図式化されたアイデアがデザインへと選出、結合、解釈されるプロセスは、どんな個人やグループも後に利用可能であった。

　ハーバードに戻った最初のセッションで学生たちは、最終的な20の課題について、どのデザインにおいても解決すべきである、と同意した。これらは2種類から成っており、「一定の条件」として全てのデザインに組み込まれるもの、そして「要件」として数種類の図式的な解決が求められるもの、である。ペアを組んだ学生たちは取り組むべき異なる課題を選択し、各課題に対して2から5個の解決方法の選択肢を作成した。このプロセスでは約80の図が生成され、油性の黒いマーカーで薄い透明のプラスチック上に描かれた図は、簡単に選び、重ねることができ、学生たちが「サンドイッチ」と呼んだ、組み合わせでの評価をすることができた。次に私たちは変更デルフィ・テクニック (modified Delphi technic) を用いて課題や選択肢を階級順に並べ、優先順位が高いほど概略図の上左方向に配置した。

　番号付けされた行と列を整理、区別したり、優先順位のスケッチを並べたりして使用することは、スタジオ内での意思疎通にとても役立つ技術だった。この本の冒頭で述べたように、ジオデザイン・チームにおける効果的かつ効率的なコミュニケーションを学ぶことは重要である。この事例で、図の配置は第3スタジオ授業で完成された。

変化

　スタジオの次の段階では、それぞれの学生が異なる継続的な図のセットを選ぶことによって、最初のデザインを準備するように求められた。私たちはくじ引きをして、勝者の学生は全ての変数の中から最初の1つを選ぶことができた（図7.32）。

　くじ引きの順が、次の学生は前の全学生たちが選んだものとは異なるセットを選ぶように求められ、各自の選択のコレクションが他のものと区別されるようにした。最終段階までに、選択されたプラスチック上の図は重ねられ、14個の、十分に差異をもって図式化された継続的な最初のデザイン戦略ができた。これらは授業の2週目最後の第4スタジオ授業の後で利用可能となった。

　バミューダ調査のこの段階において、教育倫理的な課題が持ち上がった。最も組織化された、制約的な学部主導のスタジオでさえ、各学生は彼ら自身のアイデアを彼ら自身の方法で探索する絶対的な権利がある。しかしながら私の目標の1つは、学生が興味を持つ有用な方法論を教え、実験することであり、この特別なスタジオの優先事項は、学生に特異で創造的な方法を考えさせることではない。教師である倫理が求めることは、率直に述べ、率直に議論をし、いくらかは学生と教師の間の社会的契約の中でや

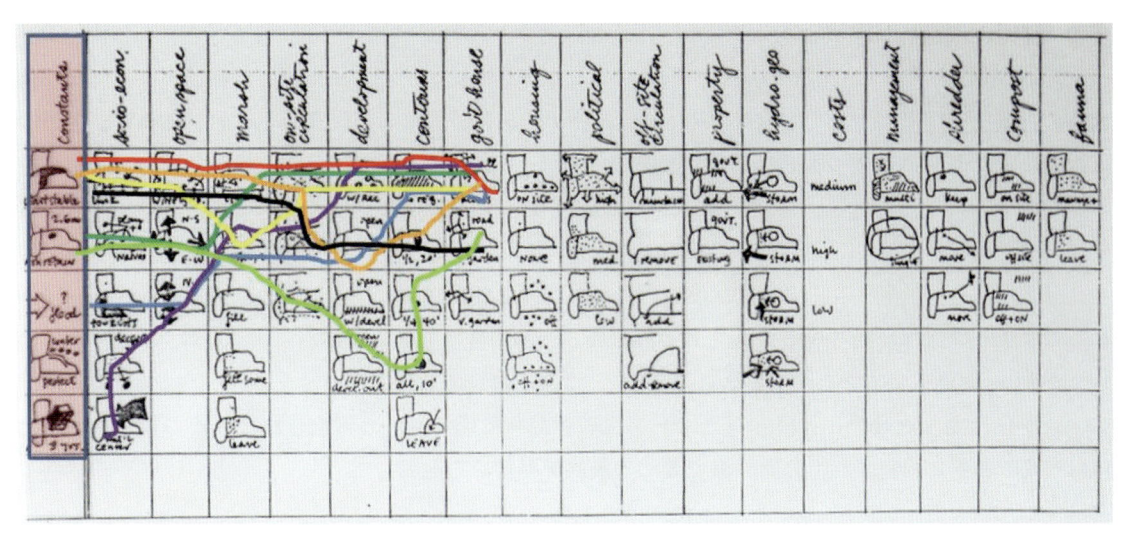

図 7.32 継続型の図の選択。くじ引きで番号 1 を選んだ学生は変数の中から最初の 1 つを選ぶことができ、その選択は赤いラインで示されている。次に続く学生は異なる変数のセットを選び、各変数のコレクションが最終的に唯一の組み合わせになるようにした。ここでは象徴的に異なる色で描かれている（出典：C. Steinitz, ed., Alternative Futures for The Bermuda Dump (Cambridge, MA: Graduate School of Design, Harvard University, 1986)）

図 7.33 周りから見るために学生が作った、初期の 14 デザインのうちの 4 つ（出典：C. Steinitz, ed., Alternative Futures for The Bermuda Dump (Cambridge, MA: Graduate School of Design, Harvard University, 1986)）

り取りするといったことである。この事例では全ての学生は、スタジオがどのように、なぜ実施されるかということについて十分知った上で選択していた。私は、同僚や学生の中にはこういった見解に同意しない者がいることは十分理解している。

次に、委員会形式で組織化された学生は、単一の、事前に合意した共通スケールのフォーマットに合わせ、一般的な大量生産の素材を用いて、十分に発展させたデザインとそのデザインの模型を用意した。14 個の模型は別々に船便の段ボール箱の中に置かれた（図 7.33）。

インパクト、意思決定

6週間の授業の最後に、学生の小グループがバミューダに戻り、バミューダの計画委員会、廃棄物集積所の再開発責任者に対して、全14個の学生のデザインを発表した。注意深く検討した後に、委員会は次の段階に進むべく3つのデザインを選択した。

フィードバック

クラスはもう一度集まり、デザインが選択されなかった各学生は、残る3つのデザイン・チームに加わった。チームはほぼ同じ規模であり、それぞれ3つの明確に異なる戦略（以後A、B、Cと呼ぶ）の1つに従い、最終デザインを用意した（図7.34）。学期の最後に3つのデザインは、ハーバードでのミーティングに出席したSwan首相とバミューダ代表者たちに提示され、議論された。その後、クラス全体はバミューダに招待され、公開の場で3つの最終デザインを発表した。

意思決定

バミューダは1986年には約90,000人の人口を擁し、そのうちの約10,000人が、学生が作成したプレゼンテーションや展示の少なくとも1つを目にした。幸運にも最終デザインは、重要な中心地にある公的スペースで数週間公開された。Swan首相と計画委員会は、投票所に来る有権者の前に3つの公園プランを提示して、1つを選択させることに決めた。その意図するところは、ある学生の特別なデザインを実践することではなく、むしろデザインの選択肢に組み込まれた戦略に対しての大衆の好みを突き止めることだった。数年後、その学生デザインは採用され、最終的にバミューダ政府によって設計に至った。

この継続的変化モデルの適合は、意図をもって迅速に広範な予備的デザインの選択肢を生み出すために用いられた。これは頑健で効果的な方法であり、私はその後のいくつかの調査に適用した。学術的な視点では、匿名の要素が十分にあり、予備的デザインに個人の関与が低い場合に最もうまく作用する。これは学生の能力や知性のテストではない。最終的な3つの提案から分かることは、この方法が、提案された変化がどのように表現されるかについて広い幅をもたらす、ということである。興味深いことは、優勝したデザイン（図7.34のC）は、スタジオが開始した時の図の配置において上左部のセットと最も近いということである（図7.32の赤いライン）。

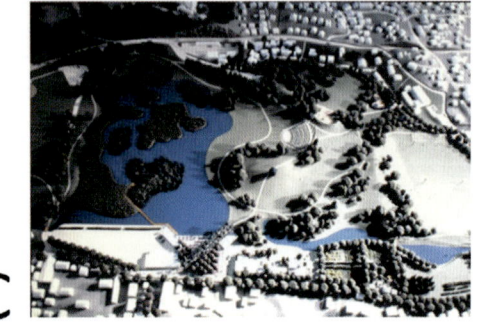

図 7.34 デザイン A、B、C
（出典：C. Steinitz, ed., Alternative Futures for The Bermuda Dump (Cambridge, MA: Graduate School of Design, Harvard University, 1986)）

【注】

1) Adapted from C. Steinitz, M. Binford, P. Cote, T. Edwards Jr., S. Ervin, R. T. T. Forman, C. Johnson, R. Kiester, D. Mouat, D. Olson, A. Shearer, R. Toth, and R. Wills, *Landscape Planning for Biodiversity; Alternative Futures for the Region of Camp Pendleton, CA* (Cambridge, MA: Graduate School of Design, Harvard University. 1996) [P. Bales, D. Barnard, H. Bidwell, J. Blomberg, D. Bowser, J. Crowder, D. Friedman, K. Goldsmith, G. Y. Han, B. Hoffman, M. Mildbrandt, K. Pickering, H. Quarles, C. Steinbaum, A. Tsunekawa, R. Winstead, E. Yovel]; C. Steinitz, ed., *An Alternative Future for the Region of Camp Pendleton, California.* (Cambridge, MA: Graduate School of Design, Harvard University, 1997) [C. Adams, L. Alexander, J. DeNormandie, R. Durant, L. Eberhart, J. Felkner, K. Hickey, A. Mellinger, R. Narita, T. Slattery, C. Viellard, Y.-F. Wang, E. M. Wright]; C. W. Adams and C. Steinitz. "An Alternative Future for the Region of Camp Pendleton, CA,"in *Landscape Perspectives of Land Use Changes*, edis. U. Mander and R. H. G. Jongman, 18-83, Advances in Ecological Sciences 6 (Southampton, UK: WIT Press, 2000); E. Howard, *Garden Cities for Tomorrow* (Lomdon: S. Sonnenschein & Co., Ltd., 1902); D. White, et al., "Assessing Risks to Bio-diversity from Future Landscape Change," *Conservation Biology* 11, no. 2: 349-60.

2) E. Howard, *Garden Cities for Tomorrow* (London: S. Sonnenschein & Co., Ltd., 1902).

3) Adapted from J.C. Vargas-Moreno, "Participatory Landscape Planning Using Portable Geospatial Information Systems and Technologies: The Case of the Osa Region of Costa Rica" (D. Des. diss. Graduate School of Design, Harvard University, 2008).

4) フィールドワークを実施するために用いられたハードウェアは、ArcViewが搭載された普通のノートパソコンとインタラクティブなペンディスプレイである。インタラクティブペンディスプレイはWacom社のCintiq 21UXを用いた。このディスプレイは画面に直接描画することができる。これは、大型のLCDモニターにコードレスのコントローラーと、電池のいらないペン技術の利点を組み合わせている。

5) Adapted from C. Steinitz, ed., *Alternative Futures for The Bermuda Dump* (Cambridge, MA: Graduate School of Design, Harvard University, 1986) [R. Choksombatchai, B. Cutting, R. Daimant, T. Dierker, M. Fry, M. Gerard, N. Gerdts, V. Jearkjirm, T. Johnson, E. Lardner, A. Mackin, S. Murphy, T. Oslund, M. Poirier, N. Rejab, N. Shapero, L. Thompson]; Bermuda, Department of Planning, *The Pembroke Marsh Plan 1987* (Bermuda: Department of Planning, Government of Bermuda, 1987).

第8章　不確実性とジオデザイン

抑制型や組み合わせ型変化モデルでは、ステークホルダーやジオデザイン・チームが明確な将来像を持っていない状況が想定されている。これは、様々な前提や要件、あるいは要件に対するデザインの選択肢について不確かな状況であろう。自信に満ちたデザイナー（前章で紹介した予見的変化モデルや参加型変化モデル、継続的変化モデルの前提である）を多くの人は想像するが、不確実な状況を否定的に捉える必要もない。このような状況にジオデザイン・チームは頻繁に直面するものである。こうした認識は、変化モデルの最終判断やその適用方法と大きく関わってくる。

抑制型変化モデル

図 8.1 に示される**抑制型**の方法は、ジオデザイン・チームが各要件に対する選択肢の選定基準が曖昧で、最終デザインやその代替案についても具体的な考えがないような時に効果的である。この方法が最も有効な場面は、研究対象とする決定モデルの目標や要件を相対的な重要度に応じて順序付けた際に、それらが Zip の法則におおよそ従うような時である（図 5.3）。フレームワークの第 3 巡目の反復において要件の重要度ランクに応じて全ての選択肢を検討し、チームが最終デザインに近付けるように選択肢を順に絞り込んでいく。

また、この抑制型の方法は、委員会や参加型プロセスにおけるデザイン過程としてよく用いられる。将来デザインが目指す方向に従い、参加者らは問題点や目標、要件を 1 つずつ点検する。その後、各選択肢を比較しなんらかの判断を下す。そして、次に検討すべき目標や要件の議論へと話を進める。そうすることで最終的に良いデザインのアイディアが得られるであろう。この方法は、最も重要な問題に対してある程度満足のいく解決策が得られると同時に、その検討段階で大きなミスを犯すことを避けられる利点がある。

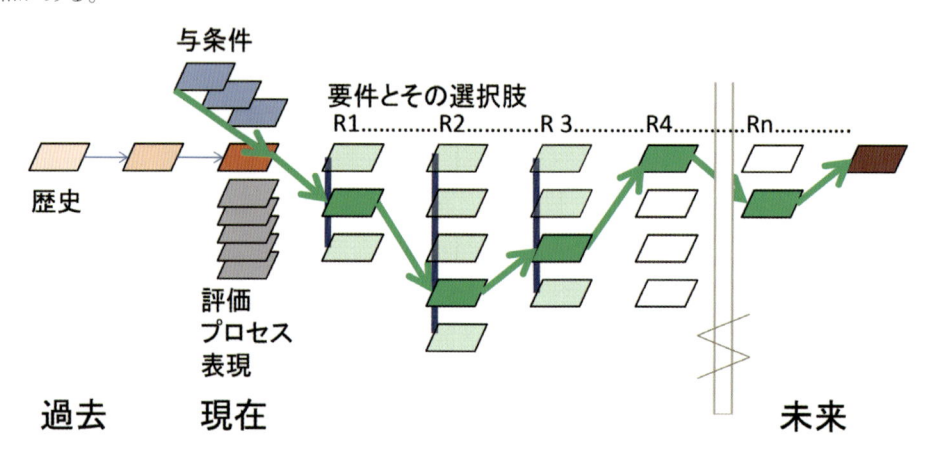

図 8.1　抑制型変化モデル（出典：Carl Steinitz）

イタリア・サルディーナ州カリャリ（Cagliari，Sardinia，Italy）[1]

　2009年3月に、カリャリにおいて、5日間の国際ワークショップ『サルディーナ・カリャリ都市圏の将来選択肢』が開催された。全日程の参加者は、カリャリ大学の建築学および工学を専攻する20名の学生と、ハノーバー大学（ドイツ）からランドスケープ・アーキテクチャを専攻する12名の学生であった。このワークショップは、カリャリ大学のEmanuela Abis教授とClaudia Palmas教授、Stefano Pili教授、ドイツ・ハノーバー大学のChristina von Haaren教授、ドイツ・ライプニッツ大学のChristian AlbertとDaniela Kempaによって企画された。講義チームには、私を中心に、Juan Carlos Vargas-MorenoとTess Canfield、先ほど紹介した教授陣が加わった。このワークショップで焦点を当てた「問題」は、イタリア・サルディーナ州の州都であるカリャリ（図8.2）の今後の発展であった。

　当然ながら、このような短期間のワークショップでは、1学期にわたるスタジオや専門的な研究活動と比べると、十分な時間を確保できない。今回の場合、参加者である学生自身が、自由にこれから調査していく内容を考える時間が限られていた。そのためワークショップではまとめ役の教員がいて事前に多くの決定を行うことになった。しかし、私のスタジオでは、教育指導として学生に問題自体を定義させることやどのような方法を適用すべきかを考えさせることを重視している。（5日間といった）やや短期間のカリャリでのワークショップでは、教員側で問題の範囲やその解決方法や期待される成果を含む複数の事項を前もって決めておいた。最初に、デザイン手法として抑制型変化モデルを採用することにした。

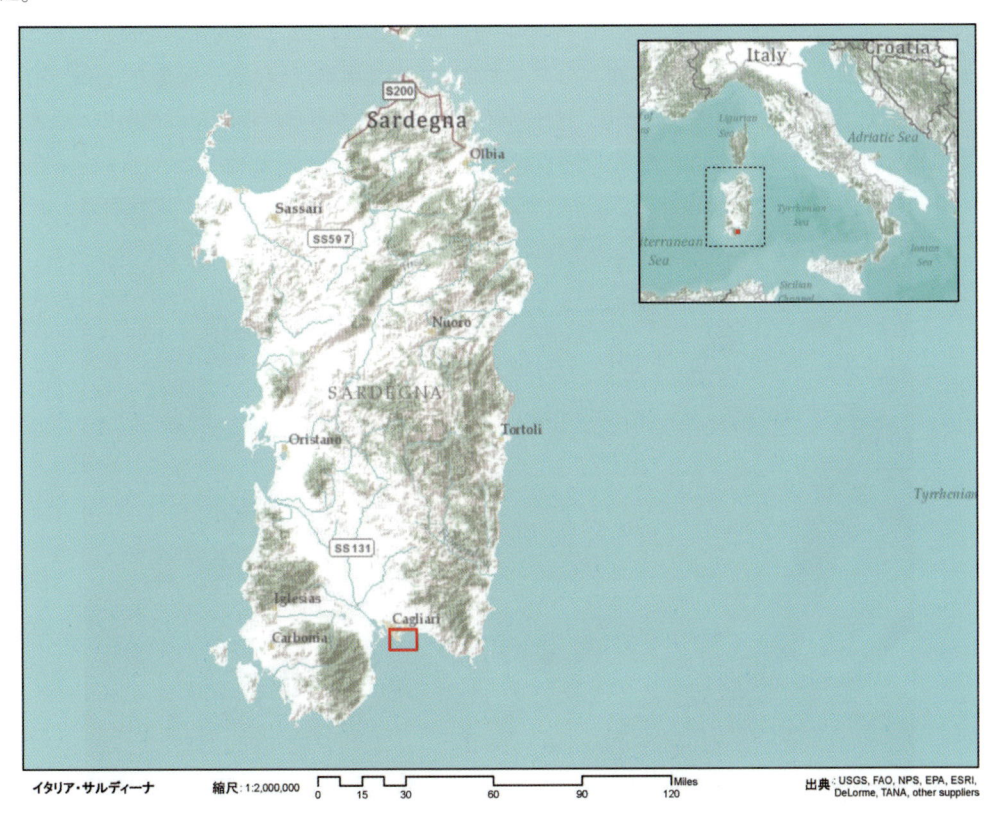

図8.2　サルディーナ、カリャリ研究対象地域

表現

　カリャリ市の人口は16万人、その都市圏には約50万人が暮らす。サルディーナは、年間数百万人もの観光客を受け入れる大規模なツーリズム産業を有する。カリャリは都市計画に基づいた近代的な都市ではあるが、ワークショップに必要なデジタル・データはほとんどなかった。このようなことはよくあることであり、資料の入手に関して過度な期待を持たない方が良い。私たちが入手したデータは、（後で、よりシンプルな分類にまとめた）現在の土地利用データと標高モデル、複数の地区計画、「サルディーナ地域景観計画」内の参考箇所であった。また、学生が現地調査で撮影した数多くの写真と、オンラインで入手できた空中写真も利用した。

　このワークショップでは、最初の2日間に、研究対象地域（図8.3）について幅広く説明を行った。私たちは、地域の歴史や現状、いかに都市が機能しているのか、現在の課題、将来変化について学んだ。これらの情報は、地元の専門家らによる各20分間の簡潔な発表と質疑応答を通じて得られた。そして、私たちは対象地域をバスと徒歩で巡る半日ガイドツアーに参加し、現地の環境に対する理解を深めた。

プロセス、評価

　私たちは学生を10のプロセス－評価チームに分け、チーム別に地域の将来にとって重要と考えられるプロセスを評価させた。それらは、動植物の生息地や可視的景観、文化・レクリエーションの景観、住宅開発、ツーリズム、交通、水文、加えてドイツ人学生の関心から、地熱エネルギー、太陽光・風力エネルギー、バイオマス・エネルギーについてである。各チームは、2つの成果物を提出することが求められた。1つ目は、チームが重視するプロセスで非常に重要な要素（つまり、保全の対象）を緑色で、逆にプロセスに対して脆弱な地区（つまり、改善が必要）を赤色で示した地図を、透明のフィルムに手描きした2色塗のシンプルな地図である。なお、評価と関係ないと思われる地区は色付けされていない。

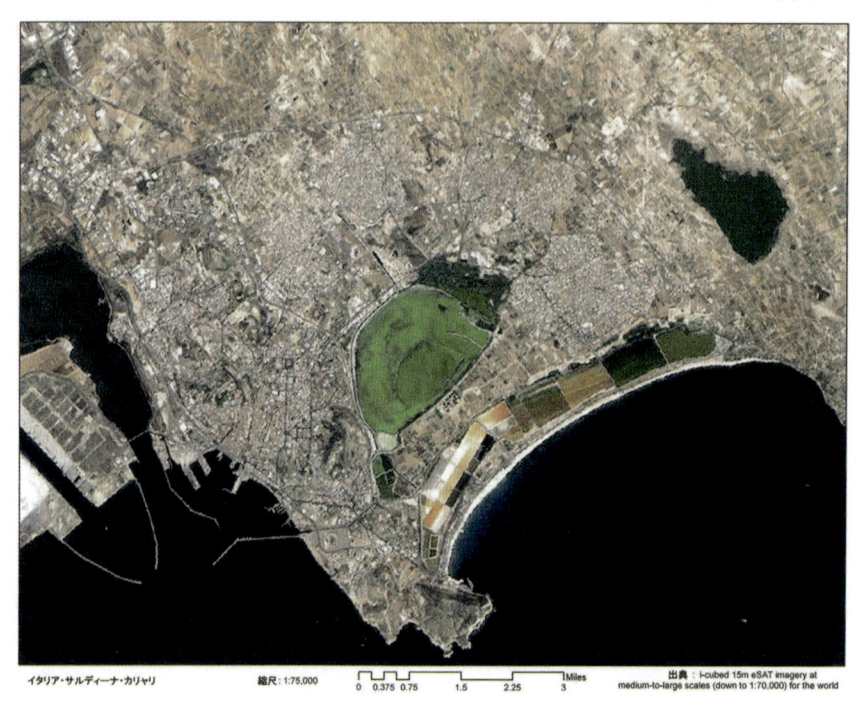

図8.3　カリャリ大都市圏

第 8 章　不確実性とジオデザイン

　チームの 2 つ目の成果物は、番号が付与され地理的参照が可能なダイアグラムである（図 8.4）。ダイアグラムには、重要地区の保全もしくは脆弱地区の再生によってプロセスを変えるためのプロジェクトや指針に関するアイディアが書き加えられている。こうした内容を 10 チームそれぞれ異なる色を使用して薄いフィルムに描いた。各グループは、変化－デザインでの事前評価として、重要度やプラス効果の程度に応じてそれぞれのプロジェクト案を順位付けた。

　ジオデザイン研究において、色彩コードや図の縮尺、表現方法の統一は非常に重要である。この点を強調してもしすぎるということはない。まとめ役が、ジオデザイン・チームまたは専門家グループであるのか、ワークショップ形式または大学でのスタジオ形式であるのかに関わらず、参加者や外部からの出席者が、個々の成果を素早く理解できなければならない。この目標を達成するためには、グラフィックの共通言語は不可欠である。なお、はじめのダイアグラムは雑に見えるが急いだ訳ではない。こうした図のグラフィックとしての質は、時間的制約やデータ管理・表現方法の技術的制約に依るものであり、その背後にある考え方の質とは関係がないことを付け加えておく。

　この段階の終わりに、10 のプロセス－評価チームは、担当したプロセスをどのように理解したのか、保全と再生を優先すべき地区をどのように決定したのか、プロジェクト案の順位はどのようなものであったか、について簡潔に発表した。ワークショップの全グループは、後の変化ステージにおいて自分たちが異なるチームに配属されることを念頭に、これらの発表を聞くことになる。1 人 1 人が幅広い知識を持つことが、全てのプロセスを最もうまく統合するために必要となる。本ワークショップの冒頭で講演を行った地元の専門家も発表に同席した。地元の専門家は学生チームと面談し、意見を述べ、改善案を

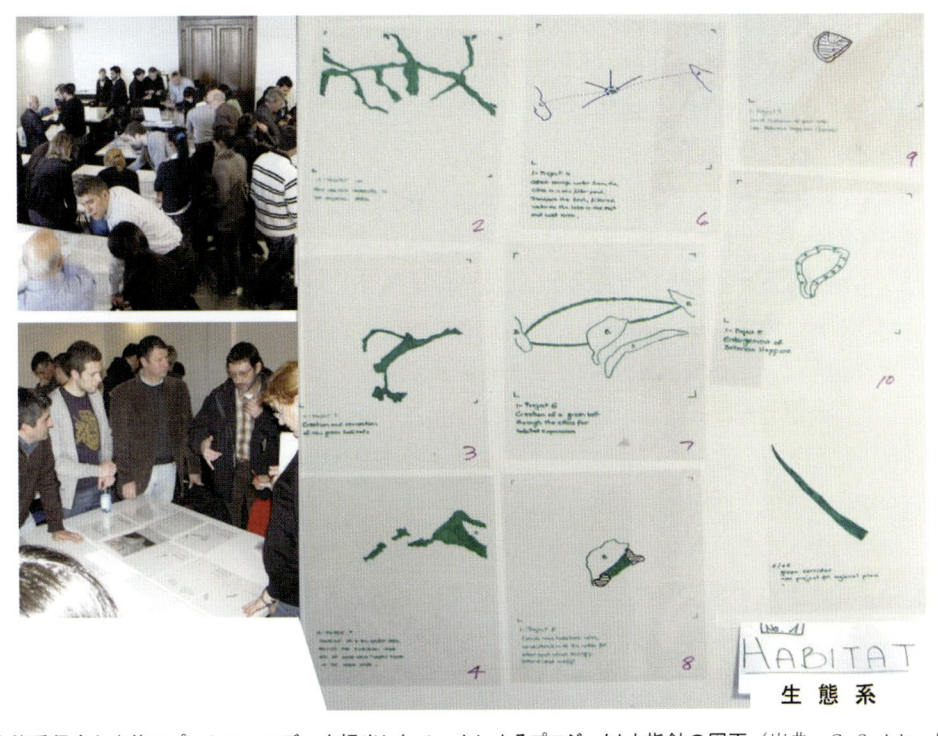

図 8.4　生態系保全と改善のプロセス・モデルを担当したチームによるプロジェクトと指針の図面（出典：C. Steinitz, "Teaching in a Multidisciplinary Collaborative Workshop Format: The Cagliari Workshop," in 2010 FutureMAC09: Alternative Futures for the Metropolitan Area of Cagliari, The Cagliari Workshop: An Experiment in Interdisciplinary Education / FutureMAC09: Scenari Alternativi per l'area Metropolitana di Cagliari, Workshop di Sperimentazione Didattica Interdisciplinare, by C. Steinitz, E. Abis, V. von Haaren, C. Albert, D. Kempa, C. Palmas, S. Pili, and J. C. Vargas-Moreno. (Roma: Gangemi, 2010))

示し、さらなるプロジェクト案を助言した。その後に、修正した評価と提案について、もう一度、チームから簡潔な発表が行われた。ここで、私たちが設定した共通のグラフィックは、その価値を発揮し、説明を繰り返さずとも参加者はその内容をすぐに理解できた。

この時点でワークショップの3日目に入り、全てのプロジェクト案について、その重要度に応じて番号が付けられ、長テーブルの上に体系的に配置された（図8.5）。またこの配置はワークショップの次の段階で多くのプロジェクト案を追加できるようにもした。

◀図8.5 色で分類された全てのプロジェクトが並べられた長テーブル
（写真：Tess Canfield）

変化

　教員は、最初の10のプロセス－評価チームを、異なるチームから選ばれたメンバーから構成される6つのより大きなチームに再編成した。それぞれのチームは、「ステークホルダー・グループ」を代表し、カリャリ都市圏の将来について異なった関心を持つ。その新しい「変化チーム」は、以下の通りである。

1. チーム　A、　環境保全の支持者
2. チーム　B、　住宅、商業、工場の開発業者
3. チーム　C、　再生可能エネルギーを支持する団体
4. チーム　D、　再選を狙う地元議員ら
5. チーム　E、　観光開発委員会
6. チーム　F、　サルディーナ地域景観計画を推進する地域プランナー

　まず、新たな変化チームは、前提となる目標やステークホルダーの要件についてメンバー間で合意を得なければならなかった。そして、クライアントの関心を高める上で、優先すべきプロジェクトや政策シナリオを想定した。全てのチームは、これからの20年間を対象に、それぞれの目標に合ったデザインの作成に取り組んだ。またチームは、4%の人口成長とそれに伴う土地利用変化、可能な限りエネルギーの自給自足に対応しなければならない。チームの最終デザインは、プロセス－評価チームが提示したプロジェクトに加えて、変化チームが提示した修正または追加プロジェクトをベースにする。新規または変更プロジェクトは、前回と同じ図式を用いて描かれた。そして、完成したプロジェクトには番号が付けられ、ほかの人たちが利用できるように長テーブルに並べられた。

　変化チームは、約150番までの番号が付されたプロジェクトの中から15件までのプロジェクトを選別する作業に入った。場合によって、変化チームは特定のプロセスに共通する複数のプロジェクトをまとめ再描画することで、重ね合わせに必要なフィルムの数を減らした。ワークショップでのこの作業にはライトテーブルとしてオーバーヘッド・プロジェクタを、記録用にデジタルカメラを使用するといったローテクだが素早くできる簡単な方法をあえて選んだ（図8.6）。

　その後、各変化チームの1人が、受講生の前で簡潔な発表を行った。デザイン案とそのインパクトを比較し評価するため、他の学生たちは元のプロセス－評価チームに戻った。

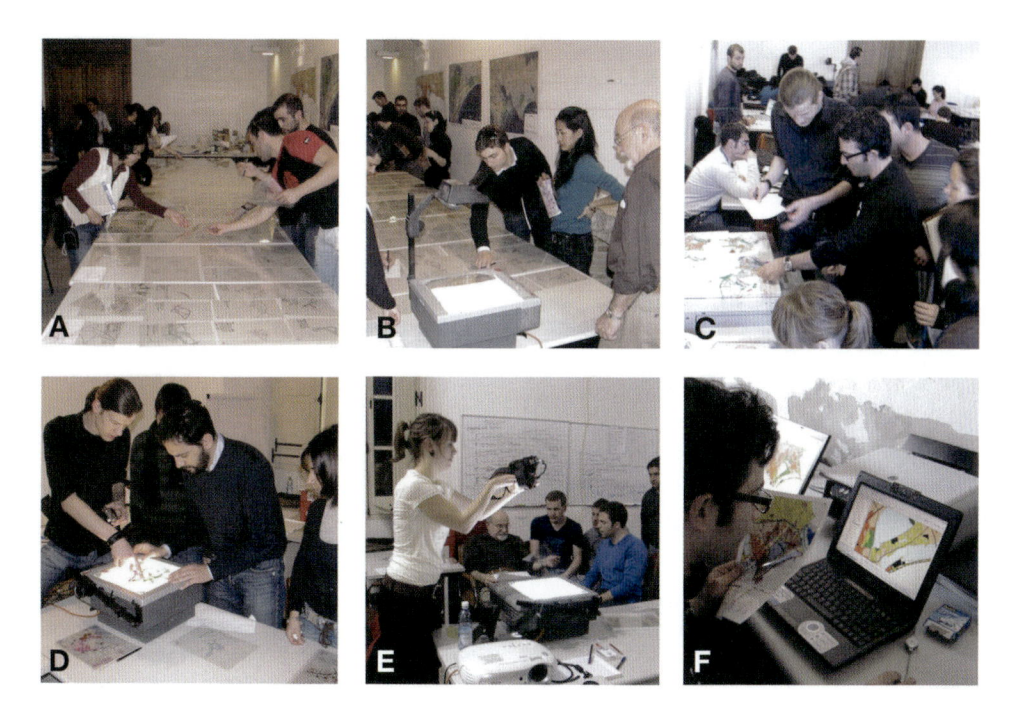

図 8.6　第 1 巡目のデザインに取り組む変化チームの参加者ら（出典：C. Steinitz, "Teaching in a Multidisciplinary Collaborative Workshop Format: The Cagliari Workshop," in 2010 FutureMAC09: Alternative Futures for the Metropolitan Area of Cagliari, The Cagliari Workshop: An Experiment in Interdisciplinary Education / FutureMAC09: Scenari Alternativi per l'area Metropolitana di Cagliari, Workshop di Sperimentazione Didattica Interdisciplinare, by C. Steinitz, E. Abis, V. von Haaren, C. Albert, D. Kempa, C. Palmas, S. Pili, and J. C. Vargas-Moreno. (Roma: Gangemi, 2010))

インパクト、決定（第 1 巡目）

インパクト・アセスメントにおいて、プロセス－評価チームが 6 つのステークホルダーの各変化モデルを六分位スケールで評価する。このスケールは簡単なものではあるが、評価チーム内での十分な議論と決断が求められる。チームは以下のように得点を配分した。

- ＋3 は、プロセスに最も良好な状況を表す。
- ＋1 は、相対的に良好な状況を意味する。
- 0 は、変化なしを意味する。
- －1 は、相対的に悪い状況を意味する。
- －3 は、極めて悪い状況を意味する。
- －5 は、そのプロセスが「損失」したことを意味する。

－5 点に値するインパクトの例をあげると、あるプロジェクトが、不用意にもカリャリのフラミンゴの生息地を壊してしまった場合にあった。全ての評価得点をホワイトボード上にチャート形式で書き出した。緑色の丸で囲まれた得点は 6 つの案のうち最も良かったチームを示し、赤色の丸で囲まれた得点は相対的に悪い結果がみられたチームを表す（図 8.7）。

このインパクト・アセスメントの図は、ワークショップの参加者全員が閲覧できるが、公開討論では発表されない。むしろ、これは、第 2 巡目においてデザインが改善されることを期待して、変化チームとインパクト評価チーム同士がそれぞれ話し合うことを意図したものであった。特に、赤丸を得た項目に関しては特別な配慮が求められた。デザインとその比較評価を行った第 1 巡目では、特定のステー

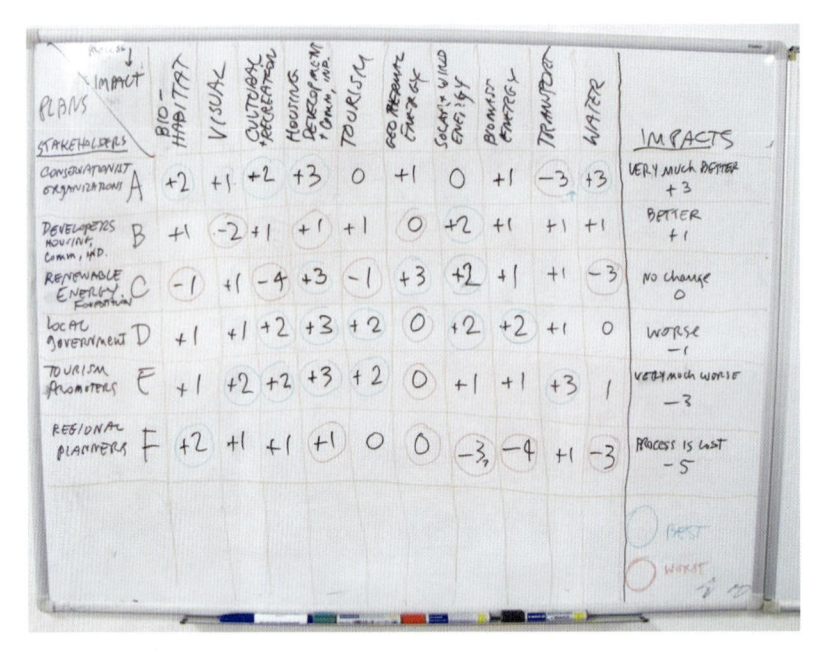

図8.7 6つのデザインに対する第1巡目のインパクト評価（出典：C. Steinitz, "Teaching in a Multidisciplinary Collaborative Workshop Format: The Cagliari Workshop," in 2010 FutureMAC09: Alternative Futures for the Metropolitan Area of Cagliari, The Cagliari Workshop: An Experiment in Interdisciplinary Education / FutureMAC09: Scenari Alternativi per l'area Metropolitana di Cagliari, Workshop di Sperimentazione Didattica Interdisciplinare, by C. Steinitz, E. Abis, V. von Haaren, C. Albert, D. Kempa, C. Palmas, S. Pili, and J. C. Vargas-Moreno. (Roma: Gangemi, 2010))

クホルダー・チームによる提案に重点をおいたプロジェクトや複数のチームのデザインで共通するような内容であったプロジェクトにおいて、明らかにその評価が良かったことが、方法面での重要な知見として得られた。プロセス－評価チームから学生を1人ずつ選び、その学生らがプロジェクトをデジタル化しそれをスプレッドシートにリンクさせた。

フィードバック、変化（第2巡目）

4日目、参加者らはステークホルダーごとの変化チームに再編成され、第2巡目の変化－デザインのサイクルに入った。チームはプロジェクトを素早く取捨選択できた。いくつかのチームでは、グループ全員で話し合い、プロジェクトを新しく作成し直したり変更を加えたりした。そして、それらに番号を付け、共用の長テーブルに置いた。新たなデザインのダイアグラムがデジタル化され、プロジェクトのファイル一覧に追加された。それぞれのチームからデザインについて2回目の発表が行われた。そして、プロセスモデル・チームによってインパクト・アセスメントが行われた。その際、全員が共通の図式を十分に理解していたため、発表セッションはスムーズに進行した。

インパクト（第2巡目）

続いて、第2巡目のインパクト・アセスメントが行われた。この時点で、締め切りの直前に短時間で直せる変更を除いて、ほぼ全ての作業が完了していることとなる。ワークショップの5・6日目の最終プレゼンテーション用にすべてのプロジェクトを1つのデジタル・グラフィックスとしてまとめられるように、チームの代表者1名がGISを使ってデザインのデジタル化を行った（図8.8）。

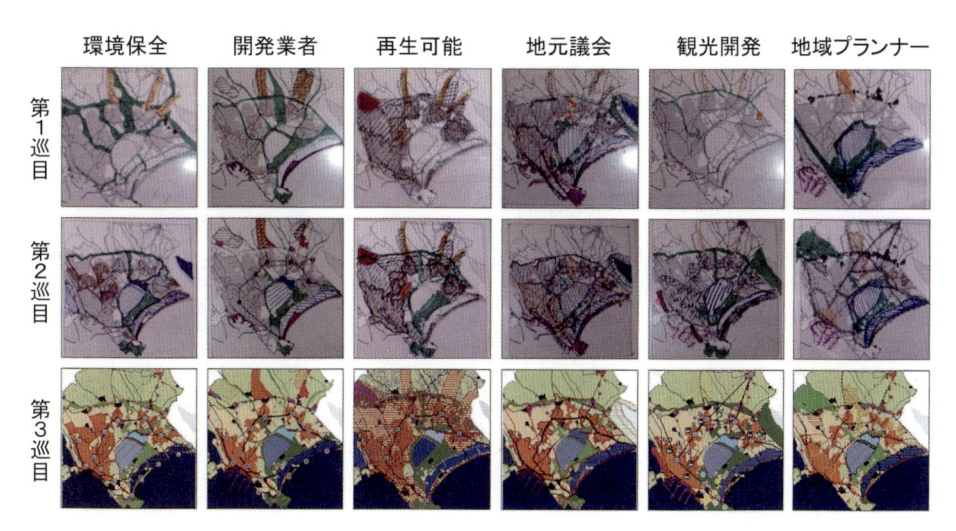

図8.8 6つの最終デザインとその作成段階（出典：C. Steinitz, "Teaching in a Multidisciplinary Collaborative Workshop Format: The Cagliari Workshop," in 2010 FutureMAC09: Alternative Futures for the Metropolitan Area of Cagliari, The Cagliari Workshop: An Experiment in Interdisciplinary Education / FutureMAC09: Scenari Alternativi per l'area Metropolitana di Cagliari, Workshop di Sperimentazione Didattica Interdisciplinare, by C. Steinitz, E. Abis, V. von Haaren, C. Albert, D. Kempa, C. Palmas, S. Pili, and J. C. Vargas-Moreno. (Roma: Gangemi, 2010))

決定（第2巡目）

全体での最終プレゼンテーションに向けて必要な図やその形式が、教員から説明された。それらは以下の通りである。

1. 変化チームの主な考え方を重要なものから順に説明した3～5枚の図
2. 重要なプロセスから順に各プロセスについてプロジェクトを重ね合わせた図
3. 現況を示した図
4. デザインの変更案を示した図
5. カリャリの将来図（現在と将来の状況）
6. 比較用にプロジェクト案と提案する選択的な将来像のみを示したまとめ図

ワークショップの参加者らと以前に参加した地元の専門家ら、カリャリ大学からの多くの教員と学生の前で、各チームはこれらの資料を用いて10分間の発表を行った。最終プレゼンテーションは全てイタリア語で行われた。その後、質疑応答と討論、1～2つの好意的なやり取りが行われた。地元専門家らには、どの案がカリャリ都市圏の将来像として最もふさわしいかを判断するようにお願いした。ある人たちは実際に所属するステークホルダーの利害を反映した選択を行う一方で、他の人たちはより広い視点に立ち個人的な意思による選択を行う場合もあった。

ワークショップの結論に向けて決定モデルに関する議論が中心に行われた。私たちは、ゼロサムゲームをするように6つの案から1つだけを選択すべきなのか、もしくはデザイン案から評価が高かった要素を取り出しステークホルダーの利害をまとめた（おそらく妥協した）新たな統合プランを用意し、より多くの支持が得られる折衷的なデザインを作成すべきなのか。

最終討論において、追加資料を示すためにある作業を短時間で試みた。本ワークショップのまとめ役の1人であるChristian Albertは、それぞれの指針やプロジェクトの要素が、6つの変化モデルに選ばれた回数の頻度分布を評価した。その結果は、コンピュータ上でデザインの要素のスプレッドシートと

第Ⅲ部　ジオデザインの事例研究

モーレンタウルス湿地の保全（6×）　　開放水域と水系システムの保護（6×）

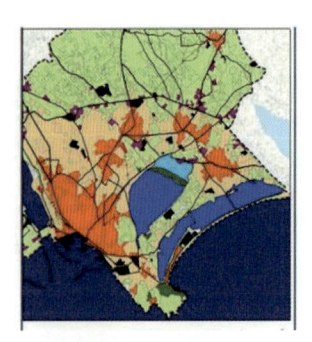

地下鉄・鉄道の新しいネットワーク（5×）　　新しい緑地帯と生息地の接合（4×）

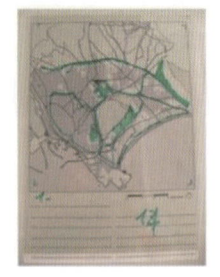

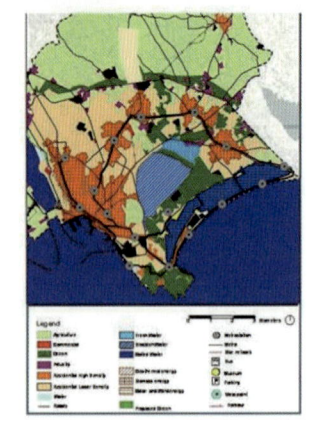

図 8.9　統合デザインとそれに活用した指針とプロジェクト（出典：C. Steinitz, "Teaching in a Multidisciplinary Collaborative Workshop Format: The Cagliari Workshop," in 2010 FutureMAC09: Alternative Futures for the Metropolitan Area of Cagliari, The Cagliari Workshop: An Experiment in Interdisciplinary Education / FutureMAC09: Scenari Alternativi per l'area Metropolitana di Cagliari, Workshop di Sperimentazione Didattica Interdisciplinare, by C. Steinitz, E. Abis, V. von Haaren, C. Albert, D. Kempa, C. Palmas, S. Pili, and J. C. Vargas-Moreno. (Roma: Gangemi, 2010)）

リンクされた。ワークショップのもう1人のまとめ役 Juan Carlos Vargas-Moreno は、最もよく採用された指針とプロジェクトを選択し、それらプロジェクト図を合成したデザインをコンピュータ上で作成した（図 8.9）。

　この合成したデザインを見て議論した後、地元の専門家らとカリャリ大学の教員は、その提案が適当であると、おおよそ同意した。これをもって私たちはこのセッションをまとめ、ワークショップが終了した。最後に、全ての参加者、特に週の終わりには疲れ切ったが充実感に満たされた学生らのために素晴らしいパーティが開かれた。

　このような短期的で集中的なワークショップに際して、まとめ役の教員は、参加者の活動内容の組み立て方に関して、最初から同意してくれていた。私たちは、ワークショップで見当外れな議論に長い時間を費やすことを避けるため、ジオデザインのプロセスを目的に応じた明確なタスクに区分し、それぞれのタスクを決まった短い時間内で終わらせなければならないことを理解していた。私たちは、様々なステークホルダーの利害を基に目標と要件を設定し、そこから複数の案を作成し比較したかったのである。また変化モデルの作成段階で、少なくとも1回はフィードバックと再修正の時間を持ちたかった。この抑制型の手法は、学生チームが置かれた状況の中で、デザイン案を最も効率的に作成できる手法である。抑制型変化モデルを使用せずに学生らに最終デザインを指示したならば、ここまでうまく成功できたかはわからない。

組み合わせ型変化モデル

組み合わせ型変化モデルは、要件が数少ない時や主な目標が少なくかつそれらの重要度が同程度である時に最も効果的である（図 8.10）。デザイン手法としての組み合わせ法は、最終的なデザインに至る決定プロセスにおいて、ジオデザイン・チームやそのクライアントが複数の選択肢から適当なものを判断できないような場合に選択すると良い。

組み合わせ型によるデザインでは、ジオデザイン・チームが最終デザインの参考となるシナリオに対して最も重要となる要件を特定するところから始まる。これらの要件に対して、例えば、将来の高速道路のルート設定のように、様々な解決案があることが多い。1つのセットとして、高速道路の出口と、新しいショッピングセンターおよび高密度住宅地の可能性を考えてみよう。それらの立地と配置に関して複数の案が得られるが、その数はすぐに膨れ上がるので多くを選びすぎてはいけない。それぞれの要件が満たされる範囲の中で、最も極端と考えられるセットが考慮に値する有益なセットである。組み合わせ型手法では、最も重要な要件に対する選択肢を同時に組み合わせることで全ての組み合わせに対する部分的な解決案を提示する。そして、複数の解決案が系統的に評価され1つ（または少数）に絞られ次の段階に進む。

組み合わせ型手法は、通常、将来のシナリオ案を調査するために用いられる。この手法の最大の利点は、デザインをしっかりと練る前に最も重要な要件を確認しておくことで、ジオデザイン・チームが重大な過ちを犯すことを避けられる点にある。しかし、事前に最も重要な要件を特定することが難しいことや、要件を同時に組み合わせて得られるデザインの数が実際にはとても多くなってしまうことが欠点である。

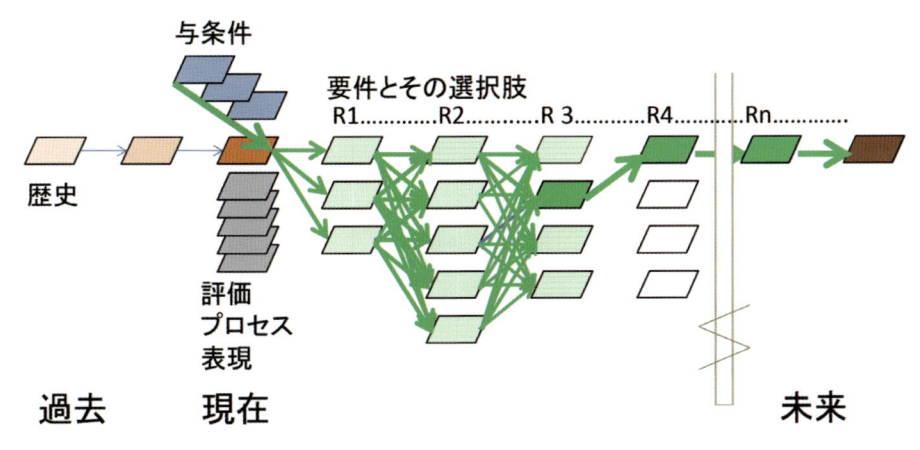

図 8.10　組み合わせ型変化モデル（出典：Carl Steinitz）

イタリア・パドヴァ、ロンカイェッテ公園と産業ゾーン（The Roncajette Park and the Industrial Zone，Padova，Italy）[2]

　この事例研究では、組み合わせ型変化モデルについて紹介する。パドヴァのラ・ゾーナ産業（ZIP）は、イタリアにある最大規模の産業公園であり、そこでは約 25,000 人が就業する（図 8.11）。この ZIP 組合は、ロンカイェッテ公園と呼ばれる大規模な土地を所有する。この公園は、1960 年代、もともと産業ゾーンとパドヴァの旧市街地との境界であったが、2005 年までにその公園としての機能は失われてしまった。ただし、公園は、地域の景観システムにおいて重要なリンクの 1 つとして依然として存続する。パドヴァ市と ZIP はこの土地に新しい公園を建設することを共に認めたが、未確定な部分が多くあった。また ZIP は、最近、ヨーロッパ連合から示された方針に基づき「持続可能な産業地区モデル」として計画を実施することが求められた。

　ZIP とパドヴァ市からの依頼があり、2006 年、私は、Laura Cipriani と Juan Carlos Vargas-Moreno、Tess Canfield と共に、1 学期にわたるスタジオを開いた。そこでは、パルコ・デル・ロンカイェッテと ZIP、周辺の市街地（図 8.11）に対する要件について異なる組み合わせを検証した上でデザインを作成した。この実習は、都市計画学・デザイン学やランドスケープ・アーキテクチャ、建築を専攻するハーバード・プログラムの学生 13 名による共同実習として自主運営された。学生によるデザインは、地元での集中討論における中心的な題材として期待されていた。ZIP とパドヴァ市は、自らのデザインを依頼する前に前提や要件、選好を明確にするために提案書を必要とした。問題が複雑であり、要件とその選択肢の組み合わせも多く、時間的な制約もあることから、ジオデザイン・チームは組み合わせ型変化モデルを採用し、それを 1 つ以上のスケールに適用することで複数のデザイン案を作成した。

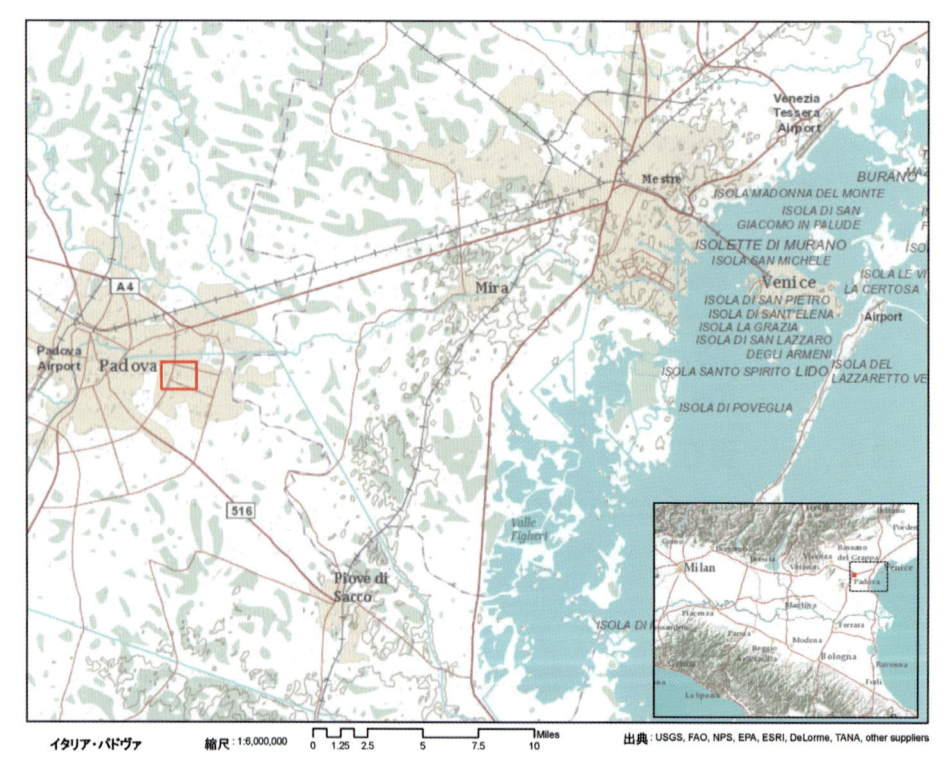

図 8.11　ロンカイェッテ公園とパドヴァ産業ゾーンを含む研究対象地域

表現、プロセス

都市排水とZIP産業によってかなり汚染されたロンカイェッテ川および大規模な治水用の運河はともに対象地域内を通り、近くのベニス湿地に流れ込んでいる（図8.12）。汚染を軽減させる計画はあるが、未だに実行されていない。ロンカイェッテの敷地内には、市の下水処理場やベニス湿地のアナログモデル、住宅地および農地がある。パドヴァ市は、これまでに数多くの小さな「緑地」を結び付ける「緑地空間戦略」の採用や、既存の地元空港の将来の再考を行ってきた。その一方で、ZIPは、その敷地を近隣の農地へと大幅に拡張することを計画していた。その結果、市の景観・地域インフラストラクチャ計画において大規模な新しい公園が計画されると同時に、一方で隣接する産業ゾーンは生態保全の観点から見直され、さらにその隣接地では別の産業ゾーンが計画されることとなった。

図8.12 ロンカイェッテ公園と産業ゾーン（出典：C. Steinitz, L. Cipriani, J. C. Vargas-Moreno, and T. Canfield. Padova e il Paesaggio-Scenarui Futuri peri il Parco Roncajette e la Zona Industriale / Padova and the Landscape—Alternative Futures for the Roncajette Park and the Industrial Zone. (Cambridge, MA: Graduate School of Design, Harvard University, Commune de Padova and Zona Industriale Padova, 2005)。写真はZIPによる）

評価

パドヴァに関する最初の説明会と現地への訪問が行われた。学生らは、その最中に行われた会議や討論を受けて、プロジェクトや指針の参考となる観察結果や評価内容、アイディアの一覧を用意した。また事前に用意されたデータの見直しが行われた。現地訪問の終わりには、学生から250ものプロジェクトや指針の可能性が示された。カリャリの事例研究と同様に、それぞれの内容を簡単な手書きダイアグラムで表現した（本章前半の図8.5を参照）。

ハーバードに戻ってから、私たちは（Juan Carlos Vargas-Morenoが以前にデザインした）デジタル処理手法を用いてダイアグラムの保存や出力を行った。指針とプロジェクトに関するダイアグラム全てがデジタル化され、「プロジェクト一覧」のエクセルのスプレッドシートに入力された。それぞれのプロジェクトの固有番号や提案者名、そのプロジェクトが特定地域の物理的な変更を含めたものであるか、指針であるかを一覧にした。また各プロジェクトは、その意思決定レベルや、交通、産業、水文、遺産、ユーティリティ、生態といった様々な指針との関連性に応じて分類された。そして、デジタル化された全てのプロジェクトと指針のダイアグラムは、ArcGIS内で利用できるよう別々のレイヤに整理された。学生は、重ね合わせ順にスプレッドシート上のレイヤの番号を単純に選択するだけで、必要に応じてすぐに様々なダイアグラムの組み合わせを作成できた。

変化

次に、ZIPとパドヴァ市が求める最も重要な変更点に関して数多くある選択肢の組み合わせを基に検討した。例えば、都市スケールでは、緑地空間の結合システムを形成できるような可能性のあるプロジェクトを重ね合わせた（図8.13Aの例を示す）。また、私たちは、市のセントラル・パークとしてロンカイェッ

第Ⅲ部　ジオデザインの事例研究

テ公園の新たなアイデンティティを作り出せるように、潜在的な取り組みに関するダイアグラムを組み合わせた（例を図 8.13B に示す）。このような作業と最初に行った作業を基に、学生は単純なダイアグラムではあるが最も重要な課題に対して数多くの解決策を短時間でまとめ視覚化し、検討できた。

さらなる検討の中で、受講生らは組み合わせ型変化モデルを活用し、最も重要な要件に対して戦略的なダイアグラム・デザインを作成した。スタジオ内での議論を通じて、学生はデザインを比較検討し、その後、各変化チーム内で異なるプロジェクトと指針の選択肢を組み合わせて 3 つのシナリオを作成する作業を行った。これを私たちの最初のデザインとして ZIP とパドヴァ市からの出席者に提示しフィードバックを求めた。全員が、全てのデザインにおいて 6 つの与条件を解決すると同時に 6 つの優先度の高い要件に対する候補を統合しなければならないことに同意した（図 8.14）。

これらの与条件と要件を決定し、より詳細な完成デザインとして 3 つの組み合わせ戦略（A と B、C）が作成された（図 8.15A と B、C）。

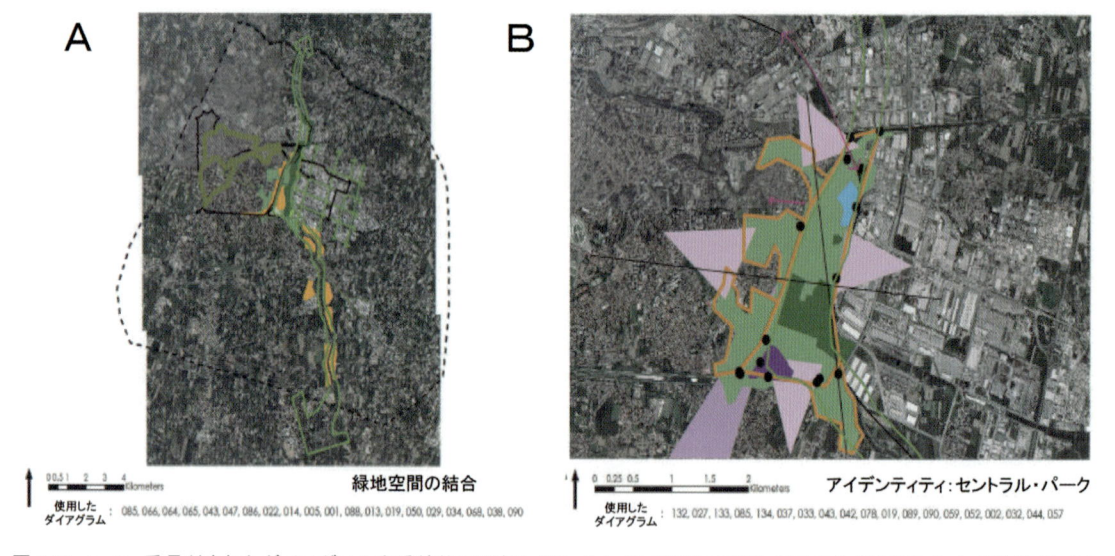

図 8.13　A・B　番号付されたダイアグラムを系統的に選択し組み合わせて複数の変化の可能性を検討した上でデザインされた都市スケールでの緑地空間の結合と新しいセントラル・パーク（出典：C. Steinitz, L. Cipriani, J. C. Vargas-Moreno, and T. Canfield. Padova e il Paesaggio-Scenarui Futuri peri il Parco Roncajette e la Zona Industriale / Padova and the Landscape—Alternative Futures for the Roncajette Park and the Industrial Zone. (Cambridge, MA: Graduate School of Design, Harvard University, Commune de Padova and Zona Industriale Padova, 2005))

第8章 不確実性とジオデザイン

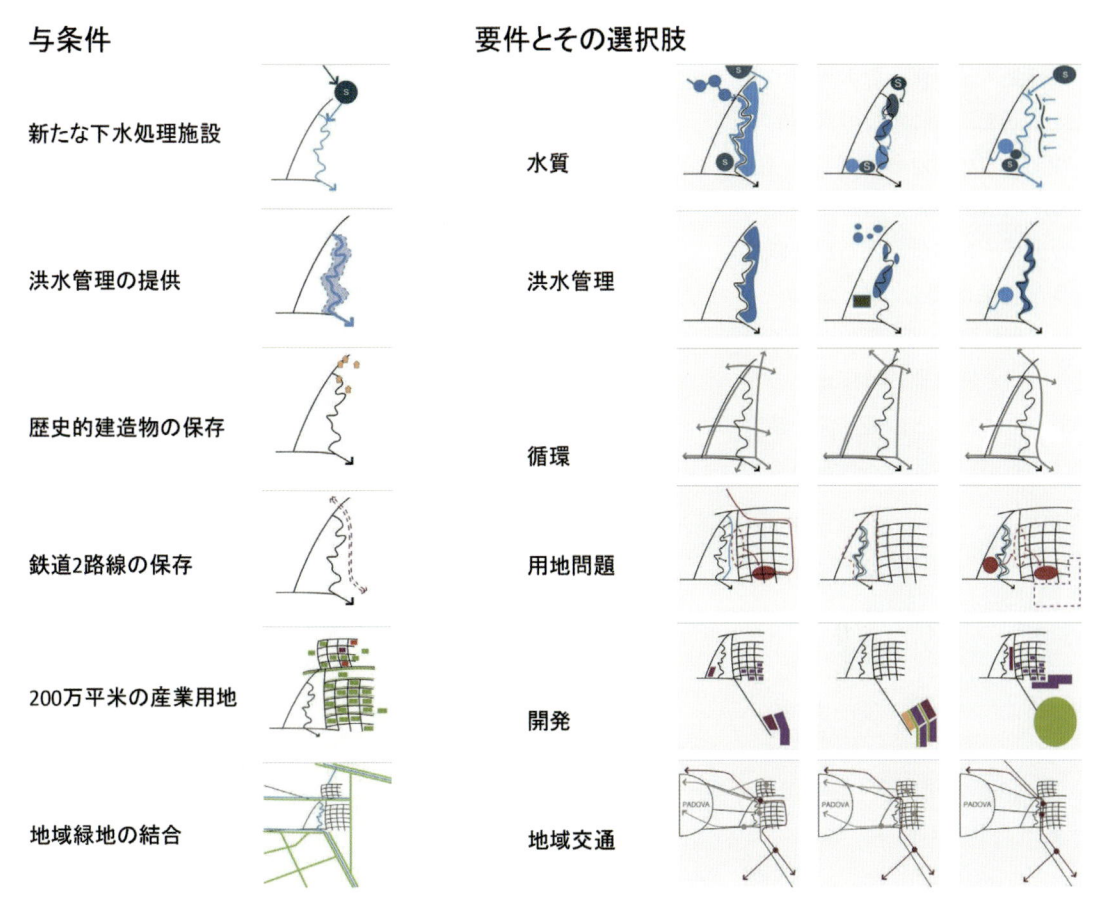

与条件

- 新たな下水処理施設
- 洪水管理の提供
- 歴史的建造物の保存
- 鉄道2路線の保存
- 200万平米の産業用地
- 地域緑地の結合

要件とその選択肢

- 水質
- 洪水管理
- 循環
- 用地問題
- 開発
- 地域交通

図8.14 6つの与条件と6つの要件が組み合わされて3つのデザイン案が得られた（出典：C. Steinitz, L. Cipriani, J. C. Vargas-Moreno, and T. Canfield. Padova e il Paesaggio-Scenarui Futuri peri il Parco Roncajette e la Zona Industriale / Padova and the Landscape—Alternative Futures for the Roncajette Park and the Industrial Zone. (Cambridge, MA: Graduate School of Design, Harvard University, Commune de Padova and Zona Industriale Padova, 2005)

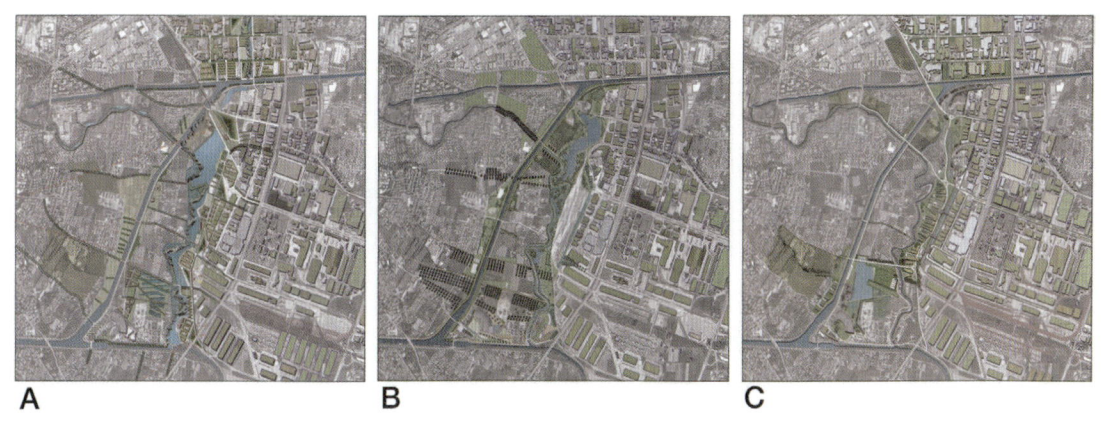

A   B   C

図8.15 A・B・C ZIPとロンカイェッテ公園についてのシナリオAとB、Cに基づくデザイン（出典：C. Steinitz, L. Cipriani, J. C. Vargas-Moreno, and T. Canfield. Padova e il Paesaggio-Scenarui Futuri peri il Parco Roncajette e la Zona Industriale / Padova and the Landscape—Alternative Futures for the Roncajette Park and the Industrial Zone. (Cambridge, MA: Graduate School of Design, Harvard University, Commune de Padova and Zona Industriale Padova, 2005))

インパクト

プロセス—評価の際の元々の学生チームで、3つの案の潜在的な影響を質的な面から評価した（図8.16）。この方法で測定された3つのデザインには、ある程度似たような結果が得られた。しかし、予想に反して、これらのデザイン案の費用と便益間には反比例の関係がみられたことは興味深い結果ではあるが、さらなる議論が求められた。

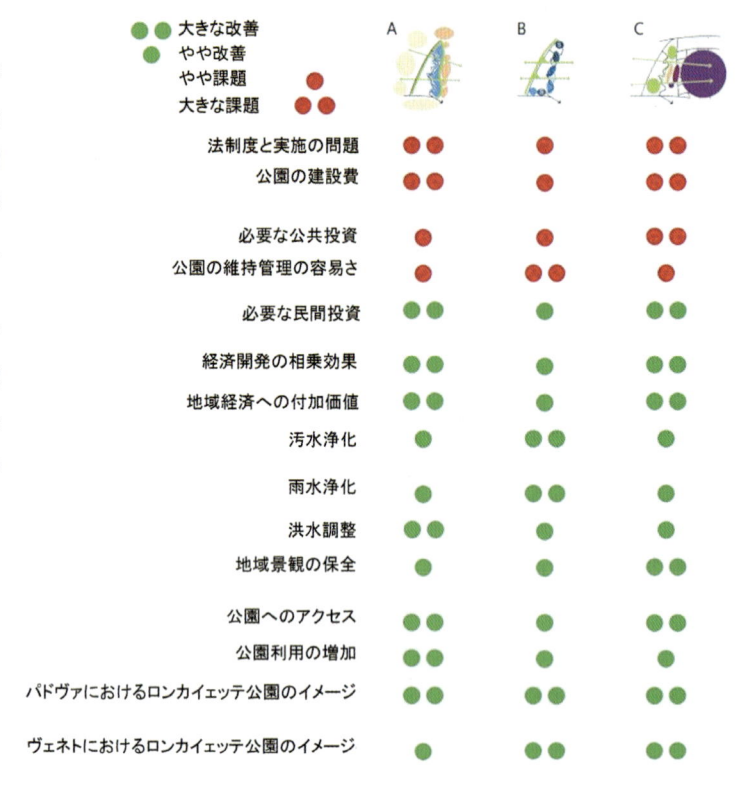

図8.16 3つのデザインのインパクト評価 （出典：C. Steinitz, L. Cipriani, J. C. Vargas-Moreno, and T. Canfield. Padova e il Paesaggio-Scenarui Futuri peri il Parco Roncajette e la Zona Industriale / Padova and the Landscape-Alternative Futures for the Roncajette Park and the Industrial Zone. (Cambridge, MA: Graduate School of Design, Harvard University, Commune de Padova and Zona Industriale Padova, 2005)）

決定

イタリアに戻り、パドヴァの住民に成果を発表する貴重な機会を持った。商店街のメインストリートであるヴィア・ローマに面したガラス張りの入口を持った展示ホールで、1か月間、デザインとその評価内容が展示された。展示期間中、非常に多くの人たちにデザインを見て頂いた。一方で、市とZIPの代表者、実習チームで関係者内部のミーティングが開かれ（図8.17）、それぞれの案に関して徹底的に議論し比較した。

これらの議論の中で、主にシナリオCをベースに他の2つのデザイン要素も組み合わせた第4のデザインが提案された。3案のデザイン要素は、コンピュータ上での共有や重ね合わせができるように別々のデジタル・ファイルとして保存されている。そのため新しいデザインを容易に作成でき、全員で閲覧できる（図8.18と8.19）。

ミーティングでは、熟考と議論をさらに重ね、この第4のデザイン案が他の3案よりも優れていると考えられた。この案を、ZIPとパドヴァ市は、公園と産業地区の「緑地」改良のデザイン戦略の基礎として受け入れた。デザインの主な特徴は、産業地区の改良、特に水管理やエネルギー生産、都市的な景観である。新たな地域鉄道路線が追加されるとともに、ロンカイェッテ公園はより小さなセントラル・パークとして作り直され、工業地区に隣接する敷地は新規の工科大学とZIPの本部ビルとして活用される。その後、パドヴァ市とZIPはこのデザイン戦略を気に入り採用となった。この案は、工業団地の50周年記念に向けた事業として実施されている。

第 8 章　不確実性とジオデザイン

図 8.17　ZIP での展示会と会議（出典：C. Steinitz, L. Cipriani, J. C. Vargas-Moreno, and T. Canfield. Padova e il Paesaggio-Scenarui Futuri peri il Parco Roncajette e la Zona Industriale / Padova and the Landscape—Alternative Futures for the Roncajette Park and the Industrial Zone. (Cambridge, MA: Graduate School of Design, Harvard University, Commune de Padova and Zona Industriale Padova, 2005)）

図 8.18　現在の状況（出典：C. Steinitz, L. Cipriani, J. C. Vargas-Moreno, and T. Canfield. Padova e il Paesaggio-Scenarui Futuri peri il Parco Roncajette e la Zona Industriale / Padova and the Landscape—Alternative Futures for the Roncajette Park and the Industrial Zone. (Cambridge, MA: Graduate School of Design, Harvard University, Commune de Padova and Zona Industriale Padova, 2005)）

図 8.19　色付けされた部分が ZIP とロンカイェッテ公園に対して決定されたデザイン戦略（出典：C. Steinitz, L. Cipriani, J. C. Vargas-Moreno, and T. Canfield. Padova e il Paesaggio-Scenarui Futuri peri il Parco Roncajette e la Zona Industriale / Padova and the Landscape—Alternative Futures for the Roncajette Park and the Industrial Zone. (Cambridge, MA: Graduate School of Design, Harvard University, Commune de Padova and Zona Industriale Padova, 2005)）

145

数多くの要件やその選択肢が複雑に込み入っており、時間やプロジェクトの管理が問題であったために、組み合わせ型のデザイン手法が、ジオデザイン・プロジェクトにおいて最良の選択であった。この研究は、学生部会によって運営されることが当初から企画され、約1か月にわたり、部会が順に計画全体に対する責任を持った。最初の部会チームは、変化モデルをいかにして選択するかを検討した。この際に、私は、学生が直面していたジオデザインの課題に対して適当と思われる複数のデザイン手法の可能性について教授した。こうしたいくつかの案を議論した後、学生自らが、デザインの初期段階で、組み合わせ型の選択モデルを用いると判断した。ZIPとパドヴァ市の代表がハーバードを訪問した際に、彼らが与条件と要件、その選択肢（のちに3つのデザイン案へと発展する）を明確にする上で、組み合わせ型モデルが使えることを学生たちは分かっていた。時間的な制約が大きい中で、この方法は効果的であったし、とてもいい成果が得られた。

【注】

1. C. Steinitz, "Teaching in a Multidisciplinary Collaborative Workshop Format: The Cagliari Workshop," in *2010 FutureMAC09: Alternative Futures for the Metropolitan Area of Cagliari, The Cagliari Workshop: An Experiment in Interdisciplinary Education / FutureMAC09: Scenari Alternativi per l'area Metropolitana di Cagliari, Workshop di Sperimentazione Didattica Interdisciplinare*, by C. Steinitz, E. Abis, V. von Haaren, C. Albert, D. Kempa, C. Palmas, S. Pili, and J. C. Vargas-Moreno. (Roma: Gangemi, 2010).

2. C. Steinitz, L. Cipriani, J. C. Vargas-Moreno, and T. Canfield. *Padova e il Paesaggio-Scenarui Futuri peri il Parco Roncajette e la Zona Industriale / Padova and the Landscape—Alternative Futures for the Roncajette Park and the Industrial Zone.* (Cambridge, MA: Graduate School of Design, Harvard University, Commune de Padova and Zona Industriale Padova, 2005) [A. Adeya, C. Barrows, A. H. Bastow, P. Brashear, E. S. Chamberlain, K. Cinami, M. F. Spear, S. Hurley, Y. M. Kim, I. Liebert, L. T. Lynn, V. Shashidhar, J. Toy]

第 9 章　ルールが所与の場合のジオデザイン

　本章の 4 つの事例研究：ルール型、最適型、エージェント・ベース型、そして 混合型は、全て何らかの意味でルールに基づいている。典型的なルールに基づいたアプローチでは、ジオデザイン・チームはデザインを開発するための一連の形式的なルールを一連のコンピュータ・アルゴリズムとして特定する必要がある。これらのルールは、脆弱性の評価基準に基づくものであってもよく、変化への制約として働く－例えば、「ハチドリ（あるいはその他の保護されている鳥類）の生息環境のために、サンペドロ上流部集水域の水辺のハコヤナギ植生を保全する」といったものである。あるいは、それらは魅力度の評価基準に関連しているものでもよい－例えば、「住宅は、平坦で水はけの良い、舗装された 2 車線道路より 20m から 100m の土地に建設する」というように。

　ルール型土地利用変化モデルの最も単純な形式は、"build-out" 分析として一般に知られている、全ての法的に開発可能な土地が開発されるとシミュレートするものである。ラ・パズにおける将来選択肢をルール型アプローチで行った研究では、開発はいくつかの土地利用について、様々なルールからなる政策の制約下で、土地への支払能力に基づいて、一連のルールによる分配によって配分された。例えば、「先手」政策は、最も貴重な種の生息域を開発から除外し、最も好まれた景観とその内部を開発から除外した。これらの政策は現行ではいずれも存在しないため、これらのルールは期待されるものであり、これらによって発生するシナリオは基本的に空間的政策の実験である。これにより、手で描くのが実用的とされたものよりもずっと精緻で空間的に詳細な政策の概念化と検証が可能になる。そのため、これはジオデザインの大黒柱となっている。

　第 2 の共通はしているが異なるルール型アプローチを使った変化シミュレーションでは、モデルの値を 1 つの指標、しばしば金額に変換する。これにより、最適化を可能にする。後述するテルライド地域における最適型の事例研究では、異なるレベルの経済力を持ち、景観要素への近接性に異なった経済的価値を置く不動産の 2 つの二次市場の間の相互作用を、より高度なルールを用いてシミュレートした。「別荘」市場は環境とスキー場への近接性に非常に敏感であり、地価と学校へのアクセスには鈍感であった。これに対し、一般住宅市場は価格に非常に敏感であり、季節的訪問者が重視しないようなコミュニティの資産へのアクセスを重視していた。この場合、不動産の二次市場の概念モデルは、地元のプランナーやその他のステークホルダーとの相談によって作成され、可視領域分析や通行時間分析を使って実施され、1 筆レベルの開発履歴と不動産取引データによって検証された。一般に、この形式のルール型アプローチは過去のデータを用いて変化モデルをキャリブレートすることで、具体的な文化的・地理的な対象地域の典型的な人間行動をシミュレートする。

　エージェント・ベース型モデルはルール型モデルから多くの性質を受け継いでいる。特に、それらは過去のデータによってキャリブレートされた明文化されたルールを持っているか、意図的に政策変化を含んでいる。しかし、エージェント・ベース型モデルは、それらが現実世界の物体や人を模倣するよう作られたコンピュータのエージェントに包括的に組み込まれている、ということによって区別される。それぞれのエージェントは独立しており、彼らは相互に影響するという点で社会的であり、彼らは彼らの環境と相互作用し、彼らは目的志向である。エージェントはしばしば歴史を持ち、それらから「学び」、その適合度あるいは行動は個別レベルで異なると仮定されている。

ルール型変化モデル

　ルール型変化モデルは一般に空間的には高度であるが行動様式は単純である。人々または土地利用は、行動様式のクラスに分類される。各クラスの構成員は場所や位置的な条件に影響されるが、同一の条件を与えられれば決定論的に同一の行動をとる。ルール型変化モデルを実施する上で、様々な工程で費やされる相対的な労力はその他の方法と異なる。ルールの構築や検証は複雑で、ときに困難なプロセスである。例えば、一般的なモデルが存在する場合でも、それらはほぼ全ての場合、その場所にあわせたキャリブレーションが必要であり、また均一の精度を持った過去の空間的データはほとんど存在しないことがある。それでも、いったんルールが構築されれば、ルール型モデルは実行し、調整することが容易である。何十、何千という繰り返しが自動化でき、「感度分析」を行うことができる。体系的にまた迅速に、政策のスケール、場所、時間の異なるバリエーションを発生させ、検証できるのは、このアプローチの重要な利点である。

　それぞれの要件のルール（図9.1では異なる色の矢印で表現されている）は継続的アプローチと同様に一連のデザイン決定にて合成される。しかし、ルールは評価に依存するように構築することもでき、その場合はより複雑な構成となる。

　ルール型アプローチはしばしば一連のコンピュータ・アルゴリズムによって表現されるために（図9.1の異なる色で示された矢印）、特に、感度分析が一連のルールの仮定や前提あるいは選択のバリエーションに対して実施されるような、実験的な利用に適している（図9.2）。初期の重要なデザイン要件に異なったものを選択すると、大きく異なったデザインに到達する。

メキシコ、バハ・カリフォルニア・スル、ラ・パス（La Paz, Baja California Sur, Mexico）[1]

　この研究は経済動向、人口変化、民間および公共投資、そして公共政策の選択がメキシコ、バハ・カリフォルニアのラ・パス地域の都市成長と土地利用変化に20年間でどのように影響しうるかを調査したものである（図9.3）。この事例研究は、C. Steinitz, R. Faris, M. Flaxman, J. C. Vargas-Moreno, G. Huang, S.-Y. Lu, T. Canfield, O. Arizpe, M. Angeles, M. Cariño, F. Santiago, T. Maddock III, C. Lambert, K. Baird, L. Gondínez, *Futuros Alternativos para la Region de La Paz, Baja California Sur, Mexico/ Alternative Futures for La Paz, BCS, Mexico* (Mexico D. F., Mexico: Fundacion Mexicana para la Educación Ambiental, and International Community Foundation, 2006) より編集したものである。

　ルール型変化モデルを使用して、ラ・パス地域の様々なシナリオが構築された。シナリオは、地元の不動産売却データに基づき、その地域における主要な土地利用についての位置的魅力度を評価したモデルに適用した。それらは2020年までの様々な将来選択肢を推計した。専門家の知識に基づいてつくられたコンピュータ・モデルは将来選択肢の経済的、生態的、水文学的、視覚的なインパクトを評価し、シナリオに埋め込まれた様々な政策的選択の結果を分析するために用いられた。

表現

　ラ・パスはバハ・カリフォルニア・スル州の首都で、ラ・パスを1535年に訪れたスペイン人征服者Hernán Cortezの名をとったコルテズ海のラ・パス湾の沿岸に位置している。この都市は長い歴史を

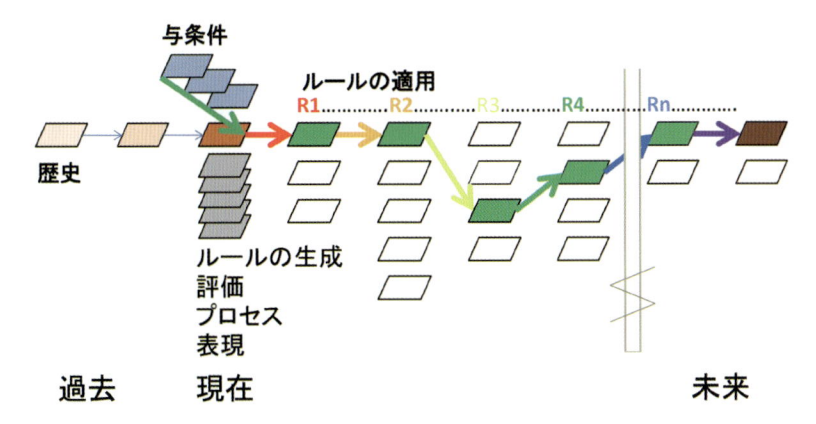

第 9 章 ルールが所与の場合のジオデザイン

図 9.1 ルール型変化モデル（出典：Carl Steinitz）

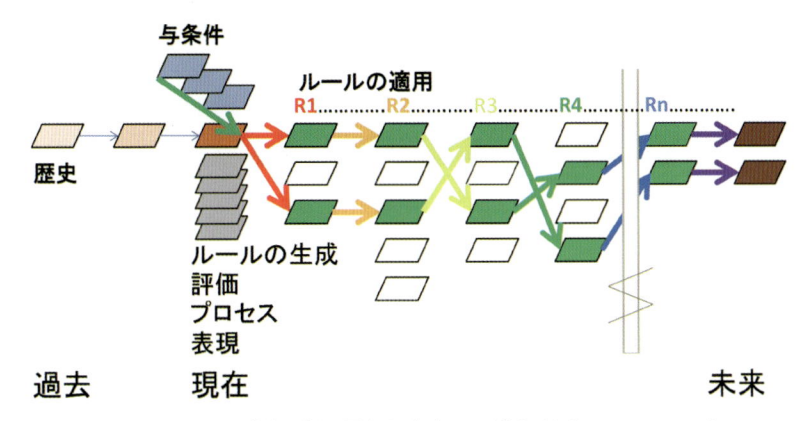

図 9.2 ルール型感度分析は異なるデザインに導く（出典：Carl Steinitz）

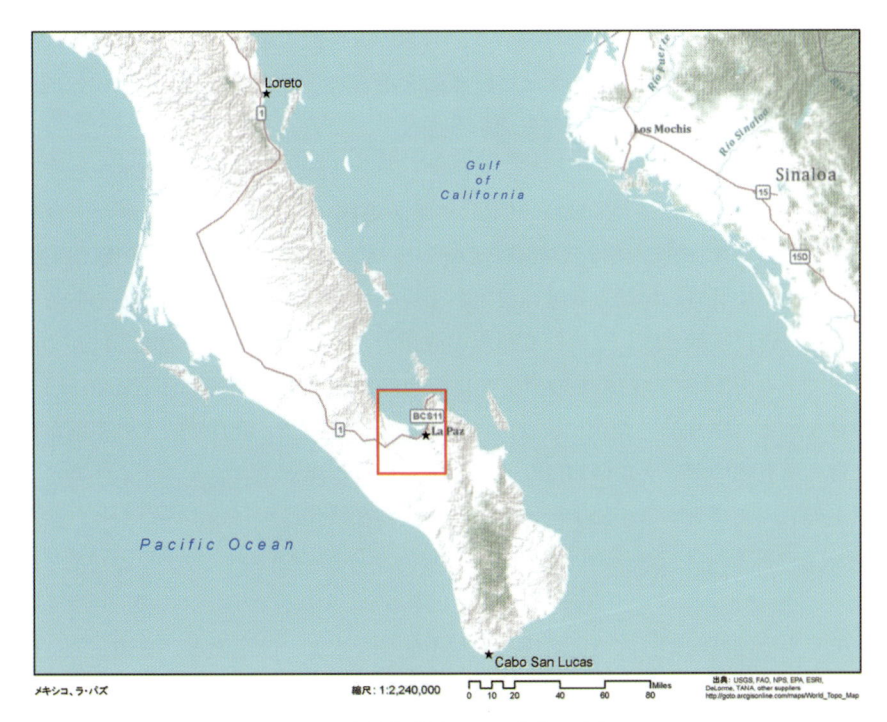

図 9.3 研究対象地域、ラ・パズ、メキシコ

149

図 9.4 メキシコ、ラ・パズ BCS （出典：La Paz geodesign team (2006))、写真：Michael Calderwood)

持ち 2002 年の人口は約 200,000 人である。研究を行った時点また現在も、その多様化した経済は、製造業、農業、商業、不動産業、観光そして公共サービスによって支えられている。ラ・パズ住民の生活の質はその他の国内の地域に比べ非常に良いとされており、街の伝統感と周辺の景観が観光および不動産開発の主たる誘因となっている（図 9.4）。世界中の成長している都市と同様、ラ・パズの意思決定者は数々の挑戦に挑んでいる：十分な飲料水の供給、浜辺や港湾へのアクセスの公共性の確保、街とその周囲の視覚的質の保護、貧困の低減を行いつつ、大量の人口流入を管理し、街の歴史的中心部の経済性を維持し、観光を推進し、新しいアイディアや革新を惹き付け、現在および将来の住民の両方のために開発を管理し、脆弱な海洋および陸上の生態系を保全している。

　この研究は既存の学術研究、データそしてジオデザイン・チームのメキシコ側メンバーの専門的経験に多くを頼った。GIS はデータを空間的に整理し、対象地域で展開している複雑なプロセスをモデル化し表現するために用いた。適切な個人や組織へのインタビューや討論によって研究に情報が提供され、検討すべき保全と開発の戦略の種類と程度の決定および経済的、水文学的、視覚的そして生態的な評価モデルを定義することに貢献した。この取り組みの成果の 1 つは、ラ・パズ地域では初めてのデジタル情報基盤の集成であり、これには初めてのデジタルな 2000-2002 年時点（以下、2000 ＋）の土地利用・土地被覆図が含まれる（図 9.5）。地理データベースの開発の過程で、既存データの不備が明らかになった。例えば、資産所有権のデジタル情報はなく、陸上および沿岸部のエコシステムへのインパクトの概説的モデル以上のものを構築するのに十分に空間的に詳細な情報は存在していなかった。

プロセス

　プロセス・モデルは地域経済、人口、新規土地利用開発、水文、陸上および海洋生態、視覚的質、レクリエーションについて構築された。地域が直面する課題が互いに連関しているのと同様に、コンピュータ・モデルも連関している（図 9.6）。

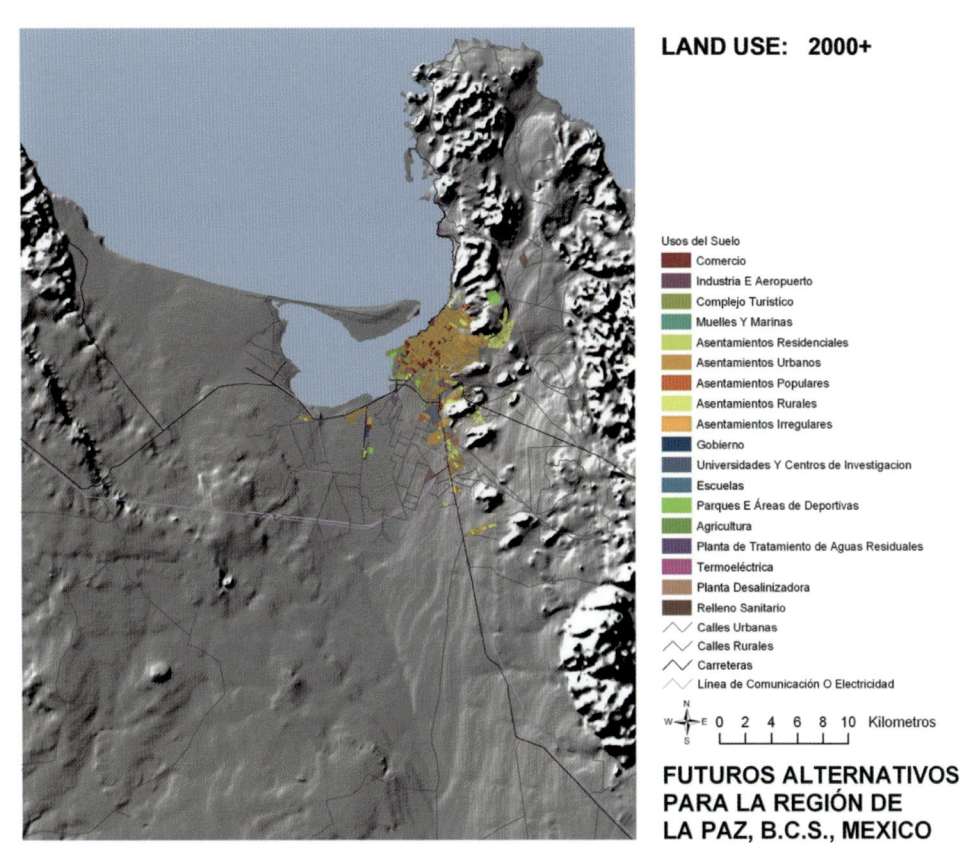

図 9.5　土地利用・土地被覆、2000+（出典：La Paz geodesign team (2006)）

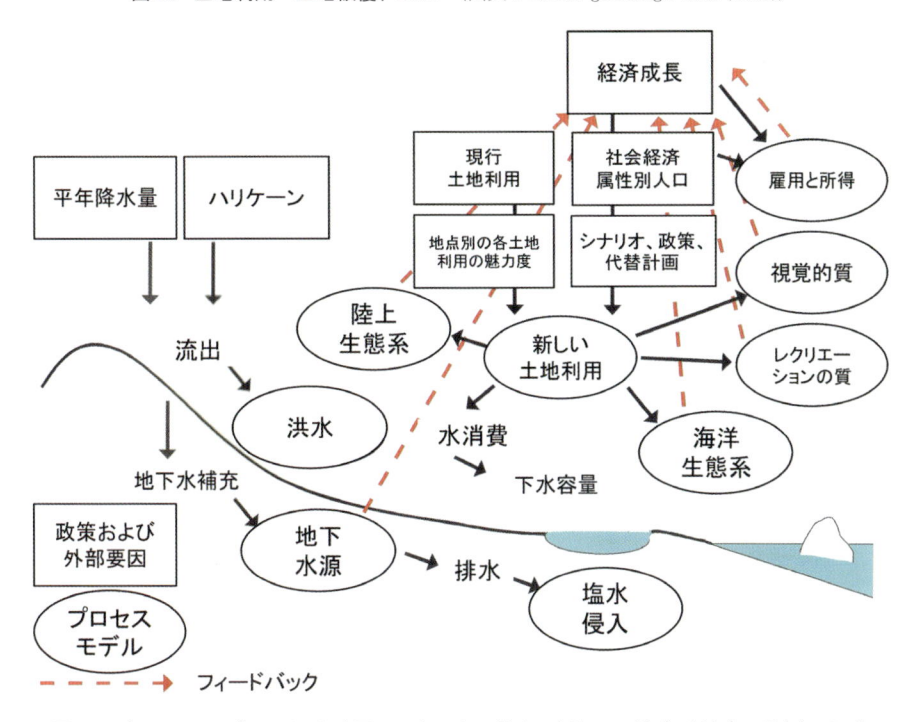

図 9.6　プロセス・モデルのセットは黒で、そのインパクトによるフィードバックは赤で示されている
（出典：La Paz geodesign team (2006)）

経済モデルは地域経済の構成と動向について推計を行った。経済動向は域内総生産と雇用水準で測られた。シナリオは様々な選択肢と連動した人口推計も考慮している。これらの予測は、新しい住宅への需要や商業、工業、そして観光関連の開発の推計値を導出した。

新たな土地利用への開発モデルは、5つの異なる住宅タイプのほか、新たな商業、工業、観光関連の開発にとっての魅力度基準に基づいている。モデルによる評価に従って、対象地域内の経済的に良好な場所へこれらの開発がコンピュータによって配分された。

水文モデルは地下水と地表水の両方を評価した。地下水モデルは、水需要増大による地域の地下貯水量へのインパクトを予測した。それはまた、それぞれのシナリオにおける塩害の程度の場所を特定し、リスクにさらされている民有または公共の井戸の場所を特定した。将来の水需要は、経済および人口の推計に連関するようにした。地表水モデルはハリケーンによる洪水のリスクを評価した。

陸上生態系モデルは地域の植生の生物多様性と生息環境の種別を評価した。海洋生態系モデルは、土地利用変化によるラ・パズのラグーンへの潜在的インパクトを評価した。

視覚モデルは、景観の視覚的質について、地元住民および観光客によって評価された景観選好を定義する、写真による調査結果を用いた。モデルはこれらの選好を対象地域全域の現存する景観選好を描写するために適用し、将来選択肢のそれぞれの変化を計測する基準とした。レクリエーション・モデルはレクリエーション的価値の最も高い場所を特定した。

変化

変化のシナリオは有識者との多岐にわたる討論に基づいており、予見できる限りの未来の最も広い可能性を代表するように設定されている。それぞれのシナリオは20年間を展望しており、2つの10年間の段階からなる。それぞれのシナリオは特定の変数の組み合わせによって定義されている。需要変数は経済推計および人口推計に基づく。供給変数は、異なる制約条件の組み合わせの下で、開発可能と考えられる土地の量と場所を決定する。公共資源の変数は、公共ニーズを満たす投資に費やすことのできる公的資金の見込額に基づく。加えて、インフラ整備計画に関する過程がシナリオごとに異なる。

需要変数は、経済の各主要部門についての異なった成長予測に基づく3つの可能な経済趨勢により定義される。これらの経済趨勢のそれぞれは、現在の人口成長の趨勢と予測された将来の雇用によって、将来の人口成長を予測するサブモデルを含んでいる。

A. 「トレンド成長」は、中程度の経済成長、つまり20年間について平均年率3.2%を仮定し、部門ごとの成長率は直近の過去に観測された成長率を用いた。
B. 「中成長」は、トレンドよりも高い全般的経済成長率を仮定し、より高い人口成長率により、不動産部門の強い動向と商業・サービス部門におけるより高い経済活動を想定する。この仮定は、ラ・パズが地域の教育研究機関を強化することにより経済成長を育み、不動産市場における機会を資本化するとの想定に基づく。
C. 「急成長」は、近隣のロス・カボスの経験と同様な観光業の急成長に基づいている。観光業ははじめの10年間に年率8%、次の10年間に年率4.5%で増加すると仮定されており、商業、サービス、不動産、金融、建設部門の強い成長を伴う。

開発可能な土地は、場所と開発の種類に関する法的制約の実施と、対象地域の環境的、文化的、歴史的、景観的な一体性を維持するための政策によって影響される。可能性は3つあり、順に、より制約

的な供給の基準に基づいている。

1. 「*制限なし*」－現在法的に保全されている土地を含む、全ての土地は開発可能であると仮定されている。新規の開発から除外される土地は、すでに開発されているもの、地表水によって覆われているもの、またはどのような状況下でも開発に適さない土地、例えば毎年洪水の起こる主要アロヨ（涸川）の内部、である。
2. 「*法律*」－現在法的に保全されている土地、および前述「*制限なし*」選択肢ですでに除外された土地、を除く全ての土地が開発可能である。研究時における法的に保全された土地は、カリフォルニア湾の島々、マングローブ植生帯と連邦沿岸ゾーン（Federal Maritime Zone）であった。
3. 「*先手*」－前述「*制限なし*」および「*法律*」で除外された土地に、文化、歴史、景観（visual）、安全、環境の新たな保全政策により追加された地域を除いた、全ての土地が開発可能である。追加された地域には、農用地、ハリケーンによる洪水のリスク地域、洪水の起きやすい全てのアロヨ（涸川）、重要な生物多様性を持った地域、急傾斜地、そして高品質な景観回廊である。

　需要、供給変数に加え、この研究は新たなインフラ整備計画への公的資金の容量に関する2つのシナリオを検討した。それぞれのシナリオは新たなインフラ整備に関する仮定を設けており、それらには現存の道路の改善、新たな道路の建設、洪水対策の堤防の拡大、そして上下水道の拡張である。投資ははじめの10年間で完成すると考え、ただちに土地利用選択に影響し、対象期間に発生する開発パターンに貢献する。

シナリオ構築

　供給、需要、公的資金資源の変数の組み合わせにより、18の可能なシナリオがつくられた。この中より10の重要なシナリオが分析のために選択された（図9.7）。

　シナリオ1と2は想定される地域の変化の極端な両端を代表する。シナリオ1は最も高い経済拡大と人口成長と、最も低い開発制限を想定し、経済成長を促進する高いレベルの公的資金が存在する。このシナリオは最も大きな土地利用変化と最も大きいインパクトをもたらすとともに、全般的な高い経済効果をもたらすと期待される。シナリオ2は、最も低いレベルの人口・経済成長と、および最も制限された保全政策が将来の成長の場所を形作り、政策実行のために高いレベルの政府の資源があることをモデル化している。このシナリオは、環境へのインパクトが最も低く、景観の変化が最も少ないと期待される。その他の8つのシナリオは政策の段階的な変化をもたらし、いくつかの仮定のセットによる感度分析のベースとなる。

シナリオ	経済・人口の変化	公的政策の内容	公的資金容量
1	急成長	制限なし	高
2	トレンド成長	先手政策	高
3	急成長	制限なし	低
4	トレンド成長	制限なし	低
5	トレンド成長	法律	低
6	中成長	制限なし	低
7	急成長	法律	低
8	急成長	先手政策	低
9	急成長	先手政策	高
10	中成長	先手政策	高

図9.7 シナリオ特性の要約
（出典：La Paz geodesign team (2006)）

変化

　それぞれのシナリオの経済推計は、8つの土地利用への新たな需要に変換された：観光、工業、商業そして5つの種類の住宅地である。そしてコンピュータ・プログラムが、対応する政策のセットにより開発が制限される地域を定義した。次に、インフラ整備と開発を促進あるいは抑制する政策に基づいて、それぞれの開発タイプごとに開発魅力度モデルが適用された。プログラムは、はじめの10年間で必要な土地利用を、想定される支払い能力の順に、観光業、工業、商業、そしていくつかの住宅タイプに配分した。このプロセスが次の10年にも繰り返された。

　結果として生じた土地利用パターンは、成長の度合い、成長の方向性、そして成長のパターンによって異なった。図9.8は将来選択肢1を示しており、シナリオ1による2020年までの土地利用変化であり、最も土地利用変化が大きく、高い経済・人口成長、規制されていない土地利用、高いレベルの公的資源を伴う選択であった。

　対照的に、図9.9は対極であるシナリオ2を示しており、低い経済・人口成長、先手的な生態的、レクリエーション的、視覚的資産を保全する公共政策のセットによるものである。2020年の実際の土地利用はこの2つの予測の中間に位置する可能性が非常に高く、経済的背景や政策の選択に依存する。

インパクト

　将来選択肢の新しい土地利用のインパクトは、建設、メンテナンス、当地での一般的な利用、に関連している。これらはプロセス−インパクト・モデルごとに、はじめの10年間の分配、そして20年間の分配について計測された。

　経済モデルは部門別域内総生産、雇用、そして社会経済分類ごとの所得を推計した。

　水文モデルは、それぞれのシナリオについて水需要と土地被覆の地下貯水量へのインパクトを推計し、井戸の塩害リスクを予測した。モデルの地表水の部分は、大きいハリケーンによる洪水のリスク地域を推計した。

　陸上生態系モデルは異なる植生と生息域のカテゴリへのインパクトを評価した。海洋生態系モデルは、それぞれのシナリオにおける土地利用変化がもたらすインパクトを、5つの基準でラ・パズのラグーンに割り当てた：富栄養化、直接的インパクト、間接的インパクト、汚染、そして安定性である。この5つの基準のインパクトの程度を合成して、インパクトの要約指標を作った。

　視覚モデルは将来の開発とその結果生じる景観変化による視覚的選好を評価した。研究チームは現地訪問時に実施した地元住民と観光客のインタビューの記録から得た視覚的選好を用いて、土地利用変化のインパクトを計測した。

　レクリエーション・モデルは高いレクリエーション的価値のある場所における将来の土地利用変化のインパクトを評価した。

　生態、視覚、レクリエーションのモデルのインパクトは場所ごとに報告され、私たちは変化の程度を5つのレベルで地図化した。

- 恩恵的（Beneficial）：好ましい影響
- 整合的（Compatible）：大きな変化なし
- 軽度（Moderate）：自然治癒が可能

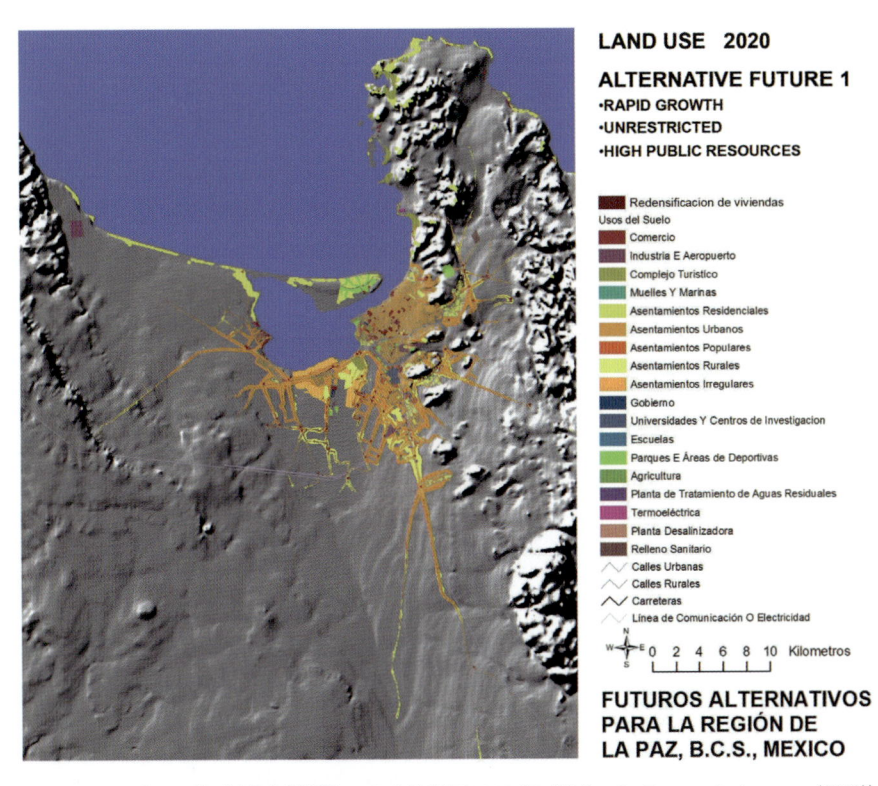

第 9 章　ルールが所与の場合のジオデザイン

図 9.8　シナリオ 1 に基づく将来選択肢 1 の土地利用 2020 年（出典：La Paz geodesign team (2006)）

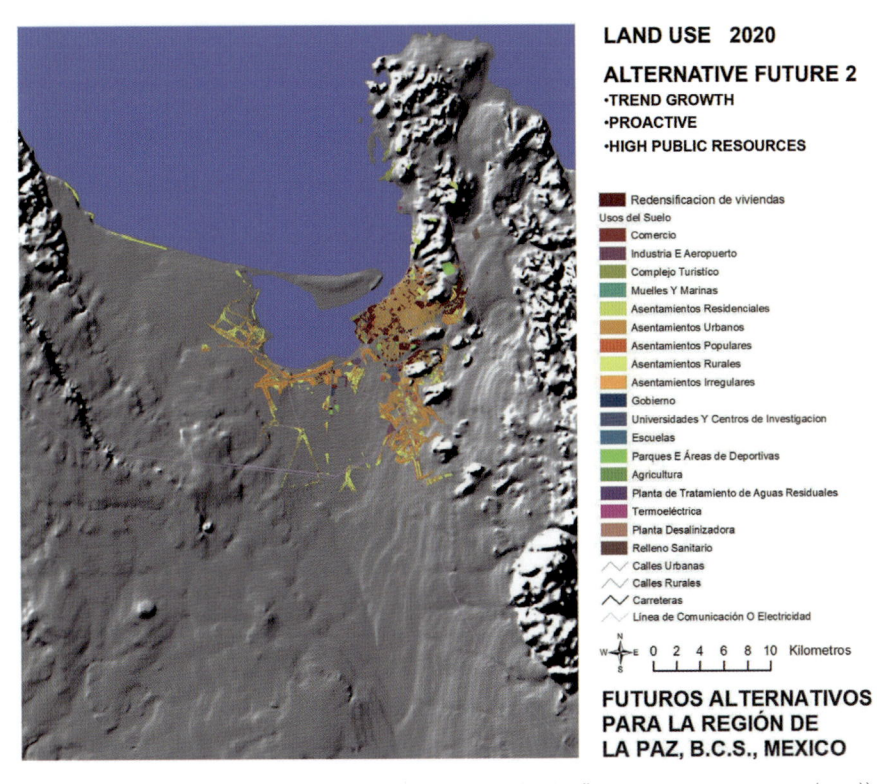

図 9.9　シナリオ 2 に基づく将来選択肢 2 の土地利用 2020 年（出典：La Paz geodesign team (2006)）

- 重度（Severe）：対策によって治癒が可能
- 絶望的（Terminal）：治癒が不可能

いくつかの結果

　道路の建設と改善は成長のパターンに強い影響を与え、より著しいスプロールが発生した。高い公的資源シナリオでは、道路への大きな投資を含むが、さらに著しいスプロールが発生した。低い公的資源シナリオでは、街の歴史的核に近い場所に開発が行われる（そしてより少ないスプロール）という土地利用パターンが生じた。

　現存の法律は将来の開発にほとんど制約を与えておらず、したがって地域の生態系、視覚的質、公的レクリエーション機会に対する保全もわずかであった。これらの法律の効果は、主として連邦沿岸ゾーンや危険な場所での開発を禁止するものであった。またこれらの法律は一般的形状や成長の方向にほとんど影響を与えていなかった。

　しかし、新たな土地利用政策と関連した規制は、将来の土地利用パターンに著しい影響をあたえる可能性がある。例えば、宅地開発に下水道完備を要件として、将来の空間的広がりを制限する規制は、将来の土地利用に著しい影響を与えた。先手的な選択肢では、下水道を現在のエリアの縁から拡大し、また西へ拡大した上で、開発へのこの制約を適用した場合のインパクトを示した。これらの選択肢は、その他の選択肢では街から外に延びる主要道に沿って南方への拡大がみられることと著しい違いがあった。「法律」と「先手」の選択肢に含まれていた、間隙を埋める政策は、現存の市街地外での新たな開発を少ししか抑制できなかった。

　これら10の選択肢の生態、視覚、レクリエーションへのインパクトは、予測された新たな土地利用パターンによって異なった。将来選択肢1は生態、レクリエーション、視覚的質に著しい害を示した。将来選択肢2は比較的軽微な環境的インパクトを示した。この選択肢では、より低い経済活動とより高い1人当たりの経済的便益が生じた。ラ・パズはその水供給を地下水に依存している。より高い経済活動と人口のシナリオでは、地下水への需要が拡大し、その結果として地下貯水量を減少させ、廃水の補給を増加させ、塩害を増加させた。この研究は、生態的、視覚的、レクリエーション的景観の悪化は、観光と不動産部門、そしてラ・パズ住民の生活の質に著しい結果をもたらすことを示した。もし成長が、「先手」の将来選択肢のようによく調整された規制のセットによって方向付けられるならば、公共アメニティーを損なうことなくラ・パズが次の20年間成長するのに十分な土地がある。これは、経済が「急成長」する条件下でも同じであった。

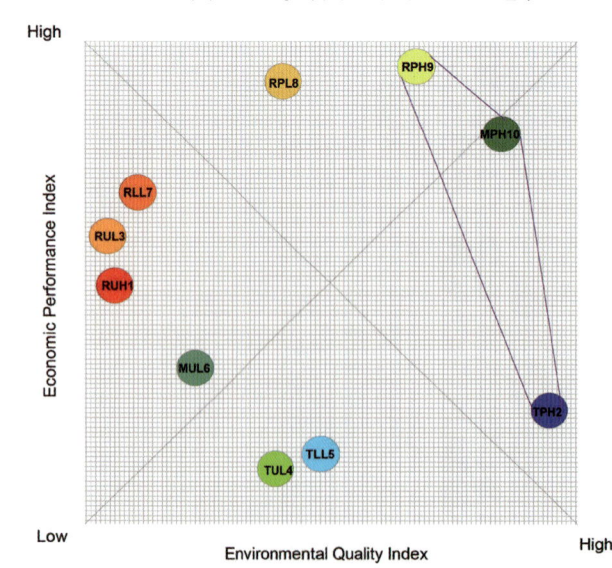

図9.10　10の将来選択肢の比較の要約。選択肢はシナリオ番号と名前とともに描画されている（図9.7）。グラフの左上から右下への移動は、経済的成績と環境的質の間のトレードオフを示唆する。左下から右上への移動は経済面と環境面の両方の改善を意味する（出典：La Paz geodesign team（2006））

意思決定

　最も重要な問題「対象地域の地理はどう変えられるべきか？」は、ラ・パスの意思決定者の行為によって答えられなければならない。いつでもそうであるように、政治的意思と市民の関心がラ・パスの進化する将来を決める。この研究の目的は、ラ・パスの将来が市民の価値や優先順位を反映することを期待し、根拠に基づく意思決定の基盤を提供することである。それぞれの選択肢はルール型変化－配分プログラムによって、異なる仮定のもとでつくられたものであるが、10ある選択肢の中から「最良」のものを選択するのは、判断の問題である。将来選択肢の総合的性能を、経済的および環境的性能の要約指標を使って、可視化するために、私たちは集計されたインパクト・モデルのセットを集計表にリンクさせた（図 9.10）。選択肢は、シナリオ番号と名称に対応するコードが付けられている（図 9.7 参照）。

図 9.11　バランドラ湾の航空写真
（出典：La Paz geodesign team(2006)）

　経済指標は域内総生産と 1 人当たりの所得を等しく重み付けして算出した。環境指標は視覚、レクリエーション、海洋生態系、陸上生態系のモデルを等しく重み付けして算出した。グラフの左上から右下への移動は、経済性能と環境性能のトレードオフを意味する。例えば、与えられた一連の政策の下で、経済的産出量が増加するならば環境の質の指標は減少する。左下から右上への移動は、経済および環境の両面について改善がみられる。同じ与えられた経済動向のもとでは、一連の「先手」政策によるシナリオ（シナリオ 2、8、9、10）はより良い経済的、環境的結果となった。

　多くの人が集まった市民集会で、当時のバハ・カリフォルニア・スルの知事は、彼が「経済と環境は同等に重要である」と考えていると述べた。もしそうであるならば、選択肢 10（図 9.10 参照）が、彼の最良の定義による最良のデザインであった。図はまた最良の解法を示す三角形の「なわばり」を描いている。シナリオ 9 は経済的に最も優れた選択肢であり、シナリオ 2 は環境的に最も優れている。この集計表としての「製品」は、ジオデザイン研究において比較的一般的な状況を例示した：知事、市長、ビジネスリーダーは、彼らが何をすべきかを指示されたくない。したがって、そしておそらくより有益なこととして、この研究は実行すべきではないより数多くの選択的シナリオを明らかにした。

　この研究への市民の強い反応の直接的影響の下で、ラ・パス市長がこの研究期間中に行った意思決定は、バランドラの湾と浜辺およびその後背地を膨大な民間観光開発とレクリエーション開発から保全することであった。これらは、長い間地域の最も重要なレクリエーション的、環境的資源であった（図 9.11 と図 5.26-5.28）。

最適型変化モデル

　最適型アプローチでは、クライアントとジオデザイン・チームが望ましい要件の相対的重要度とそれらの意思決定基準を理解している必要がある（図 9.12）。このアプローチはまた、あるデザインが「最適」であると断定するには、これらの基準が 1 つの指標、例えば財政的利益率、エネルギー必要量、潜在的投票数、などで比較可能である必要がある。最適型はおそらく、実施するのが最も困難なデザイン手法である。最適型アプローチは、ジオデザイン・チームがこれらの基準を最も満たすデザイン行為によって（後に、あるデザインが承認され実施されるか否かを決定する）意思決定モデルの基準を関連させ統合させることができると仮定する。

　最適型によるデザインの主要な利点は、時間を無駄にしないことである。それは意思決定者によって提示された、統合された目的と要件に明確に方向付けることができる。その他の利点は、（ルール型変化モデルと同様に）コンピュータ・プログラムによって効率よく感度分析を行い、要件の相対的な重要度の検証ができることである。主要な欠点は、意思決定者に彼らの目的、価値、および基準を、実際にどのデザインの選択肢をも提示することなく事前に宣言することを強制する点であり、これは困難なことがある。

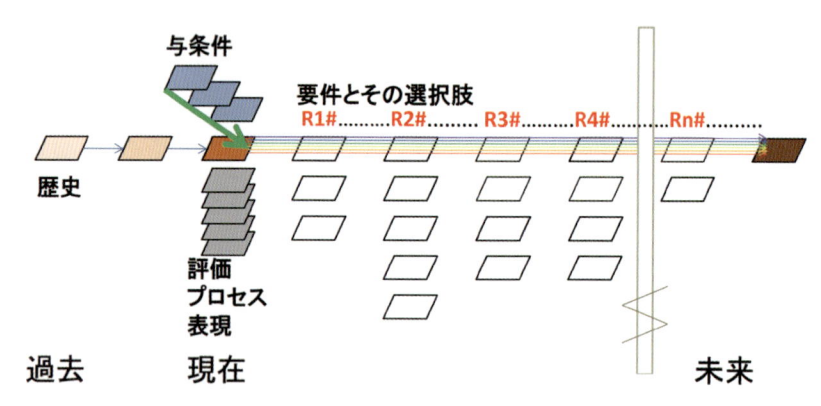

図 9.12　最適型する変化モデル（出典：Carl Steinitz）

アメリカ合衆国コロラド州テルライド地域 (The Telluride region, Colorado, USA)[2]

　この最適型によるジオデザインの例は、M. Flaxman, C. Steinitz, R. Faris, T. Canfield, and J. C. Vargas-Moreno, Alternative Futures for the Telluride Region, Colorado (Telluride, CO: Telluride Foundation, 2010) によるものである。この研究はコロラド州のサン・ミゲル郡 (San Miguel County) とモントローズ郡 (Montrose County) およびウレイ郡 (Ouray County) の一部の将来予測と将来の開発パターンを評価したものである（図 9.13）。人口成長と公共政策の想定の異なるパターンにより 9 の選択肢を 20 年間にわたって推計し、2 つの地理的スケールについて空間的な配分をルール型モデルにて行った。選択肢は地域とその主要都市への経済的、人口的、交通的、視覚的選好、生態的な結果について、評価し比較したものである。テルライド基金がハーバード大学デザイン大学院およびマサチューセッツ工科大学からなる私たちの研究チームへ、その長期展望による助成金提供の戦略に基づき、基金自身と地域コミュニティ・リーダーが、地域の将来に影響を及ぼすと思われる意思決定を行うために資金提供をした。

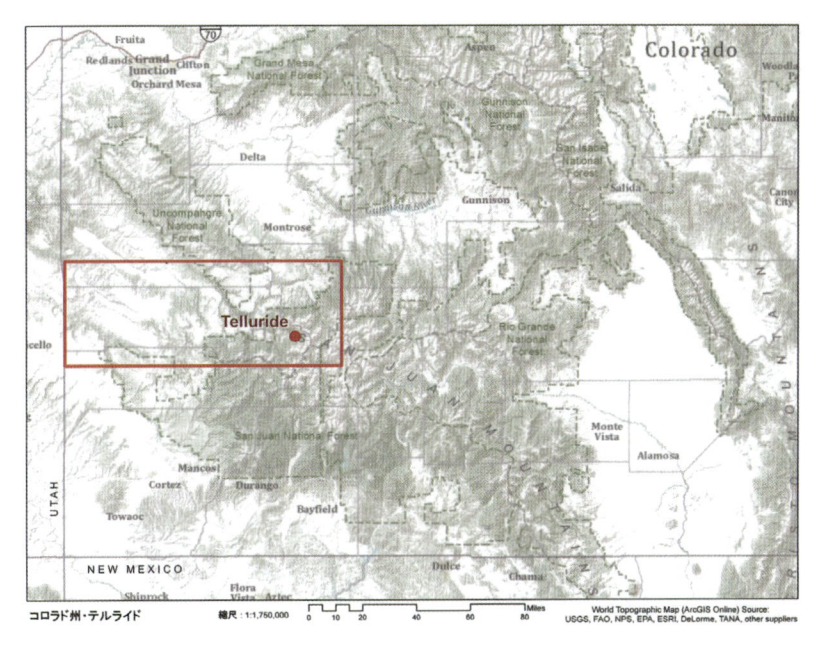

図 9.13 コロラド州テルライド地域

表現

　テルライド地域 (Telluride region) はコロラド州の南西部に位置している（図 9.13）。研究対象地域は東西に 85 マイル、南北に 40 マイルの長方形に収まる。それは、モントローズ、ウレイ、サン・ミゲル各郡の、テルライドおよびマウンテン・ヴィレッジ (Mountain Village) の街によって直接影響をうける地域を含むよう設定された。

　この地域は優れた山岳景観として知られており、テルライドやウレイなどの街は標高 13,000 フィートに達する雪を頂く山頂によって囲まれている（図 9.14）。スキーが主要な魅力であり、地域の年間平均降雪量 300 インチにもなり、11 月から 4 月までがシーズンとなる。土地管理局およびアメリカ合衆国農務省森林局がテルライド地域の大きな土地区画を管理している。対象地域はドロレス川の支流であるサン・ミゲル川の集水域である。

　この地域では、多くの空間データセットが公的に整備されており、およそ 100 の地図レイヤからなる GIS が整理された。私たちは地域の物理的、水文的、気候的、生態的な特徴および、国勢調査の人口属性や販売や課税データを含む電子地籍図情報などの社会経済データを含めた。対象地域の性質のた

図 9.14 テルライド地域と周囲の山岳地帯の景観（写真：Tess Canfield）

図 9.15　土地利用・土地被覆 2008 年。この地域全体での検討の他、私たちは 3 つの主要開発地域を詳細に分析した：ノルウッドおよびナチュリタ地区、テルライド－マウンテン・ヴィレッジ地区、リッジウェイ地区である。これらは図中に白の枠線で示されている（出典：Telluride geodesign team (2010)）

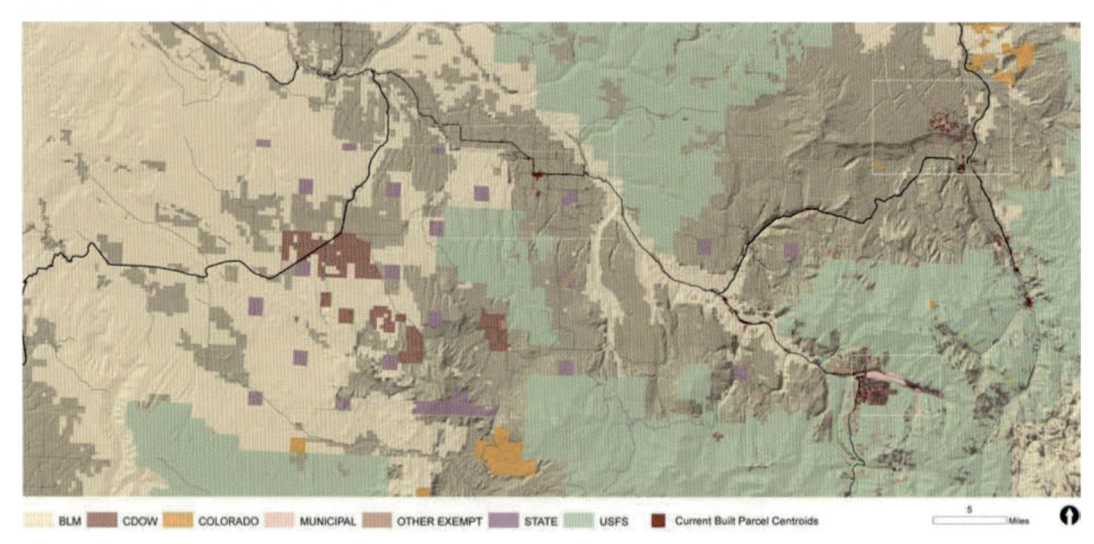

図 9.16　土地所有権（出典：Telluride geodesign team (2010)）

め、複数の政治的、行政的境界をまたいだ情報を統合し調整する必要があった。私たちは対象地域全体を示すために、標準的フォーマットと空間的範囲の地図を採用した（図 9.15）。

　土地利用と所有権はこの研究の重要な変数である。図 9.15 は 2008 年のテルライドの土地利用・土地被覆であり、12 のカテゴリによって示されている。赤色の地域は既存の開発地域であり、白色の地域は森林限界より上のより山岳的な地域を示している。土地の大多数は農業に使われているか、何らかの植生によって覆われている。図 9.16 は公的に所有されている様々なカテゴリの土地を示しており、最も重要なのはアメリカ合衆国森林局と土地管理局によって管理されているものである。この研究の中心的仮定の 1 つは、将来の住宅開発が起こるのは全て私有地（灰色で示されている）であるというものである。

プロセス、評価

　プロセス・モデルは、住宅、雇用経済、人口、交通、視覚的選好および陸上生態について構築された。地域が直面している課題が相互に連関しているのと同様に、それらのプロセスを分析するコンピュータ・モデルも相互に連関している（図9.17）。テルライドの経済はレクリエーションに基づいている。別荘所有者と観光客による支出、そして大部分が別荘市場によって成立している建設業は、地域の半分以上の雇用を生み出しており、サン・ミゲル郡では56%、ウレイ郡では49%である。当時のゾーニングの下での私有地および開発可能な土地の量から、将来の住宅ストック供給は当時の10,000戸から2倍以上になる可能性があった。将来の住宅市場の重要さによって、それが最も決定的なモデルとなり、したがって「最適型」配分－デザインは、ジオデザイン・チームおよび有識者により別荘および一般住宅の住宅市場の市場経済のシミュレーションに基づくものであると定義された。

　テルライド地域の経済成長を支えている資金は、主として観光客および別荘所有者であり、地域外から来ている。これらの外部からの力が、雇用を生み、地域の住宅需要と労働需要になっている。このような外部からの需要はまた、土地および住宅の価格上昇と、これによる一部の人口の地域からの「排除」に寄与している。地元不動産市場の構造の決定と、様々なアメニティーとの関連を評価するために、調査が行われた。私たちは統計分析とGISツールを用いて、既存の開発と住宅の経済価値により、住宅の魅力度を推計した。私たちはこの戦略を2つの二次市場、恒常的住民と別荘所有者について、適用した。恒常的住民については、魅力度は主として道路、商業、雇用への近接性である。彼らは良い景観と、子供たちが走り回れる土地を好むであろうが、さらに重要なのは移動効率である。別荘所有者にとっての魅力度は、テルライドとマウンテン・ヴィレッジのリゾート環境への近接性であり、それぞれの近隣のリクリエーション的資産と山岳の高い視覚的価値である。このような2つの人口を念頭に、現存する

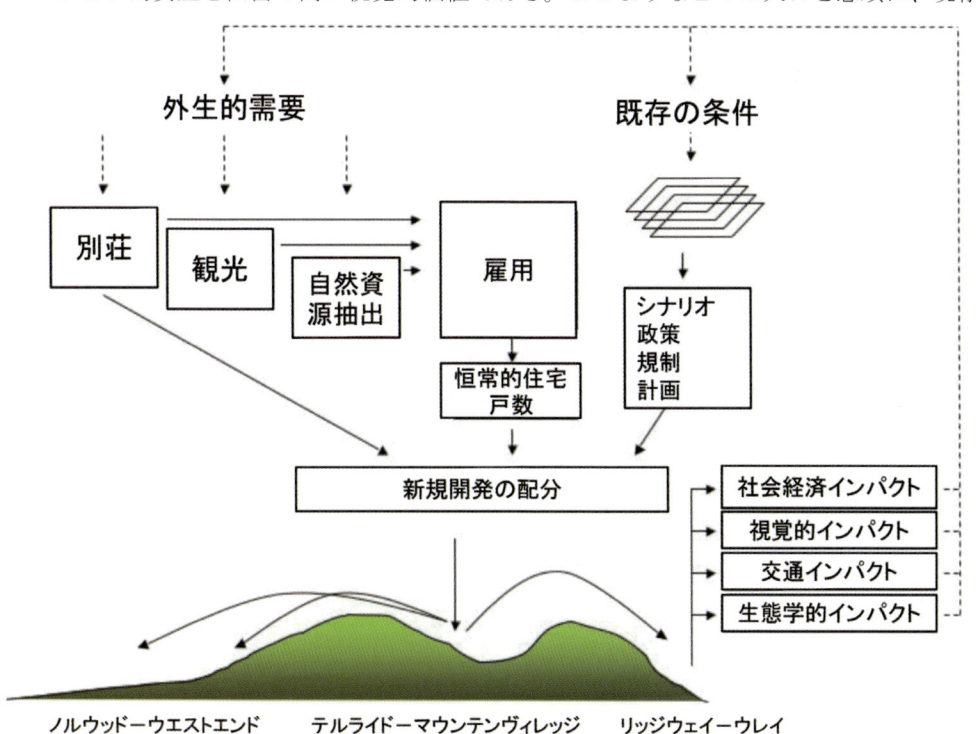

図9.17　テルライド地域を将来に導く主要プロセス（出典：Telluride geodesign team (2010)）

全ての条件を地図化し、その他に、次のプロセス・モデルについても同様に地図化した：交通、全ての私有地の敷地と公道からの視覚的選好、ハゲワシ、オオツノヒツジ、ガニソン・キジオライチョウの生息地域についてである。

変化

続いてジオデザイン・チームは、地域の将来に変化をもたらすことを意図した４つの政策セットを開発した。これらは、テルライド基金によって集められたステークホルダーの集団による意見によって定義され、彼らが、主要土地利用、開発、保全政策の選択肢に関する地元の知識を統合した最も良いものを提供した。地域の将来は、外部からの営力だけでなく政策の選択によって形作られるべきである。建設しようとする個人は、郡および自治体が管理する公共政策に規定される。例えば、それぞれの街は開発可能な地域に関する規制を設けており、ゾーニングや密度などの規制がある。特に、テルライドやマウンテン・ヴィレッジにおける廉価住宅政策（affordable housing policies）は、地域の将来を形作る追加的な政策手法である。私たちは、開発がどこで可能でどこで不可能か、およびその開発の可能な密度を定義する政策のセットを作成した。

１つ目の政策セットは、地域に現存する規制が、法的に保全されている地域を除く、全ての開発可能な私有地に適用されると想定した。したがって、当地の全てのゾーニング規制が適用され、開発が制限されるのは、公有地、局所的な私有地の保全地域、水域および湿地、通行許可道路、法的な要件となっている送電線などのインフラからのバッファー、そして地盤傾斜の制約がある場所である。

私たちが開催した地元での集会からの助言に基づき、私たちは２つ目の「先手」政策セットをつくり、これにて主要道からの最も好まれている景観、水生植生に基づき水生および湿地バッファーを広げ、公有地における鉱物資源抽出を規制し、重要な歴史的景観の保全を強化した（図9.18）。

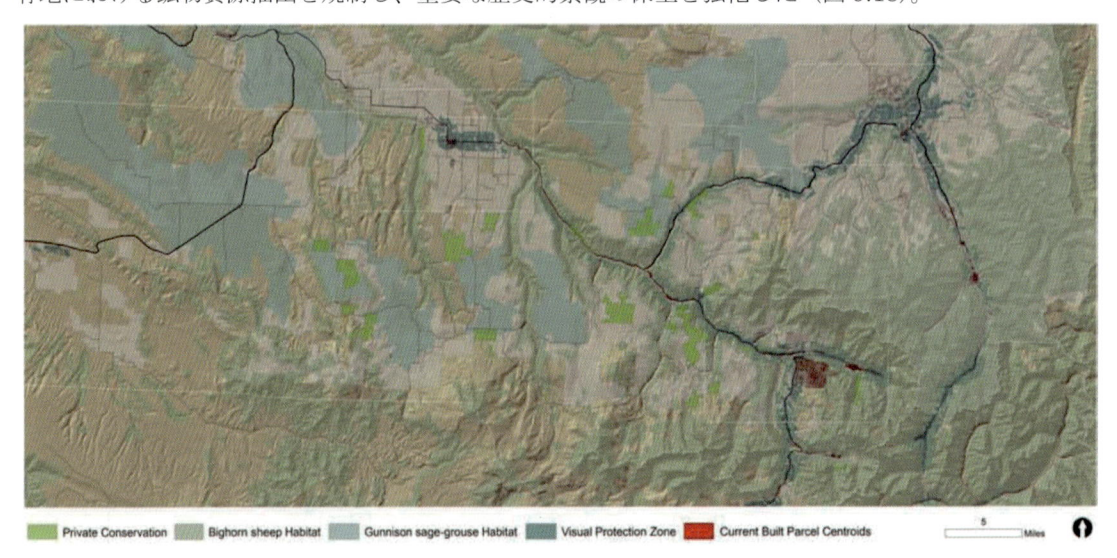

図9.18 先手開発規制（出典：Telluride geodesign team (2010)）

シナリオ	経済成長	土地利用政策 現存の規制	土地利用政策 先手政策	土地利用政策 高密度	助成住宅重視	鉱物採掘	新規住宅戸数 別荘	新規住宅戸数 恒常的住宅	新規住宅戸数 助成住宅
1	低成長	x					1738	1159	600
2	低成長		x				1738	1159	600
3	低成長		x	x			1738	1159	600
4	高成長	x					4193	2795	600
5	高成長		x				4193	2795	600
6	高成長			x			4193	2795	600
7	高成長		x	x			4193	2795	600
8	高成長	x			x		4193	2795	900
9	高成長	x				x	4193	3295	600

図9.19 変化への9つのシナリオ：シナリオ1は低成長予測と現行規制に基づく。これは現在の地域的トレンドとほぼ一致する。シナリオ2は、低成長と先手政策セットを使って構築されている。シナリオ3は、低成長、先手政策に加え、景観へのインパクトを軽減し公共交通をより効率よくする高密度開発を追加して、シミュレートされる。シナリオ4は高成長予測と現行規制に基づく。シナリオ5は、高成長と先手政策である。シナリオ6は低成長、現行規制と高密度開発である。シナリオ7は、高成長、現行規制と高密度開発である。シナリオ8は、高成長、現行規制と補助住宅の増量による。シナリオ9は、高成長、現行ルールと、現在貸し出されている土地で、最大限に石油、ガス、ウラニウムの採掘が行われる場合である。これは環境保全の視点からは「最悪ケース」のシナリオとして想定されている（出典：Telluride geodesign team (2010)）

　地域の労働力に廉価な住宅を提供することは、地域の最も重要な現在および将来の挑戦であり、そのことは地域の参加者とのコミュニケーションや集会にて共通理解があることを聞いた。したがって、3つ目の土地利用政策オプションとして、私たちは高密度開発を許容すること、つまり、1〜5エーカーの開発可能な区画および既成市街地付近の区画について、密度を50%増加させることを提案した。最後の4つ目の土地利用政策は「先手」政策セットと高密度開発を組み合わせたものである。

　この時点で、私たちは法的に開発可能な区画、政策セットによる制約、別荘および恒常的住宅にとっての魅力度、そして期待される別荘および恒常的住宅の住宅需要、についての地図を入手していた。地元からの助言により、私たちはそれぞれのシナリオについて補助される住宅の量を決め、鉱物資源抽出のレベルを設定した。これらのシナリオ構成要素は独立して変化する可能性があるため、私たちは多数のシナリオの組み合わせを生成する可能性があった。この報告では9つを紹介し、これらは全て、地域の討論会で生じたものであり、「妥当」な仮定と政策のうち最も広い幅に対して地域の感度を検査すると決めたものである（図9.19）。

　ルールによる分配モデルが構築され、経済的に誘発される需要がそれぞれのシナリオのもとでどのように働くかについてのシミュレーションに基づき、開発と再開発の空間的分布を予測するために適用された。新規住宅の配置は、現在および潜在的な住民グループにとっての経済的に計測された魅力度の評価に基づいており、住民グループは住宅種別や場所について異なる選好を持っており、また異なる支払能力および意思を持っている。このモデルは、いくつかの開発時期を考慮しており、開発の結果生じる「波及開発」、つまり地元は制御することができないにもかかわらず、コミュニティに大きな影響を与えるプロセスとも関連がある。

　地域への住宅の配分は、行政地域を無視して、開発可能な区画に行われた。住宅の配分は、支払い能力の順番に行われ、まず別荘所有者が最も好ましい性質の場所を選んだ。そして、恒常的な住民が、

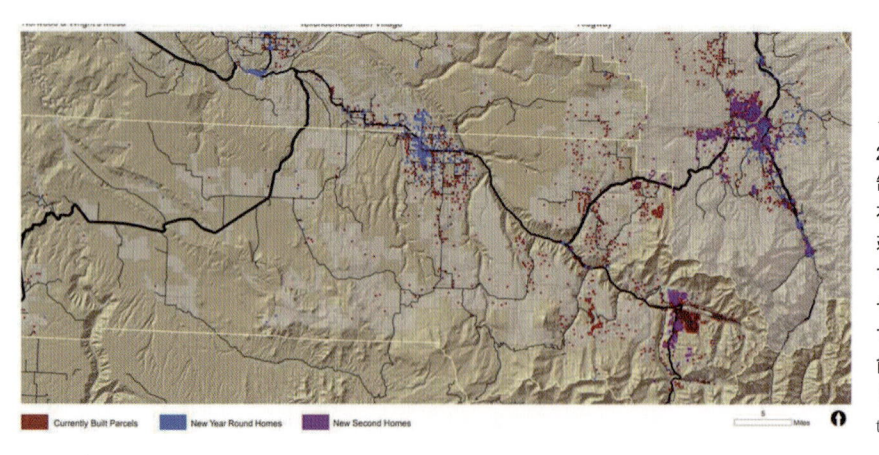

第Ⅲ部　ジオデザインの事例研究

◀図9.20　将来選択肢1、2030年。低開発・現行規制のシナリオ1による。既存の開発は赤、新たな別荘は紫、恒常的住宅は青で示されている。点はそれぞれ新たな住宅とその周囲であるが、地図で視認可能なように拡大されている（出典：Telluride geodesign team (2010)）

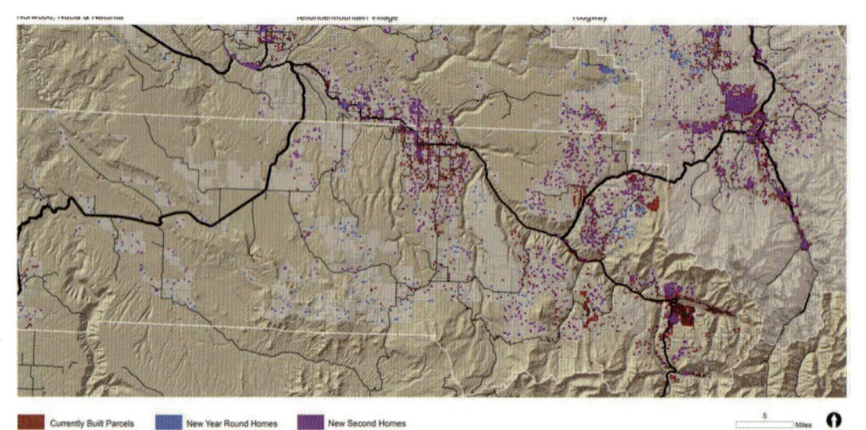

◀図9.21　将来選択肢5、2030年。高成長・先手規制のシナリオ5による。既存の開発は赤、新たな別荘は紫、恒常的住宅は青で示されている。点はそれぞれ新たな住宅とその周囲であるが、地図で視認可能なように拡大されている（出典：Telluride geodesign team (2010)）

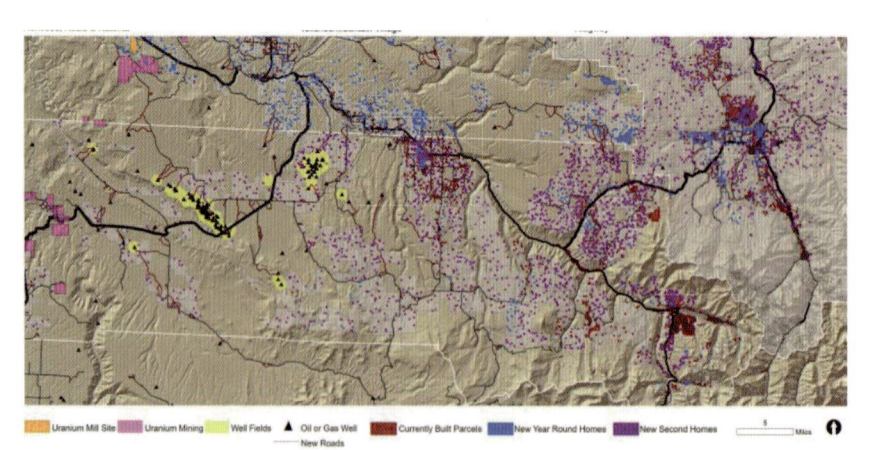

◀図9.22　将来選択肢9、2030年。高成長・現行規制・鉱物抽出のシナリオ9による。既存の開発は赤、新たな別荘は紫、恒常的住宅は青で示されている。点はそれぞれ新たな住宅とその周囲であるが、地図で視認可能なように拡大されている。鉱物抽出は黄色で示されている（出典：Telluride geodesign team (2010)）

残った土地を選択した。この一般的なプロセスが4段階のステージにわたって行われた。第1ステージは、現行の政策の制限のもとで開発可能な民有区画と、地域レベルでの全体の住宅需要を特定した。第2ステージでは、現在の密度の仮定値（2つの町で、計950戸の新しい住宅）およびより高い密度の仮定値（1,500戸までの面積）に基づいて、テルライドおよびマウンテン・ヴィレッジで許可される住宅量が決定された。政策の選択によって決まる、使用可能な土地の需要と供給の水準によっては、別荘所有者と恒常的住民にとっての最も魅力的な住宅用地は不足する場合もある。これは特に、大部分の

第 9 章　ルールが所与の場合のジオデザイン

雇用が立地するテルライドおよびマウンテン・ヴィレッジにおいて、発生しやすい。そのような状況においては、既存の住民はこの地域で 10 年間以上起こっているジェントリフィケーション―移転のプロセスによって、より職場よりも遠い、比較的好ましくない地域への移動が誘導または強制される。

配分の順番の第 3 ステージでは、テルライドおよびマウンテン・ヴィレッジに、シナリオで選択されたレベルの補助された住宅を配分する。このモデル上の順番は、別荘の需要が他の地域に波及するのは、テルライドおよびマウンテン・ヴィレッジが開発しつくされた後に生じると想定している。次に、別荘需要が、テルライドおよびマウンテン・ヴィレッジの残りの住宅開発可能な地域を埋める。その後に、残りの需要がその他の地域の別荘に最も魅力的な場所に配分される。最後に、恒常的住民が残り場所のうち最も彼らにとって魅力的な場所に分配される。最も議論を呼び起こした、3 つの将来の開発パターンが図 9.20-22 に示されている。

2 つ目のルール型配分モデルは、将来に開発される区画の中に道路と住宅を敷設する。住宅は、与えられた区画の中の最も魅力的な 50 m グリッドセルに位置している。主要道と宅地内道路は、新しい住宅をつなぐように、既存の舗装道路への最小費用経路に基づいて敷設される。傾斜が大きいほ

図 9.23　テルライドおよびマウンテン・ヴィレッジへの眺望、2008 年（出典：Telluride geodesign team (2010)。シミュレーションは Michael Flaxman。視覚化は Andy Thomas (O2 Planning + Design Inc. Calgary)。建物と道路の位置は ArcGIS の Python スクリプトでシミュレートされ、可視化には Visual Nature Studio 3 (VNS) を用いた）

図 9.24　テルライドおよびマウンテン・ヴィレッジへの眺望、2030 年。高成長シナリオに基づく（出典：Telluride geodesign team (2010)。シミュレーションは Michael Flaxman。視覚化は Andy Thomas(O2 Planning + Design Inc. Calgary)。建物と道路の位置は ArcGIS の Python スクリプトでシミュレートされ、可視化には Visual Nature Studio 3 (VNS) を用いた）

どより高い費用が、区画の近くほどより安い費用がかかるとし、また公有地を横切るのは非常に高い費用がかかるとした。このより詳細なスケールでの新しい道路と住宅の配分の例は、高成長（HG）シナリオに基づく 2008 年から 2030 年の変化を示す、次の 2 つの図（図 9.23、24）でみることができる。

165

インパクト

　結果として生じる土地利用変化とこれらによる社会経済的インパクトと並行して、交通、全ての私有地および公道からの視覚的選好、そして選択された3つの種の生息域のモデルが用意され、2030年までの地域的インパクトを評価した。モデル結果の比較を容易にするために、要約指標を集計表でまとめ、例えば、生態的・視覚的選好に対応する市場経済パフォーマンスをグラフ化できるようにした（図9.25）。この例では、両方の要約評価について、低成長と開発に対する先手的制限のシナリオが最も良い結果となった。

　全てのシナリオで、テルライドおよびマウンテン・ヴィレッジは現行の法的制限内で完全に開発される。別荘と恒常的住宅は常に地域に現存する市街地に配分される：テルライドおよびマウンテン・ヴィレッジ、リッジウェイとノルウッドである。高成長シナリオでは、別荘と一部の恒常的住宅の開発は既存市街地外で盛んとなった。最適型モデルで期待されるように、別荘所有者にとっては視覚的環境と観光・レクリエーション地域への近接性、恒常的住民にとってはより負担可能な土地の、魅力への優先度が例示された。

　低成長シナリオでは、新たな別荘所有者と恒常的住民を、より容易に既存のコミュニティ内に収めることができた。低成長シナリオで私たちのモデルでは、ノルウッドの新たな住民の大部分は恒常的な住民であると予測された。しかし、高成長シナリオでは、大部分の新たな住民は別荘所有者であった。リッジウェイでは同様なパターンを示したが、ただし、良好な景観と地元アメニティーへのアクセスの両方を持つ建設可能な土地の著しい競争のために、より大きい割合の住宅が別荘所有者になった。より裕福な別荘所有者による恒常的住民の移住が、地域の最終的な世帯分布に影響する。この研究でモデル化された先手政策のセットと同様に、土地の希少性を高める政策は、労働者家族を最も魅力的なコミュニティからより遠くへ追いやるため、自然環境の保全と地域の労働力の社会的・経済的向上の間で政策的なトレードオフが生じやすいことを明らかにしている。これは将来選択肢5によって例示されており、ここではリッジウェイとノルウッドの大部分の開発が別荘所有者のためであると予測している（図9.21）。

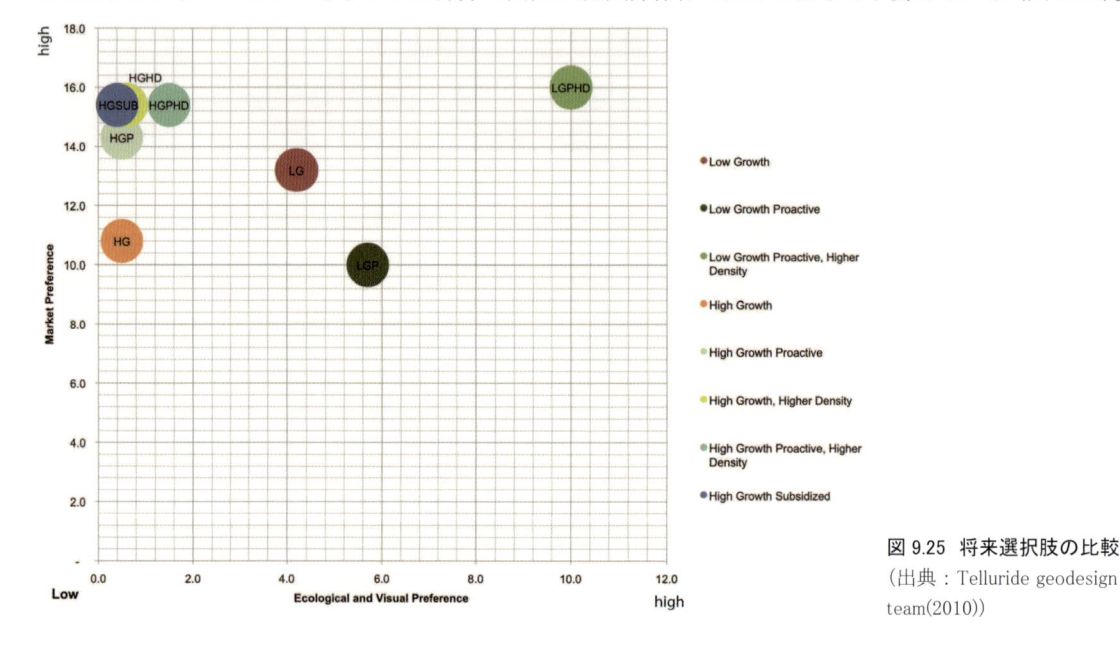

図9.25　将来選択肢の比較
（出典：Telluride geodesign team(2010)）

開発可能な土地の希少性の影響は、地域全体での土地価格の上昇からすでに知覚されていた。ノルウッドとリッジウェイが高くなり過ぎると、多くの恒常的住民はより遠方あるいは自治体外に移動するであろう。増加する通勤距離、移動時間、そして交通渋滞は労働者にとって個人的な苦労であり金銭的費用である。より拡散した開発のため、スプロール的な低密度の開発はインフラ整備と公共サービスにかかる町や郡の費用が不釣り合いに増加する。恒常的住民の転出は地域のコミュニティにとって社会的な影響も及ぼす。

地域の困難な地形のために、主要道の容量を増加させるのは非常に困難で費用がかかり、特にテルライドおよびマウンテン・ヴィレッジへのアクセスはそうである。駐車もより困難になり、特にテルライドでは駐車場、公共サービス、補助住宅が同じ限られた土地で競合する。テルライドおよび地域全体での交通問題は、主要交通手段が自家用車である限り解決することができない。

将来の鉱業による生態的、経済的、社会的影響は主として地域の西部にみられる。石油、ガス、ウラニウム採掘は、地域、採掘企業とその従業員に恩恵をもたらすと考えられ、ニュクラとナチュリタの町にかなりの経済的恩恵をもたらす。しかし、これら資源の開発は、対象地域の西側の景観の性質に重大な害を及ぼす。この部分の地域の視覚的質の管理は、開けた牧草地からの見通しが容易に乱されるために特に困難である。

現在の景観は、美しい自然景観によって隔絶された都市というイメージを持っている。それはより一般的に市街化された景観に変貌するであろう。住宅が見えない景観はあるとしてもごくわずかとなり、特に地域の公道からはそうであろう。好ましい眺望の喪失は、地域の長期的な経済に負のインパクトがあるであろう。

意思決定

テルライド地域が直面している決定的な課題は、本質的に地域的なものだと認識されるべきである。様々な町や郡が法的な権利と責任を持っていながら、新たな住宅の分布、交通、サービス提供、環境保護が、それらの主要地域的課題である。さらに、これらの課題への取り組みは選挙の周期よりもずっと長い期間にわたって行われなければならない。類まれな魅力的な自然、潜在的に移り気な観光への依存、調整されていない開発に対する意思決定による破壊への脆弱性のために、テルライド地域への潜在的リスクは非常に切迫している。

この研究によって明らかになり、ステークホルダーによる将来の意思決定を要するいくつかの主要な地域スケールの政策的課題がある。

- テルライドおよびマウンテン・ヴィレッジを中心とした地域公共交通の計画、提供、負担
- 労働者用住宅への挑戦に地域的に調整されたアプローチを採用すること
- 地域公共交通と労働者用住宅の計画を補完し、それに協調するより高密度な開発の可能性を特定すること
- 視覚的な管理政策を施行すること、特に主要観光ルートから可視な地域について
- 環境指向のより強力な制約を施行すること、特にガニソン・キジオライチョウと水辺植生ゾーンの保全
- 鉱物資源採掘と環境の質および生物生息域との対立を管理すること

人口が増加し開発がスプロールすると、その他の課題、例えば上水道、下水道、教育、公共衛生と安全、その他の公共サービスの計画・提供・資金が課題として発生するであろう。これら全ての課題は、自治

体間の計画・意思決定・実行の効果的なプロセスを要し、異なる町々と郡、またテルライド地域の多くの土地を管理するいくつかの公的機関との間でより強固な協調と協力が必要となる。

　テルライド地域の既存の情報を集め、それを将来の選択肢のシナリオを評価するモデルとして整理することがこの研究の目的であった。この研究とその技術的基盤はテルライド基金を通して意思決定プロセスに情報提供し、ステークホルダーが地域の課題を共有し、彼らがより好ましい結果をもたらしやすい政策を選択するために使われている。これら意思決定は地域のステークホルダーによって決められなくてはならない。これらの意思決定によって最も影響を受けるのは彼らであり、彼らがそれらを実施する政治的な力を持っているからである。

　テルライド研究の初期の公開討論会の段階で、地域の変化への営力はレクリエーション目的の訪問者のための別荘建設とレクリエーションおよび観光業に就く恒常的住民の組み合わせからなっていることが、急速に明らかになった。テルライド地域は地域的開発市場として機能している。同時に、対象地域が単一の計画単位として機能しておらず、いずれの町または郡も将来の開発がもたらす変化の全体を制御することができないことも明らかであった。さらに、ある1つ町の政策が隣接する自治体を根本的に変えてしまう可能性がある。その結果、研究チームは利益追求する地域の住宅市場を模倣したモデルを推奨し、そして実行し、この経済によって動かされる最適型モデルが将来への変化のいくつかのシミュレーションの中心的な要素となった。

エージェント・ベース型変化モデル

　エージェント・ベース・モデル（ABM）は、1つの種類またはグループの構成員が全て同一ではなく独自に行動することを想定した、ルールに基づくアプローチである。エージェントは、人、世帯、区画などのよく知られた対象に対応してモデル化されるため、エージェント・ベース・モデルの構造はその他のモデリングの形態よりも直感的であると理解されている。個々のエージェントの様々な行動は、時系列的に追って説明することができる。このアプローチにおける挑戦は、適切なパラメーター設定と検証である。例えば、人間行動の*個別*の差異を、信頼性を持って説明するには、平均の行動を説明する場合に比べ、より多くのサンプルが必要となる。そのようなモデルは空間的のみならず時間的にも明示的であるため、2つ目の特長は、行動が動的なイベントによって影響され、それらはかなり異なった時間スケールで起こっている場合もある。

　エージェント・ベース型（また、ルール型）変化モデルの最も単純な形式は、セルラー・オートマタ（CA）として知られている。この定式化では、均一な「グリッド」の個々のセルは、直近のセルの状態の結果に個別に影響され、場合によっては状態を変化する。このアプローチの適用事例は火災モデリングであり、3つのルールが各セルの一時点から次への変化を決定する（図9.26）。火、構造、可燃と不燃の植生、裸地の全てにルールに基づく行動があてはめられ、時系列的な変化がモデル化される。

　計画の実践においては、直近のセルによってのみ変化が影響されることは一般的に単純すぎるため、CAモデルはめったに使われることはない。実用的なモデルは、直近とより一般的な影響との組み合わせを考慮する。例えば、実用にたえる火災モデルは、風速と風向を考慮するが、これは狭義の連接の関数ではなく地域的な影響である。このアプローチは生物物理的な変化シミュレーションに用いられるほか、土地被覆変化をシミュレートするのにしばしば用いられる。このようなタイプの応用では、2つの

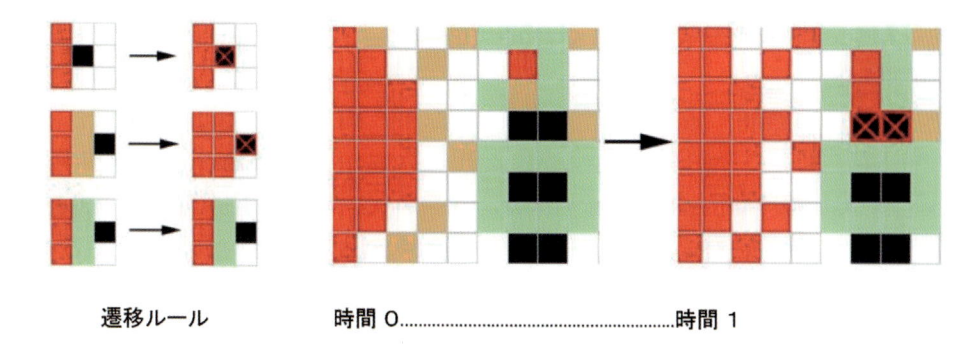

図 9.26 火災のセルラー・オートマタ流のルール型モデル。各セルのある時点から次への遷移の 3 つのルールは図の左手に描かれている。構造物（黒）に隣接する火（赤）は、構造物に引火（黒と赤の×）させる。可燃植生（橙）は火を伝播させる。不燃植生（緑）や裸地（白）は火を防ぐ。右の地図は、シミュレーションの 2 時点を示し、複雑で多様な行動の結果が、単純なルールを比較的複雑な空間的景観に当てはめることによりシミュレートできることを示す（出典：M. Flaxman, "Multi-scale Fire Hazard Assessment for Wildland Urban Interface Areas: An Alternative Futures Approach"(D. Des. diss., Graduate School of Design, Harvard University, 2001)）

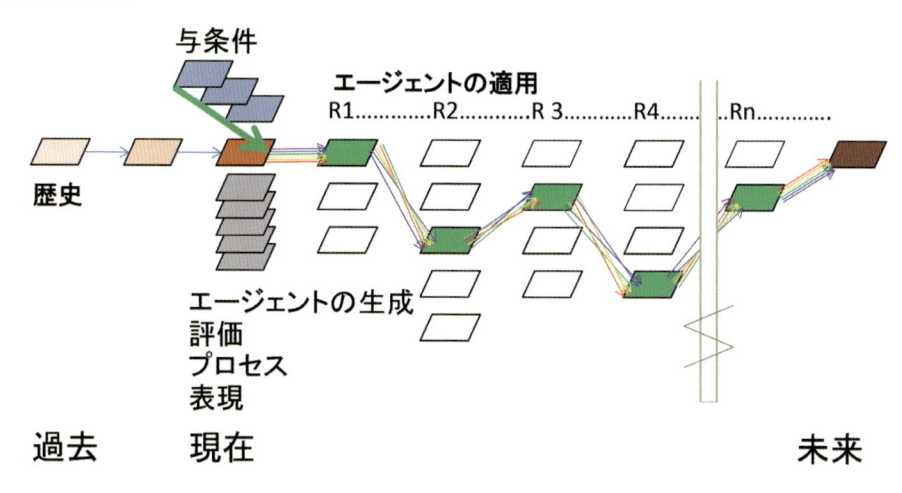

図 9.27 エージェント・ベース型変化モデル（出典：Carl Steinitz）

種類のルールが一般的である：市場の力を反映したものと政策をシミュレートするものである。

エージェント・ベース・アプローチは、対象地域の将来の状態は、各「エージェント」、例えば、住宅探索者や開発者と環境保全者の個別の（しかしルールに基づく）行為を、規定、誘導、制限する政策とデザイン決定の相互作用の結果であると想定する。

彼らの異なる立地のルールと相互作用は、それぞれのエージェントの種類ごとにコンピュータ・モデルの中に埋め込まれ、変化は同時進行して、デザインの一連の要件への反応として自身を調整する（図 9.27）。画期的な、または複雑な時空間的変化モデルを構築するには、未だスクリプティングやプログラミングの能力が必要であり、デザイン・アプローチとしての適用には実質的な障壁となるであろう。しかし、より単純化されたルールの適用は、視覚的なユーザ・インタフェースで特定することができ、そのようなソフトウェアの利便性の向上のために、このような技術の利用の増大につながっている。

ABM アプローチは自然科学において実践され、ジオデザインのいくつかのケースでも適用されている。その主要な利点は、理論的立場の強みである。なぜなら、相互への反応として、あるいは計画された行為に対する、多くの個別の行為の立地上の変化をモデル化しているからである。これは、大きく複

雑な地理的対象地域の計画においては、全ての行為が規範的にデザインできると想定するよりも、より現実的な立場である。

次の事例研究は、土地管理政策のジオデザインと自然システムをリンクさせたエージェント・ベース・モデルを紹介する。これは、私が主席の指導者であった博士論文 M. Flaxman "Multi-scale Fire Hazard Assessment for Wildland Urban Interface Areas: An Alternative Futures Approach" (D. Des. diss., Graduate School of Design, Harvard University, 2001) を編集したものである。

アメリカ合衆国カリフォルニア州アイディルワイルド（Idyllwild, California, USA）[3]

緊密に連携した人間－自然システムは、従来の政策分析と自然資源の管理方法のデザインへの主要な挑戦となる。政策分析の視点からの課題は、そのようなシステムにおいては単純明快な政策も非常に複雑な効果があり、重大で予測不能な結果に至る場合もある。それらには、政策では想定しないシステムへの悪影響のほか、空間的または社会的な適応や適合に大きな差異がある場合を含む。自然資源管理または生物物理学的視点からの課題は、そのようなシステムにおいては人々の役割は無視するには大きすぎて、かつ、予測が困難か不可能である。計画プロセスにおける参加と学習の機会そのものが結果に影響しうる。火災管理の政策立案は、これらの課題が取りあげられなくてはならない人間－自然システムの競合の代表例である。火災管理は洪水からの防御などのその他の様々な防災管理と共通性がある。危機は自己満足を誘引するほど稀であり、十分な公的努力の根拠が得られるほど重大である。

この例として図9.28の火災モデルの図を検討しよう。これは既にみた図9.26のルール型モデリングの図を改訂したもので、2つが加わっている。1つ目は、特定の場所を自主管理している世帯「エージェント」の概念であり、黒の縁取りで示されている。2つ目は、ここにみられる2つのエージェントは宅地景観の管理に異なったアプローチを選択するということである。したがって、火災はすでに純粋な物理的現象ではなく、人間の意思決定という2次的モデルと相互作用する。

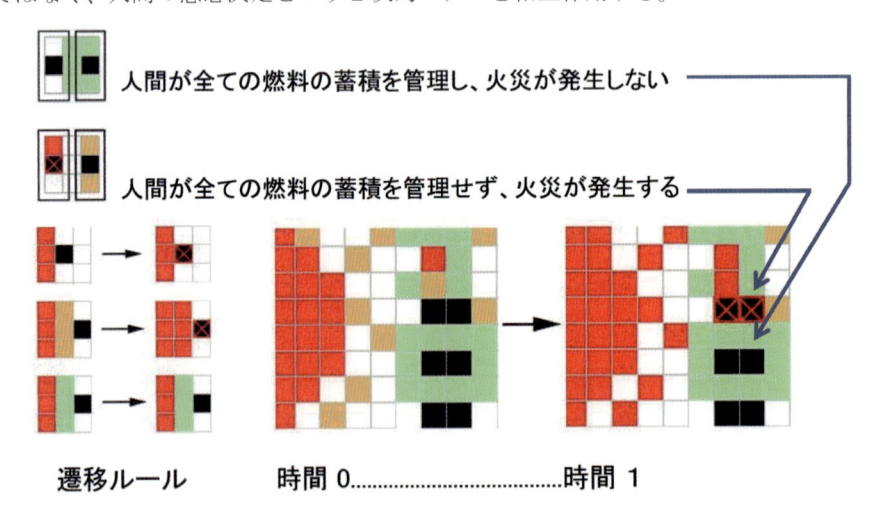

図9.28 火災のエージェント・ベース・モデルでは同様な選択肢に直面した世帯が異なった判断を行う
（出典：M. Flaxman, "Multi-scale Fire Hazard Assessment for Wildland Urban Interface Areas: An Alternative Futures Approach" (D. Des. diss., Graduate School of Design, Harvard University, 2001))

市街地と自然地が接する場所における火災には、管理を特に困難にする3つの特性がある。第1は、リスク地域は単純な連続した容易に理解できる境界の中に存在するわけではない。第2は、人間による管理は火災に直接的な効果をもたらすが、灌木や枯木などの「燃料」は非常にゆっくりと蓄積し、ほとんど知覚できない。第3は、一般市民は当然火災に恐れをなしているが、しばしば発生する小規模な火災は、このケースを含む多くのエコシステムの生態学的健康状態にとって、特徴的であり必要である。

これらのような場合の管理と計画における、問題の特定、市民が理解しうる形式での表現、人命・安全・財産を守ると同時に生態学的健康状態を維持する政策の立案には注意深いアプローチが必要である。様々なアプローチが可能であるが、この状況で政策の経験的検証が非現実的で望ましくないため、シミュレーションの一形式がより適切である。どのようなシミュレーション・アプローチがとられようとも、土地に対する人間活動のインパクトと、人間に対する景観特性のインパクトを考慮しなくてはならない。この関係性は動的で反復的であると同時に空間的な差異があるため、そのアプローチはそのようなパターンを考慮し、可視化できなければならない。

空間的に明示的なエージェント・ベース・モデルはそのようなシミュレーションによるデザイン・アプローチである。この技術は2つの分野に由来する：GISに実装されている従来の空間的モデリングと、計算される「対象」が現実世界の対象やその種類を反映するように構成された、オブジェクト指向型プログラミングである。エージェント・ベース・モデルでは、エージェントはしばしば個人や機関に対応し、それは例えば住宅所有者や土地管理機関である。空間的に明示的なエージェント・ベース・モデルでは、エージェントは彼らの周りのデジタルな環境を「感じる」ことができ、その情報を持って個別に行動することができる。言い換えれば、行為が誰によってどこでなされるかについての自由度と局地的な文脈が、ある程度存在する。

この研究では、政策レベルでの意思決定と世帯による選択の両方を考慮するエージェント・ベース・モデリングのアプローチをとった。アイディルワイルドの火災危険地域におけるアセスメントと管理に、エージェント・ベース・モデリングと視覚的シミュレーション・システムが適用される計画状況を検討した（図9.29）。シミュレーション・モデルは自然の火災の時空間的振る舞いを理解するためだけでなく、人間に影響された現在の火災の振る舞いがどのように進化し、空間的に明示的な火災管理政策を通して管理しうるかを理解するために用いられた。

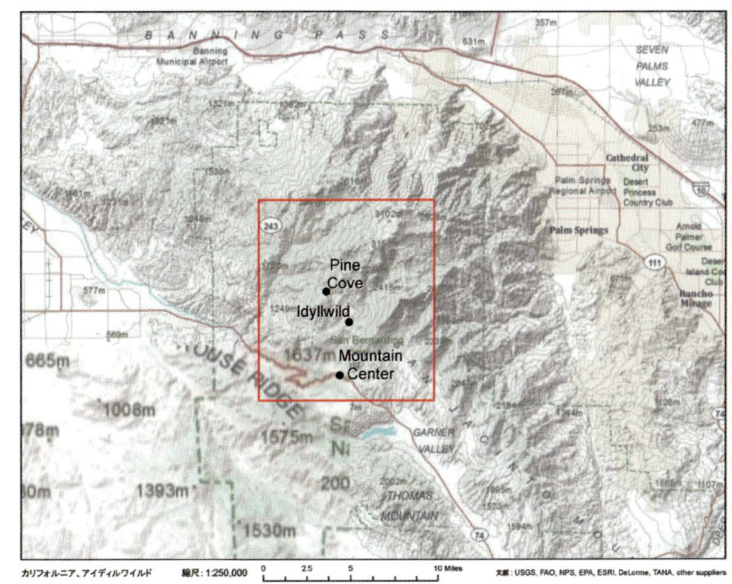

図9.29 カリフォルニア州アイディルワイルド。研究対象地域はロス・アンジェルスより70マイル（43 km）東にある

第Ⅲ部 ジオデザインの事例研究

表現

　この研究はカリフォルニア南部のアイディルワイルド、パイン・コウブ、マウンテン・センターの3つの山地コミュニティにおける、火災管理の選択肢を調査した。アイディルワイルド対象地域には、サン・ベルナルディノ国有林と、マウント・サン・ジャキント州立公園の一部を含む（図9.30）。アイディルワイルド地域の年間降水量は25.5インチ（645 mm）しかなく、深く植生に覆われているため、火災気質が高く、危険な森林火災はしばしば起こる。

　野焼きは公有地における一般的なメカニズムであるが、善悪両方の近隣効果のために常に賛否が分かれる。長期的な燃料装荷による危険を著しく減少させるが、実質的な短期的リスクと近隣者への迷惑を伴うからである。私有地における土地政策については、その他の理由からも問題がある：最も良い眺望のある区画における開発を制限する、特定の建設技術を要するため建設費用がかさむ、そして、従来的に個人の領分と考えられている前面・後面・側面の庭について実質的に干渉する、ということである。公有地と私有地はしばしば混在するため、著しい相互作用が存在する（図9.31）。

　アイディルワイルド研究では火災と景観のプロセスを3つのスケール、地域、近隣、世帯レベルでシミュレートした。土地利用・土地被覆は統合する変数として用いられた。土地被覆の適切な表現を決定することは研究の重要な要素となった。なぜなら、景観分類は

図9.30　アイディルワイルドは山がちで火災の起きやすい場所である（出典：Shutterstock, Steve Minkler 提供）

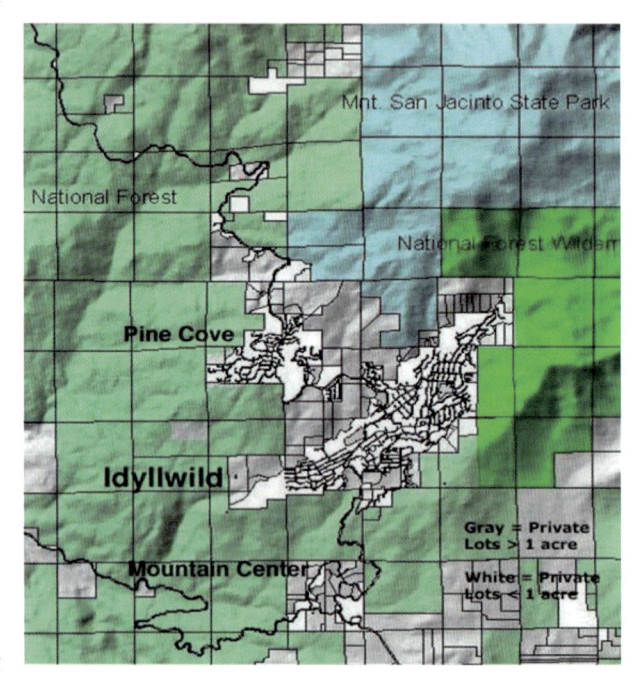

図9.31　カリフォルニア州アイディルワイルドの土地所有と区画パターンは管理機関による公有地（着色）と大規模な私有地を示している（出典：M. Flaxman, "Multi-scale Fire Hazard Assessment for Wildland Urban Interface Areas: An Alternative Futures Approach"（D. Des. diss., Graduate School of Design, Harvard University, 2001））

人間行動と環境条件の両方を反映している必要があったためである。したがって、一般的な土地被覆ないし植生地図から始めるのではなく、この研究では景観を火災管理の視点で検討した。この文脈で、主要な管理要素は「燃料装荷」である。これは、衛星画像や航空写真からしばしば得られる主要な植生とわずかにしか関連していない。なぜなら、燃料装荷の差異はこれらの画像からは一般的に得にくい、低木層や灌木層によって生じるからである。燃料装荷は、現在および過去の人間の管理方法によっても強く影響される。したがって、詳細な現地調査が行われ、それには数千の個々の土地区画レベルの調査を

も伴った。それぞれの土地区画について、火災に影響があると知られている12の変数が集められた。火災リスクと直接関連するその他のデータとしては、地形と日射条件に関する変数セットと山地景観をどのように風が流れるかに関する気象変数が含まれる。

これらの全ての要素を組み合わせると非常に多次元の「火災危険性」空間が作り出される。この複雑性を扱いやすく理解しやすい離散的なクラスに集約するために、地図学的回帰木（cartographic analysis of regression trees、以下CART）と呼ばれる統計的手法を用いた。その結果得られたのは、12程度の離散的なクラスのセットであり、それぞれのクラスは火の動きに影響を与える要素の最も一般的な組み合わせを反映している。土地区画の調査、GISそしてリモート・センシング・データはCART手法で分類され、現状の離散的な分類ができあがった。

プロセス、評価

対象地域の主要プロセスを適切にシミュレートするには複数のモデルが必要であった。人間と自然の双方の変化を考慮する必要があり、これらは様々な空間的時間的スケールで生じていた。減災計画には、問題となる離散的イベント、この場合は大規模火災をシミュレートする能力が必要である。これらは通常、数日の期間で生じるため、1時間の時間ステップでシミュレートされた。しかし、人間による燃料装荷管理と建設のプロセスも重要であり、これらは数年という期間をかけて継続的に生じる。

市街地が混在する火災には、歴史的に別々にシミュレートされてきたプロセスの組み合わせが必要であり、それらには原野火災の振る舞いと構造物の着火、つまり建造物やその他の構造物への引火が含まれる。原野火災の振る舞いは、比較的よく研究されているおり、複数のシミュレーション・モデルが存在し、アイディルワイルド研究ではFARSITE (Finney 2004)[4]というモデルが使われた。FARSITEは、入力として地盤の状況、土地利用、燃料、大気条件を必要とする。さらに、1つまたは複数の着火地点が特定されなければならない。モデルは、時間経過によるグリッドごとの火災状況の予測を行い、これには場所が燃えるか否かの予測だけではなく、それぞれの地点における火災の度合と性質を含む。

構造物の着火は、やはり独立に研究されてきた変数であるが、この研究を行った時点では、機構的なモデルは存在していなかった。このため、統計的アプローチを用いたモデルが用意され、構造物と景観特性が着火の確率として用いられた。その結果、構造物の周囲の空間が決定的に重要であることがわかった。しかしこれは、データの空間的解像度のために、この研究のその他の場面で使用された地域的火災モデルでは不十分にしかシミュレートできなかった。したがって、構造物の直近40〜100mの領域を調べる3つ目のモデルが構築された。

これら3つのモデルは、火災イベントが地域的から近隣へ、そして構造物のスケールへと遷移するよう組み合わされた。GISを統合するツールとして用いて、火災前線の性質はモデルからモデルへと受け継がれた。結果として生じる出力は、生態系と構造物の両方への火災の影響を予測した。このモデリング・アプローチは、一般的に生態系にとって恩恵があり、適切に管理された構造物への影響は無視できる程度の低度な原野火災と、生態系にも構造物にも悲惨な結果をもたらす「樹冠火災」とを区別できた。

最後に使用された4つ目のプロセス・モデルは、この研究のために開発された燃料蓄積と燃料管理のモデル (FAFM) (Flaxman 2001)である。これは、長い期間におよぶ燃料蓄積への政策および人間行動の影響をシミュレートする。この研究のために、このモデルは年単位で20年間分実行された。これ

第Ⅲ部　ジオデザインの事例研究

は土地被覆の離散的な状態の遷移と関連する燃料装荷を記録する決定木として構成された。それはまず、植生遷移と燃料蓄積による、自然な遷移の背景を取り込んだ。そしてこれらの背景的遷移が、政策レベルおよび世帯レベルの人間の介入によって改変された。世帯レベルの行為は、場所の性質、政策、そして実行活動の過去の関係に基づき、確率的にシミュレートされた。これらの関係は、約10年間にわたる法的制度と社会認知活動の歴史および火災と燃料の危険性の検査記録によって、キャリブレートされた。モデルは、センサスや土地区画データより推察できる、既知の世帯性質を検討したが、人間の燃料管理行動を予測できると証明できたのは、土地区画の規模、傾斜と自然特性のみであった。

変化

地域スケールでは、4つのシナリオが検討された。これらのシナリオは、異なる種類の行為がしばしばとられる、公有地と私有地の両方の文脈における火災管理に関連した、主要な公共政策の選択肢を反映している（図9.32 A、B、C）。

この研究における変化シミュレーションは2つの時間スケールで行われた。第1に、土地の所有権ごとに異なる管理シナリオに基づく政策セットの存在を想定した。第2に、これらの政策の人間行動および燃料蓄積に及ぼす影響は、FAFM決定木モデルによって20年間についてシミュレートされた。第3に、離散的な火災イベントが、将来の景観上でシミュレートされた。これは、複数の独立したモデルを構築し組み合わせる必要があるため、整理することが難しい複雑な構成である。しかしこれにより、年単位の期間で起こる政策と自然プロセスの累積的効果を背景条件とした、時間から日単位の期間で起こる将来のイベントを考慮することができる。

FAFMモデルの20年間の結果は、検討された政策が燃料装荷に非常に大きなインパクトがあることを指摘する（図9.32B）。土地の所有と管理のパターンは、地形と生物物理要因と相互作用し、複雑なモザイク状の火災危険度条件を生成した。

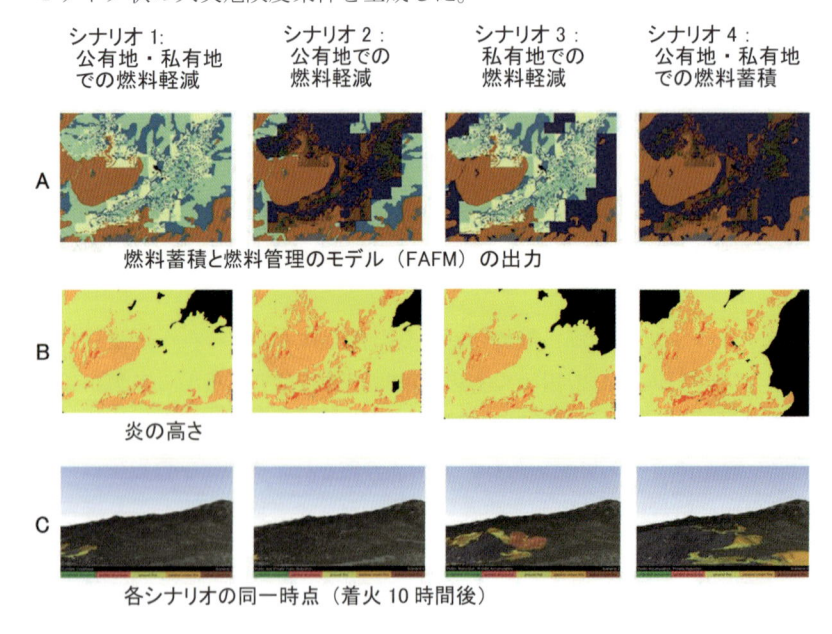

◀図9.32 A、B、C それぞれ燃料装荷・燃料管理モデル（FAFM）、火高、着火10時間後。上段の地図（9.32A）の色は、植生遷移と燃料管理政策の組み合わせによって生じる特有の「燃料モデル」を示す。最も可燃なシャパラル燃料は薄茶で示され、濃青の湿潤な林種は、極度の条件を除いては燃えることがない。中段の地図（9.32B）は潜在的な炎の高さを、黄色（地面火災）から濃赤（樹冠火災）の連続色で示している。下段の画像（9.32C）は、それぞれのシナリオでの着火10時間後の火災を示している（出典：M. Flaxman, "Multi-scale Fire Hazard Assessment for Wildland Urban Interface Areas: An Alternative Futures Approach" (D. Des. diss., Graduate School of Design, Harvard University, 2001)）

シナリオ1：公有地・私有地での燃料軽減
シナリオ2：公有地での燃料軽減
シナリオ3：私有地での燃料軽減
シナリオ4：公有地・私有地での燃料蓄積

A 燃料蓄積と燃料管理のモデル（FAFM）の出力

B 炎の高さ

C 各シナリオの同一時点（着火10時間後）

インパクト

　2つの一般的な形態を持つインパクトが検討できる。第1は、人間の生命、安全、資産に対する将来の危険から守る政策セットの効果である。市街地原野火災の文脈では、人命と安全はFARSITEモデルによってシミュレートされた火災性質と直接的に相関している。これらには引火率、火の高さ、燃焼強度が含まれる。安全とともに財産の側面は構造物引火の予測モデルによって検討された。

　火災シミュレーションの結果は以下の2つの形式で示された。図9.32Cでは、それぞれのシナリオにおける火災のある一時点が示されている。この形式は燃料管理政策の違いに関する判断を容易にした。

　図9.33では、ある火災の時間経過が示されている。この形式による可視化は災害避難計画の策定により適しており、延焼の比率と場所を強調する。

意思決定

　空間的な可視化は意思決定に大きな影響を及ぼし、これは特に意思決定が分散的な場合に特にそうである。この研究の場合、空間的可視化の1つの目的は、人間行動、自然環境、火災の複雑な関係に関する専門的および一般的な理解を深めることであった。これらは時間軸および空間上で展開し、3次元の森林構造が関連する。この情報を、非技術的な形態でしかし技術的に正確に十分に伝えるために、特定の可視化法が開発され、意図された観衆に対して試された。

　最も効果的であると証明された技法は、空間可視化のアニメーションであった。景観レベルの地形および植生構造はフォト・リアリスティックにシミュレートされ、一連の低空からの斜視図で表現された。火災リスクの半透明の地図が、layer tintingとして知られる方法を用いて、これらの3次元シーンに重ね合わされた。これにより、道路や建物のパターンといった空間的文脈の情報が同時に可視化され、抽象的な危険度の情報と関連付けられた。同様な図的技法が、離散的な火災イベントと構造物引火に用いられた。しかしこの場合では、火災は時間経過によってアニメートされた。アニメーションの1秒が1時間の火災イベントを表現した。これにより、様々なシナリオにおける異なる引火速度と強度を、それぞれ30秒から45秒のアニメーションにより、人々に理解させることができた。

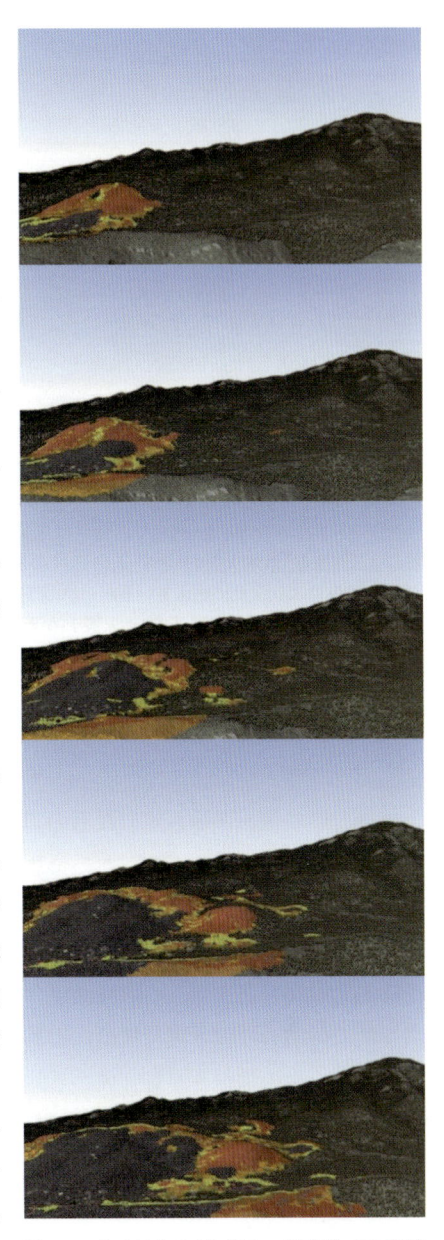

図9.33　シナリオ4（公有地・私有地での燃料装荷）の着火5時間後から9時間後（出典：M. Flaxman, "Multi-scale Fire Hazard Assessment for Wildland Urban Interface Areas: An Alternative Futures Approach" (D. Des. diss., Graduate School of Design, Harvard University, 2001)）

そのようなアニメーションの1フレームが図に示されている（図9.34）。このケースでは、黄色が低強度の「原野火災」を示しており、橙色がより高強度の「灌木火災」を示している。この火災の例では、図左上の着色されていないシャパラル植生がより強く燃えているが、大部分の火災は低強度である。図の右にはしかし、不連続的な「スポット火災」が、主要火災からの火の粉が卓越風によって運ばれて発生している。

この事例研究の結果は複雑であり、計画と意思決定のための含蓄もそうであった。それらは、公有地の管理政策あるいは個別の行為のみで、大規模な構造物の損失を伴うような甚大な火災のリスクを除去するのは不十分であることを指摘した。ただし、私有地の管理は総じて10倍程度、構造物の火災リスクを減少させるのにより効果的であった。2つの政策の組み合わせは非線形の便益の増加を示した。

図9.34 レイヤ・ティントによるシミュレートされた景観上の火災モデルのジオ・ヴィジュアライゼーション。黄色は低度の「地面火災」を、橙はより強度な「低木火災」を示す。この画像の左上の無着色のシャパラル植生はより強度に燃えているが、大部分の火災は低度である。画像の右の不連続な「スポット火災」がモデルによって生成された（出典：M. Flaxman, "Multi-scale Fire Hazard Assessment for Wildland Urban Interface Areas: An Alternative Futures Approach" (D. Des. diss., Graduate School of Design, arvard University, 2001)）

人間行動の側面が最も重要なものであることがわかり、それは人口や社会的要因ではなく、土地管理と土地区画のパターンであった。これらの山岳コミュニティを囲む、大きく、急傾斜の、大部分が空地の土地区画が、最も高い火災危険度を有していた。これは、市街地から発生する火災から森林を保護することに関心を持つ自然資源管理者と、原野火災が街に広がることを心配する市街地住民の双方にとっての懸念事項であった。この観測は、当初の計画、政策とモデル構成時には予期されておらず、これが潜在的な将来の政策と実行活動に影響を持つこととなった。この具体的な種類の土地区画は、それまでの市街地火災の法律と原野管理から除外されていた。部分的にはこの研究の結果、この山岳コミュニティは、大規模な空地に注目し、その所有者に火災の緩和を義務化する、新たな火災条例をつくった。土地を法律で定める基準で管理しない所有者は、多大な罰金を科せられることとなり、極端に危険なケースでは、強制的なリスク防除のための租税先取特権が設定された。

これらの一般的な結論の中で、エージェント・ベース型のシミュレーション・モデルは、どの個別の構造物とその近隣が著しく高い火災リスクにあるかという豊富な情報を含んでいた。既存の防災管理プログラムはこの情報を用いて、高リスク地域における実行行為の的を絞った。火災管理者は、選択的な法執行ととられることを危惧し、当初この情報を用いて行動することに神経質であった。しかし彼らは、対象を絞った実行行為でも、それがリスク・アセスメントに基づくものである限り、コミュニティの全面的な支持のもとにあるという保証を当局からとり付けた。

このケースと場所の個別性を超えて、私たちはエージェント・ベース・モデルと可視化の、政策と計画の改正の実質的または手続的な側面に対する能力を検討することができる。このケースからの証拠は、このような技法が政策と管理に影響を与えるのに効果的であり、具体的な政策と恩恵はプロジェクトのはじめには明らかでないことがあるということである。このケースではまたABMが計画のより効果的

な空間的ターゲティングを可能にし、潜在的なデザイン課題を試験する適切な環境となりうるということである。このアプローチの欠点は複雑な技術的要件であり、この場合には、新しいモデルの構築と、既存のモデルを統合するために、あつらえのコンピュータ・プログラミングが必要であったことである。しかし、利害が大きいケースにおいては、この程度の労力は正当化されるかもしれない。計画コストは、高度な方法を用いたとしても、実際の管理コストと比較して非常に低い。

このようなアプローチの環境面での恩恵は、数量化または金額換算するのは困難であるが、それはかなり高いであろう。人間システム側については、このケースで達成したリスク低減は、10億ドルを超える不動産価値と、数千人の人命と生業に影響を与えるものであった。この研究は、ABM技法が空間的政策のデザインと評価の重要な新しいツールであると結論付ける。それは特に、人間－自然システムが密接に組み合わされる場合と、より複雑なジオデザインと可視化法が必要となる場合に有益であった。

混合型：継続的とエージェント・ベース型変化モデル

第5章で議論したように、デザインするいくつかの方法は、意図的に全体または部分を無限に組み合わせて使うことができる。次の事例では（図9.35）、複数のデザイン・チームがそれぞれの時代について、西ロンドンの交通インフラをデザインしたが、その方法はおそらく継続的モデル（あるいは、抑制型か組み合わせ型かもしれない）であっただろう。この事例研究で、異なる土地利用についてのエージェント・ベース型変化モデルによってシミュレートされるように、異なる交通計画は、多数の独立した開発行為によってもたらされる変化にとっての魅力度評価の入力に変換された。この「混合型」モデルはさらに次の時間ステージに続き、西ロンドンの歴史的な成長をモデル化する。したがって、私たちはこのデザイン・モデルを「混合型」と考えることができ、なぜならいくつかの基本的な変化モデルのアプローチを組み合わせているからである。

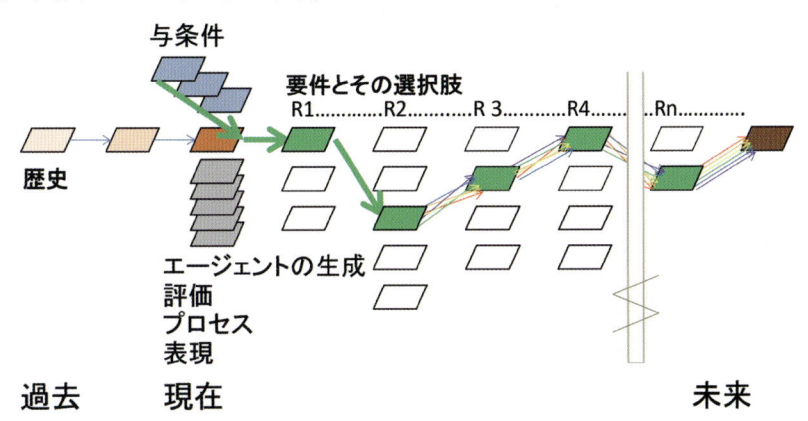

図9.35 混合型の一例：継続的とエージェント・ベース型変化モデル（出典：Carl Steinitz）

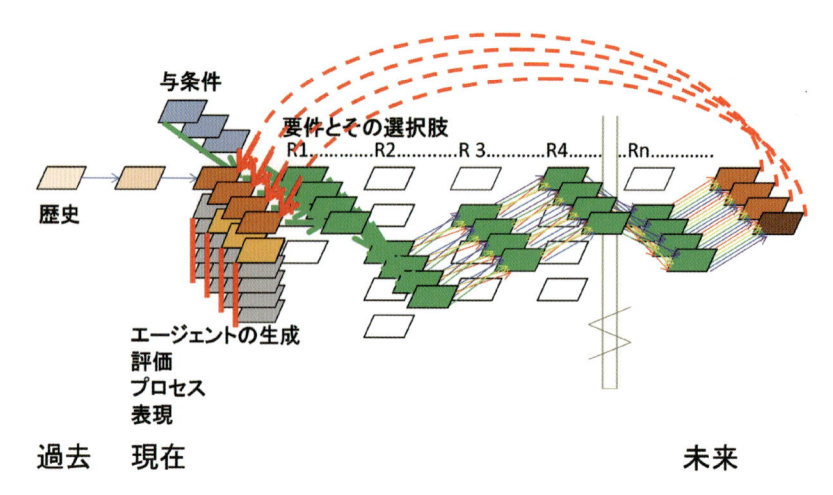

図 9.36 混合型の一例：継続的とエージェント・ベース型の時系列（出典：Carl Steinitz）

英国・西ロンドン 1875-2005 年 [5]

次の事例研究は、Kiril Stanilov and Michael Batty, "Exploring the Historical Determinants of Urban Growth through Cellular Automata" (*Transactions in GIS* 15, no. 3, [2011]: 253-71) から編集されたものである。この研究は西ロンドンの過去の市街地拡大を研究し（図 9.37）、土地利用パターンの空間的決定要因についてある理論的仮説を検討した。これは西ロンドンの歴史的成長を空間的・時間的な高解像度で記録した、稀有に詳細な経験的データに基づいている。研究の結果は次のような根本的な仮説を支持した：(1) 土地利用と物理的環境との関係は時間を通じて一貫しており、歴史的文脈の変化に比べ変異はほとんどなかった、(2) そしてこれらの関係は都市成長の基本的な遺伝情報を構成しており、ある大都市圏における土地開発の空間的シグネチャーを決定していた、(3) 結果として生じる変化パターンは主要インフラなどのデザイン要素によって「成形」することができる。

この研究は、都市成長のパターンを構成する上で最も重要な核には、永続的な空間的関係のセットがある、という考えを探求することであった。これらの関係は、主要土地利用分類間に存在する誘引力と反発力や、建築環境のいくつかの主要な空間的性質（これには、インフラのようなデザインされるものも含まれる）で定義される。この研究の主要論点は、これらの関係は経済的、政治的、技術的体制の変遷に先んじて、概ね自律的に作用するという点で、社会経済的な状況を超越するということである。生物学的なアナロジーを使うとすれば、ここで分析される空間的関係は、都市開発の遺伝子コードであり、ある都市地域が存在している期間、その形態と成長をつかさどる基本的ルールのセットである。社会経済的要因は、一次的な固定された空間的関係の上に課せられるエージェントのオーバーレイとして、成長パターンに影響を及ぼす。生物学的アナロジーを続けるとすれば、社会的行為者の影響は、環境がその構造と形態がアプリオリに定義されている生体の発達に影響を与えるのと同様に、都市成長のパターンを変化させる。

大都市圏の成長パターンを形作る基本的な空間的関係は、2 つの別々の、しかし相互に関連したレベルで作用する。第 1 のレベル（ローカル・スケール）では、それらは様々な都市的土地利用のカテゴリの間で作用する、誘引と反発の力によって定義される。つまり、例えば、全ての土地利用はそれ自身を誘引する（その結果、均質的な土地利用クラスターが生じる）；一部は相互に誘引しあう（例えば、高

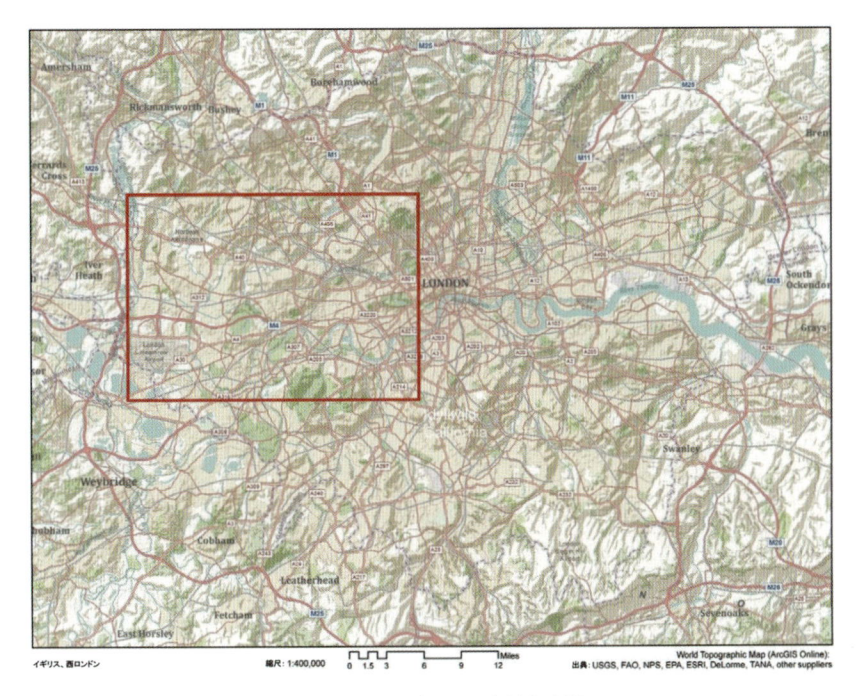

第9章　ルールが所与の場合のジオデザイン

図 9.37　西ロンドンの研究対象地域

密度住宅と商業とリクリエーション土地利用）；一部は、同じ場所で共存することがない（例えば、住宅と工業）。第 2 のレベル（地域的スケール）では、土地利用パターンは都市全体の空間的フレームの物理的性質によって条件付けられ、それは交通インフラの主要要素（主要道路および乗降地点）および活動センターのネットワーク（中心業務地区(CBD)や、郊外の活動クラスター）によって構成される。急傾斜地、水文などの自然地理、そして公有地、公園などの法的制約も重要な役割を果たす。インフラ要素と活動センターのパターンは、大都市圏内の全ての地点の地域的アクセシビリティを決定し、土地利用分布の空間的パターンに決定的な影響を与える。都市構造のこれらの要素が開発の遺伝子の外部に存在し、いったん決定されると、遺伝子は上部から築かれた形態に適応する。

　この仮説を検証するためにこの研究は、長期間におよぶ揺るぎない経験的データに基づいて仮定の妥当性を評価する探索的モデルを構築した。このような挑戦に耐えうる唯一の方法は、伝統的な都市成長モデルを逆転させ、再定義することだと思われた。もし、未来を予測する代わりに、私たちが過去に立ち戻り、現在を予測したらどうなるであろうか？　もし、現在が 1901 年、ヴィクトリア女王が亡くなったばかりで、ヴィクトリア朝の世界が終わりをつげ、ヨーロッパの平和が危うさを続けており、第一次世界大戦を目前に控えているとしたら、どうなるであろうか？　もし、ヴィクトリア時代末期のデータで、21 世紀には都市がどうなるかを予測したとすれば、どうなるであろうか？　私たちは、実際にどうなったかを知っているという当然の優位を持っており、またモデルという形態の強力なツールを持っており、それは私たちの主要な空間的関係の時間を超えた一貫性と重要性についての仮定を、見込みではなく揺るぎない歴史的事実を持って検証させてくれる。

表現

　この全般的な概念的フレームワークを念頭に、西ロンドンの歴史的成長のセルラー・オートマタ・モデルが構築され、過去130年間の土地利用変化のパターンをシミュレートした。モデルの開発は経年的な地図シリーズに基づいており、それは歴史的な公的測量（オーディナンス・サーベイ、OS）の記録により、空間的・時間的に高解像度で生成されたものである。目論みは始めの3つ地図シリーズ（1875、1895、1915年）だけからモデルをキャリブレートし、初期のパラメーター値を変えることなく2005年までモデルを走らせるというものである。モデルによって生成される1915年以降のパターンとOS地図とのフィットの程度によって、モデルの仮定の妥当性を検証する。その結果は仮説を確認し、驚くほど堅固で正確な西ロンドンの成長パターンが1935、1960、1985、2005年について「予測」され、したがって、限定的なセットの空間的変数が都市遺伝子として読むことができ、都市地域の長期間における物理的進化を大部分決定する、という議論を支持した。

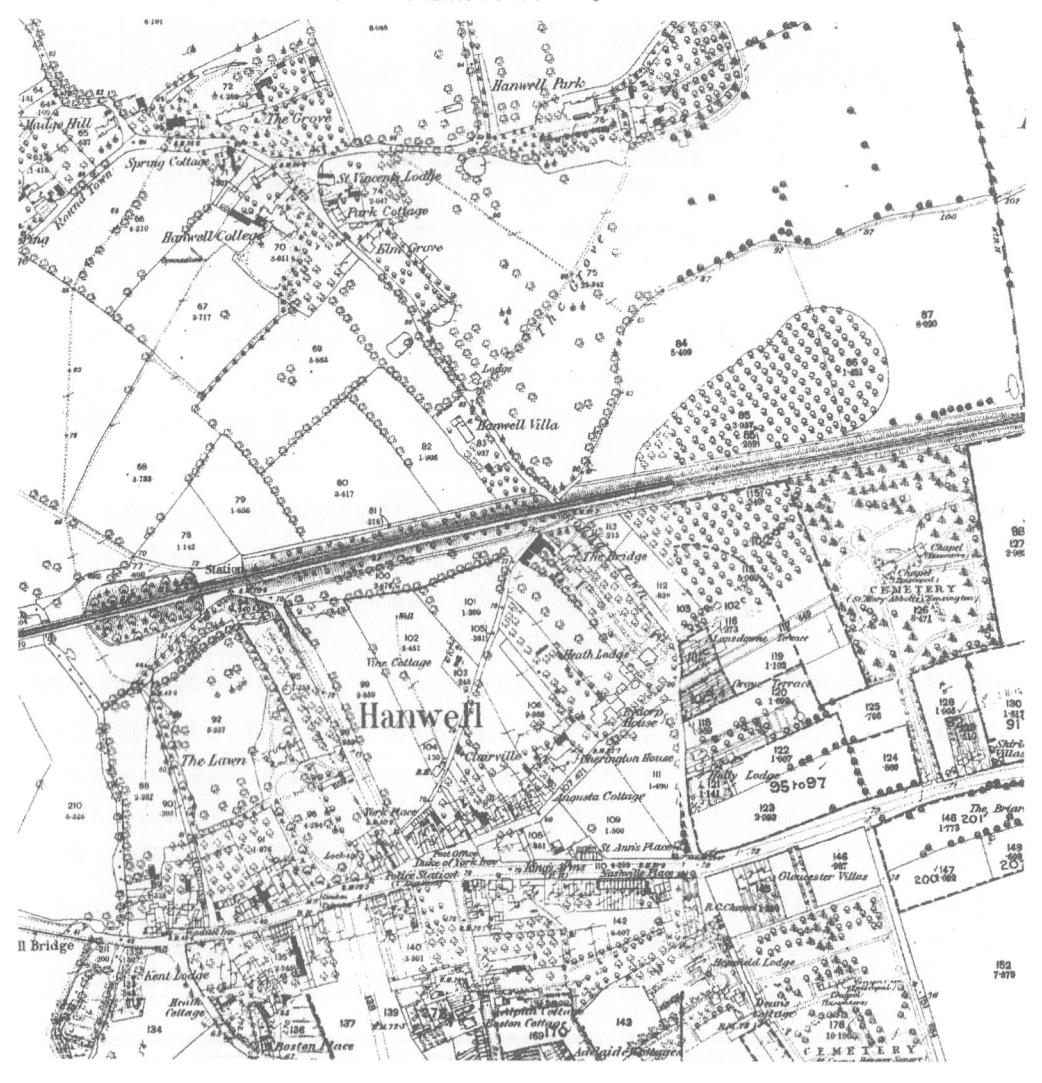

図9.38 Hanwell, West London, 1875。原データソースは高解像度なため、地図は1平方キロのタイルで提供される。西ロンドン研究対象地域は200のこのようなタイルにまたがる（出典：Kiril Stanilov または UK Ordinance）

ロンドンを事例研究として選択した理由のうち、都市の歴史における代表例であることと過去がよく記録されていること以外は、ロンドンの計画体制の特徴に関連している。都市開発の管理が分権的で分断されたアプローチをとっているのは、ロンドンの歴史の一貫した性質であり (Hall, 1989)[6]、大都市圏の開発パターンへの計画のインパクトを限られた数の主要介入へ分離することが容易であったためである。西ロンドンのケースについては、それらはグリーンベルトの設置と地域的に重要ないくつかのインフラ・プロジェクトである。この研究に使われたデータベースの特徴は、その時間的範囲の大きさであり、ロンドンの成長の過去130年をカバーしている。データセットには20年間隔での西ロンドンの都市的構造の成長の断面を示す、時系列的な地図であり、1875年からはじまる。

土地利用の変化の記録について、非常に詳しい縮尺1:2,500の歴史的OS地図によって、高い空間解像度で幅広い土地利用カテゴリを特定することができ、60近い土地利用クラスと建物種別の特定と実際の土地区画境界の正確な表現が可能であった（図9.38）。最終的には、モデルに含まれた土地利用クラスの数は9に縮小され、一般的な節約の原理の要求を意識した、最適なモデリング環境に至った。

土地利用ポリゴンの地図データは、7つの全ての地図シリーズについて作成された。ベクター・データの地図は25 m×25 mのグリッド形式に変換された。土地利用のデータベースに加え、対象地域のインフラ・ネットワークの進化を記録した。地図シリーズの各々について、このプロセスには道路、鉄道、運河のデジタイジングと、鉄道と地下鉄の場所と開通日の記録が含まれる。さらに、郊外の主要なクラスターが、ArcGIS Spatial Analystの近傍関数を用いて特定された。これらのデータは都市成長モデルの重要な要素であった。

プロセス

セルラー・オートマタ（CA）をこのモデリング・アプローチに採用したのは、CAの証明された空間的現象を扱う能力のためであり、高解像度での適用を容易になしうるためである。この研究はRIKSによって開発されたMETRONAMICAというモデリング・システムを用いた。METRONAMICAは多岐にわたる都市的土地利用（現在の上限は26クラスである）をモデル化することができる。それは、対話的にパラメーター値を決定し、視覚的およびリアルタイムにモデルの動作を探求することができる。このモデリング・システムの機能は実験を促し、組み込み機能により瞬時的なフィードバックを提供することは、特に探索的モデルのキャリブレーションに適しており、決定的営力のインパクトは試行錯誤の方法で試される。

METRONAMICAに埋め込まれたモデリング・コンセプトにしたがって、9つの土地利用クラスは3つのグループに分けられた。第1のグループは3つのクラス（住宅、商業、工業）からなり、これらは能動的にモデル化された。これらの土地利用のダイナミクスは「*能動的機能*」と呼ばれ、土地への外生的な需要に応答する。このケースでは開発の量、あるいは3つのクラスそれぞれのセルの数は地図シリーズに記録されたそれぞれの土地利用の面積によって与えられた。換言すると、モデルは、各対象時期の能動的土地利用とそれぞれのセル数を所与の外生的な制約として、対象地域内のこの成長を各時間ステップ（年単位）に分配した。

第2の土地利用のグループは「*受動的機能*」と呼ばれ、外生的な需要によっては左右されない土地利用クラスからなる。このグループには空地とソフト開発と呼ばれる、農園、農家、その他、といった都市的利用への転換が特に起こりやすい土地利用が含まれる。これらの受動的機能は、前述の能動的機

能の成長や衰退に伴って土地が使われたり放棄される結果として、出現したり消滅したりする。

最後の第3の土地利用グループは静的クラスからなり、それはデザインされ、景観に突如出現し、時間的にほとんど変わらないものである。空港、交通、水部、レクリエーション、そして大規模な機関利用（基地、大病院、刑務所など）は、有機的に成長させるプロセスによって動かされるのではなく、ある時点における集権的な意思決定による結果であることが知られている（あるいは少なくともそう見える）ため、このグループに属す。これらの土地利用はしたがって、OS地図に初めて出現した時点でモデルの中に登場する。この意味で、これらの利用は、「デザインされた」ものであり、能動的にはモデル化されていないが、これらはその他の土地利用の場所に、誘引と反発の効果を通して影響する。

評価

モデル開発の次の重要なステップは、アクセシビリティ・パラメーターの統合であり、それはMETRONAMICAでは土地利用図にオーバーレイされたポリライン・シェープファイルによって扱われる様々なインフラ要素を導入するモデリング関数である。道路ネットワークについては、主要道路のみを採用し、それらを主要幹線道路および2次的集散路として分類した。アクセシビリティ・パラメーターにはその他、主要乗降ノード（鉄道および地下鉄）、CBDの場所および主要な郊外活動クラスターが含まれる。

モデルが、最初の都市計画法（1909年）に大部分先立つ1875、1895、1915年のデータによってキャリブレートされていることもあり、土地利用の決定要因として開発規制を含めなかった。この判断は、西ロンドンの成長のパターンが建造環境に内在する空間的特徴のみによってどの程度説明しうるかを検証する、この研究の主要目的にかなっていた。しかし、グリーンベルトの設置による土地開発規制があり、それは大ロンドン計画で初めて提唱された計画概念であり（Forshaw and Abercrombie 1944）[7]、住宅自治省によって1950年代に包括的に施行されたものである。

変化

エージェント・セルのある土地利用状態の他への変異は、変異ポテンシャルと呼ばれる値に基づき、METRONAMICAに組み込まれた配分アルゴリズムが制御した。モデルのキャリブレーションには、様々な距離にある土地利用間の相互作用とアクセシビリティ・ネットワークの様々な要素が能動的土地利用機能に及ぼす影響に関するパラメーター値の調整を伴う。パラメーター値の初期値および調整は、パラメーター値がモデルによって生成されるパターンへの空間的影響を視覚的に確認する、対話的プロセスによって行われた。分析された土地利用を建造環境間の空間的相互作用に関する仮説の有意性および不変性を検証するために、1875年地図を初期状態として用い、1895年および1915年の地図シリーズに記録された土地利用に対照させて、キャリブレートした。この40年間（1875年から1915年）に基づいてキャリブレーションを実施したのち、モデルは1875年から2005年まで実行された。キャリブレーション時期を超えてモデルを実行したのは、このプロジェクトの目的が、予測と実績の比較を可能にするモデルの開発にあったためである。

最後に、このモデルは、土地利用のダイナミクスが外生的な入力によって影響を受けるという点で、制約されたセルラー・オートマタであることを強調しておく必要がある。130年間にまたがるシミュレーション実行の過程で、モデルは20年間ごとに地図シリーズから得られた次の情報でアップデートされ

た：1. 次の20年間における3つの能動的土地利用（住宅、商業、工業）への開発需要、2. アクセシビリティ・ネットワーク（新しい主要道路、鉄道と地下鉄の駅、発生しつつある郊外センター）、そして、3. 新たな静的土地利用（空港、リクリエーション、大規模機関）である。このタイプの制約は伝統的に大部分のCAによる土地利用モデルおいて、抽象的で数学的なCAの仕組みを都市開発プロセスの現実に適用するためのメカニズムとして使われてきており、モデル結果の飛躍的な改善につながる。結果として、モデルによって作り出された結果は、最も楽観的な期待をさらに超えたものであった。

インパクト

歴史的な地図シリーズに記録された西ロンドンの成長パターンの分析は、高度にダイナミックで複雑な土地利用構成を明らかにした。6つの研究対象期間に新たな開発によって吸収された土地を表現した地図の比較から、都市成長の明瞭な質的変化をみることができた。3つの時期が区別することができ、それは核化（1987-1915）、拡散（1915-1960）、充填（1960-2005）のパターンで特徴付けられた。

土地利用変化の空間的分析はArcGISで行われ、仮説を支持することに貢献をした。それは各種土地利用と主要道路、鉄道駅、郊外活動クラスター、そしてロンドンのCBDとの近接性に、体系的で不変な関係の存在を確認した。新たな宅地開発（1915-1935）が1915年に使用可能であった土地（すでに開発されたセルを除く）に記されたとき、それらのCBDや鉄道駅への距離の分布はそれ以前の時期と非常に似通っていた（図9.39Aと9.39B）。都市的空間構造の主要要素へのアクセシビリティが成長パターンにもたらす持続的影響は、幹線道路および集散路に対する宅地の分布のグラフに、さらに強く表れている（図9.39Cと図9.39D）。

▶図9.39A・B・C・D 宅地利用の分布。(A) CBDに対する、(B) 鉄道駅に対する、(C) 主要道路に対する、(D) 集散路に対する（出典：K. Stanilov and M. Batty, "Exploring the Historical Determinants of Urban Growth through Cellular Automata." Transactions in GIS 15, no. 3 (2011): 253-71）

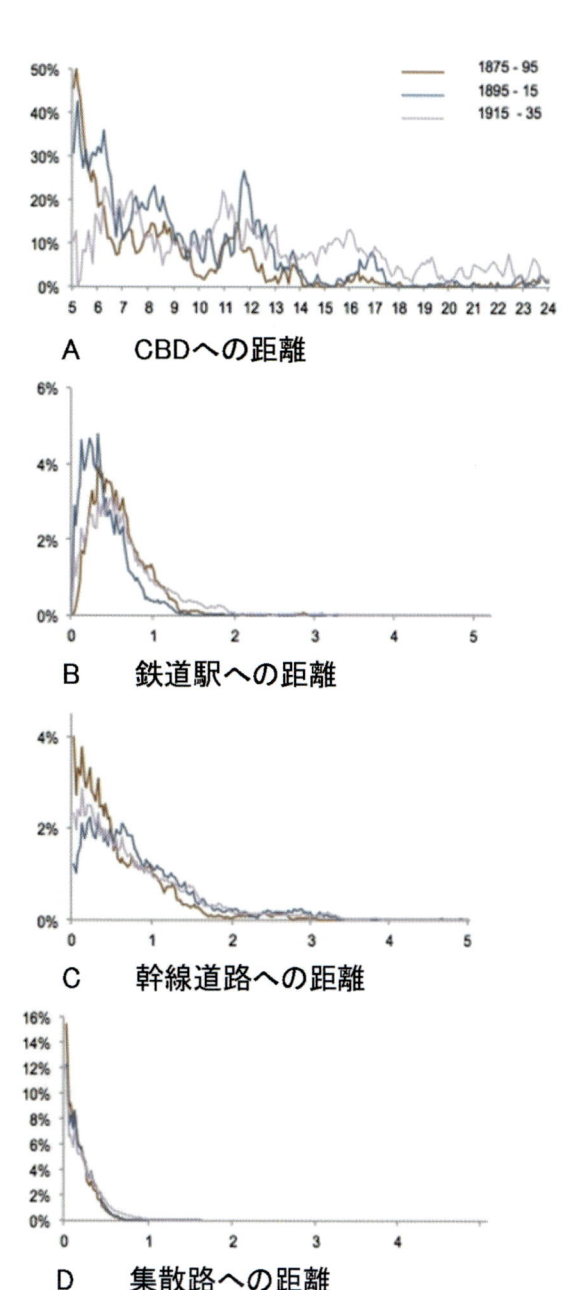

意思決定

　都市成長の主要な空間的要因の重要性と不変性についての仮説の究極的な試みは、シミュレーション結果から得られた。モデルによって予測された2005年の土地利用図（図9.40）は、同じ年に地図に記録された実際の土地利用と驚くほど良い対応がみられた。モデルの結果の評価には、全般的なパターンの「正しさ」を、対象地域内の土地利用の一般的分布や、都市中心からの分散の度合、クラスターの規模や位置、そして土地利用のペア間の一般的な空間的関係（住宅と商業、商業と工業、リクリエーションと住宅、商業と空港、など）によって得られる特徴から行った。このケースではモデル結果と現実データのフィットを評価する、より高度な計量的方法は不適切であろう。現に、一般的な統計的方法の一群（kappaとfuzzy kappa係数、フラクタル次元、など）は、キャリブレーション後1世紀近くにわたる期間をカバーし、予測された開発の2／3が新たな開発であるようなケースに適用するのが適切だとは到底考えられない。景観計測に基づく位置固有の推定値は、モデルが現実味のあるパターンを再現するのに比べ有用ではなかろう：モデルの出力結果は「それらしく見えなくてはならない」。その点で、この研究は非常に成功した。

　さらに、西ロンドンの成長シミュレーションは19世紀のデータから2005年の現実味のある結果を生成しただけではなく、都市パターンの進化を特徴付ける都市成長ダイナミクスの重要な性質を捉えた。モデルは、都市成長が核化から、波及へ、充填へ推移を捉えた各研究対象期間における土地利用の配分を高い空間的、時期的な正確性を持って予測することができた（図9.40）

　加えて、シミュレーションは20世紀前半に発生した工業回廊（図9.41A）と、世紀の終わりに向かって発生した郊外縁辺の商業クラスター（図9.41B）の出現の再現に成功した。

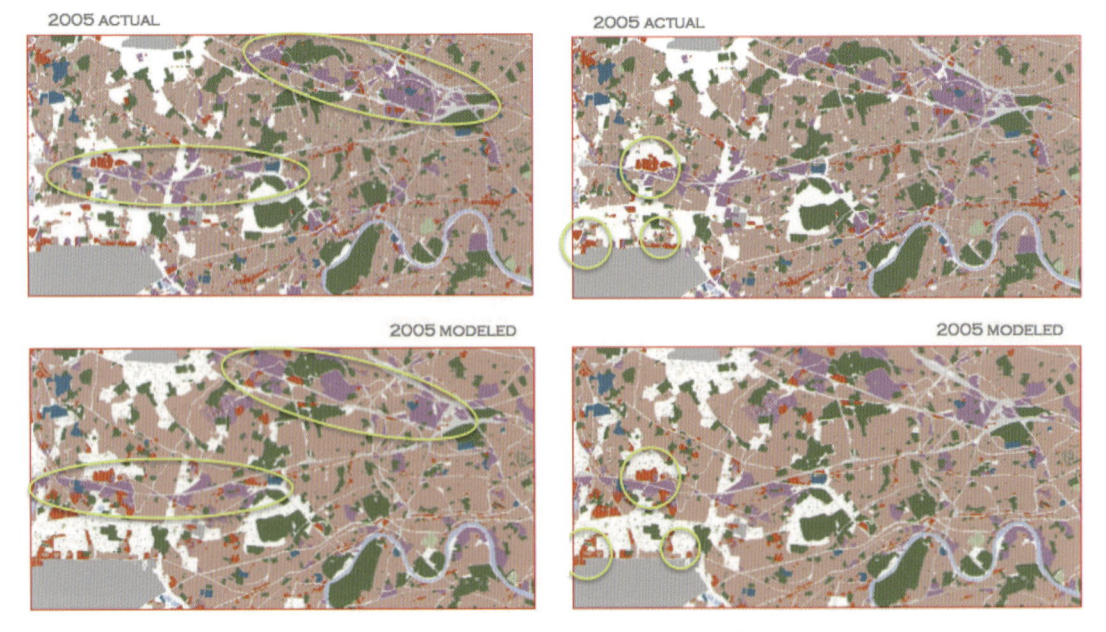

図9.41A・B　モデルによって予測された、工業回廊（A）と郊外商業クラスター（B）の出現

（出典：K. Stanilov and M. Batty, "Exploring the Historical Determinants of Urban Growth through Cellular Automata." *Transactions in GIS* 15, no. 3 (2011): 253-71）

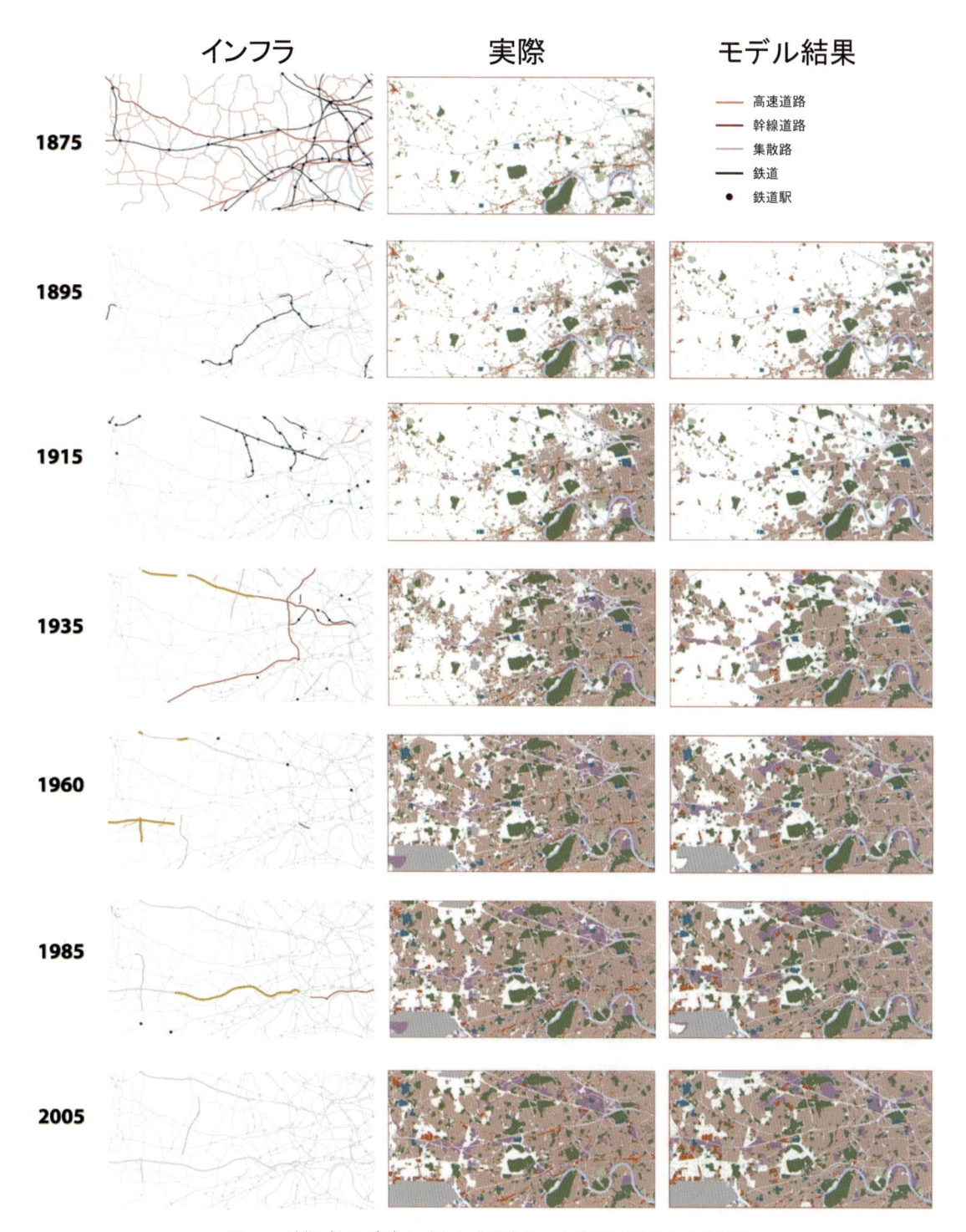

第 9 章　ルールが所与の場合のジオデザイン

インフラ　　　　　実際　　　　　モデル結果

― 高速道路
― 幹線道路
― 集散路
― 鉄道
● 鉄道駅

1875

1895

1915

1935

1960

1985

2005

図 9.40　時期ごとのデザインされた交通変化、実績と予測された土地利用
(出典：K. Stanilov and M. Batty, "Exploring the Historical Determinants of Urban Growth through Cellular Automata." *Transactions in GIS* 15, no. 3 (2011): 253-71)

この西ロンドンの歴史の研究では、高解像度の経験的データを用いた、特定の理論的仮定を試験するシステムを開発することにより、工業回廊と商業クラスターの出現をセルラー・オートマタの2つの流れを関連付けることによって調べられた。空間的分析は西ロンドンの歴史的な成長を記録し、この仮説を強く支持した。都市成長のパターンは、土地利用とデザインされたインフラと建造環境の物理的フレームワークに関連したアクセシビリティ・パラメーターとの相互作用を定義する、持続的な空間的関係によって強調された。これらの結果は、具体的な社会経済的状況の変化に関わらず、都市成長のパターンの根拠となる空間的関係の持続的な性質の証明と解釈することができる。

この章で紹介された4つの事例研究はいくつかの共通した特徴がある。多かれ少なかれ、これらは全てルールに基づいている。ただし、それぞれ異なった方法で、開発され研究の中心的プロセスを規定するルールを適用した。全ての事例が、比較的大きな研究の文脈で適用され、公共政策とジオデザインの複雑な問題について適用された。全ての事例で、ルールに基づくプロセスをアルゴリズムとして表現する必要があったため、変化モデルとして実施するのは比較的困難であった。それでも、これらは2つの特に重要だと考えられる特徴を共有している。それらは、全てが現在と過去のデータを用いてキャリブレートされたものであるということ、そして「バックキャスティング」の調査戦略をとった西ロンドンの研究を除いた全てが変化モデルを未来に向けたいくつかの時間ステージに適用した、ということである。

【注】

1. C.Steinitz, R. Faris, M. Flaxman, J. C. Vargas-Moreno, G, Huang, S.-Y. Lu, T. Canfield, O. Arizpe, M. Angeles, M. Cariño, F. Santiago, T. Maddock III, C. Lambert, K. Baird, and L. Godínez, *Futuros Alternativos para la Region de La Paz, Baja California Sur, Mexico/ Alternative Futures for La Paz, BCS, Mexico* (Mexico D. F., Mexico: Fundacion Mexicana para la Educación Ambiental, and International Community Foundation, 2006); C. Steinitz, R. Faris, M. Flaxman, J. C. Vargas-Moreno, T. Canfield, O. Arizpe, M. Angeles, M. Carino, F. Santiago, and T. Maddock, "A Sustainable Path? Deciding the future of La Paz," *Environment: Science and Policy for Sustainable Development* 47 (2005): 24-38.
   In Japanese in *Landscape Research Japan* 69, no.1 (2005): 66–67.

2. M. Flaxman, C. Steinitz, R. Faris, T. Canfield, and J. C. Vargas-Moreno, *Alternative Futures for the Telluride Region, Colorado*. (Telluride, CO: Telluride Foundation, 2010).

3. Edited from M. Flaxman, "Multi-scale Fire Hazard Assessment for Wildland Urban Interface Areas: An Alternative Futures Approach" (D. Des. diss., Graduate School of Design, Harvard University, 2001).

4. M. A. Finney, "FARSITE: Fire Area Simulator—model Development and evaluation" (Research paper. RMRS-RP-4, Ogden, UT: US Department of Agriculture, Forest Service, Rocky Mountain Research Station, 2004).

5. Edited from K. Stanilov and M. Batty, "Exploring the Historical Determinants of Urban Growth through Cellular Automata," *Transactions in GIS* 15, no. 3 (2011): 253-71.

6. P. G. Hall, *London 2001* (London: Unwin Hyman, 1989).

7. Forshaw, H., and L. P. Abercrombie. *County of London Plan, 1943*. Westminster, England: Town Planning and Improvements Committee, 1944.

第Ⅳ部　ジオデザインの未来

　成功するジオデザインは、統合的なアプローチを必要とする。価値や理論からツール、技法、手法を分離し、研究、教育、実践における適用から問題を分離することは、必然的に難しい。私は、ジオデザインの実践で統合されるに違いない明確ないくつかの側面を区別して教えることに正当性はないと思ってきた。私たちは、より良い環境を作り出し、より良い機会を持つ、より良いデザインを達成する確率を高めるために、賢い選択をしたい。私は、これが私たちの仕事の究極の目的であると信じている。

　この本の第Ⅳ部は、ジオデザインの未来とその参加者が最終的に関わる3つの分野、すなわち、研究、教育、実践を詳しく見る。第10章は、ジオデザインに対する研究の必要に焦点を当てる。一方、第11章は教育に関する提言を含んでいる。私たちのジオデザイン関連の仕事のいくつかの実行、あるいはジオデザインにおける教育に対して必要な要素として、ジオデザインの2つの側面があると信じている。そして、それら2つは学校、職業的環境において、最近、実際より低く見られている。最初のものは、6つのジオデザインのフレームワークの質問に対する相対的な情報を扱うために、統合されたツールと技法を開発することに関してである。次いで2つ目は、私が第11章で後に戻るトピックである、歴史と前例の強調が十分でないことである。そして、第12章において、私はジオデザインにおける実践の未来についての考えをまとめる。

第10章　ジオデザインの研究に対する含蓄

ツール、技法、手法[1]

　私は、効果的なジオデザインのために教えられ、理解され、採用され、用いられるツール、技法、手法のリストを持っていない。明らかに、私たちがジオデザインの様々な側面に適用することができる、多くのツールや技法がすでに存在する。様々なツールは、コンピュータ・ハードウェア装置、情報－人間－エージェント・プログラム、パッケージド・モデル、そして、多くの同等の非デジタル・ツールの無数の組み合わせを含んでいる。また、描くこと、書くこと、話すことなどの基本的な訓練について第4章で書いた、インタビュー、デルフィ法、簡略記憶記号、「虎の脱走」のような発見的問題開発法などの、技法には多くの様式がある。この本の事例研究において、すでに私は、いくつかの方法とツールと技法の組み合わせに光を当ててきた。

　むしろ、実績と個人的経験（そして、ときどき理論）が、私たちに与えられた状態で、「より良い」または「より適切な」ツール、技法、または方法を決めてくれる。ジオデザインにおいて協力し合う人々は、ツールと技法に関して、彼ら自身の合理的な経験を持っている。それゆえ、私の議論を一般的な観察でなく、いくつかの関連したもの、すなわち私たちのジオデザインの活動を構成する6つの質問の中で、私が必要とみなすものに限定する。私は、それらが私たちの仕事の本質的な核にあり、それらがジオデザインが表す、異なったスケール、文脈、内容領域、状態に適用されることが分かった。

　私たちの仕事が、大体において問題や解決の個人の直感的な解釈に基づくと信じるならば、または、私たちが、よく理解され、明確に定義され、繰り返される問題に焦点を当てたいならば、私たちはすでに、完璧に適切なツールや技法を持っている。そのようなアプローチの限界を認識し始めた時にのみ、私たちは、最初の段階で生じる新しいツールや技法に対する必要を理解する。私たちが知覚する問題が複雑になり、要求された「解決」の中に、私たちが複雑さ（そして、複雑さの望ましさ）をより認識するために、私たちはとても深刻な問題を持つ。私たちは、必然的に、より検証可能で有効な結果への近道を与えるであろうツールと技法に依拠することになる。

　ジオデザイン・チームのメンバーは、情報を操作する際に、フレームワークや選ばれた方法の中で、そして、全体のプロジェクトの効果のある概念に向けて、彼らの個々の努力を拡大させることを必要とする。ツールや技法の目的は、これらの努力を支援するものである。ツールや技法は、前例の概念や過去の知識といった概念、経験という概念もなしに、毎回全てのものを発明しなければならない問題1つ1つに、1から取り組む骨の折れる過程を避ける抜け道を提供してくれる。それらは、基本的に、私たちの努力の成果物の改良に向けて、ベストな実現可能な計画に向けて、私たちの効率性を高めるためにデザインされる。

　とても有益であるツールや技法は、私たちが選択を取り除くか、それらの中から選択するかを助けるものである。複雑さは私たちが行動しようとする世界の必要な側面であるとすると、大きなデザイン問題は、2つ、3つ、4つ、または5つの選択肢でなく、それは何千、何百万という選択肢を持つということがわかる。したがって、私たちは素早くそして大量に、多くの選択肢を取り除き、より分けることを手助けするものを必要とする。そして、私たちは概念的に扱いやすく、意思決定者によって、評価そ

して比較され、理解されうる選択肢の数に到達することができる。最終的な選択は、この選択肢群からなされ、実行される。存在している状況と比較した時に最も役に立つであろう、どこで、いつ、どのようにという変化を効果的に決定付けることが中心的な問題であり、その結果、ツールは、フィードバックとして本質的なインパクト評価を提供し、私たちと意思決定者がすぐに提案を評価することを支援しなければならない。

　ツールと技法の重要な役割は、推論の利用を可能とすることである。人はこれを分析と呼ぶかもしれない。しかし、それはしばしば、相当量の推論的解釈と混ぜ合わせられる。私たちは、直面する状況の限界や機会を特定し続ける。私は、この時には複雑な仕事を助けることができる多くの技法の熟達に満足しない。「水質を維持すること」についての提言について話す私たちの何人が、水質が計測される方法について実際に理解しているだろうか？　視覚的意識が注意深く磨かれた感覚を持つ私たちのどれだけが、彼／彼女の近隣住民が、どのように美しい視点、または醜い視点を認識するかの理解を持っているであろうか？

　私たちが利用する技法の大部分は、起こり得る将来の問題を避ける方向に向かわせる。私たちが、ジオデザインの対象地域、そしてそれが変化された状況のもとでどのように実行するかを記述するための理論を持たないならば、私たちがツールや技法に頼ったり基づいたりすることはばかげている。基本的なツールや技法は、グラフや言葉を用いて表現される単純なロジックを含んでいる。それに応じて、複雑なツールや技法ほど、ファジー理論を含むより複雑な理論結合を取り込み、そして、結合された空間・時間モデルの観点から表現されうる。教育的・専門職的な仕事に対しては、単純なロジックを用いる推論的技法の絶対的な専門的技能が不可欠なものである。要求がより複雑になると、私たちの役割は、より専門化したもの、そして、より大きなチームの努力の一部となる。その時、ジオデザインの問題の限界や機会を分析することに対して、デザイン専門家と地理科学で利用可能なより複雑なモデリング技法の共有認識はとても役立つものとなる。

　公正に単純な方法で教えたり、実践したりすることに慣れているデザイナーは、私たちの仕事、そして認識されている「領域」に直接的に関わる、地理科学においてなされている多くのモデリング研究を認識して、とても驚くかもしれない。このことは、ジオデザインの、そして、地理科学とデザイン専門家間の協働の将来に対して、極めて重要な問題である。計画分野の学生が、彼らの最近の実践の限界や、他の科学的分野からのツール、技法、アプローチを活用することによって得られる利点に気づくようになるにつれ、私は私たちの学問に対する利益はコストを上回るものがあると信じる。これは、デザイン専門家と地理科学の学生が、互いがその役割の中心と考える、私たちの環境の内容と過程との基本的な理解を進める必要があることを暗示する。その時に、私たち全てはジオデザインの成功に対して重要な、基礎的であるが挑戦的な段階である、効果的な協働に向けて努力し続けなければならない。

ジオデザインに対する研究の必要

表現

　ジオデザインのフレームワークのそれぞれ6つの基本的な質問に対して、重要で関連した研究が必要である。1つの中心的な領域はデータそれ自体であり、ジオデザインのプロジェクトに対するその不適切と不適当さである。ジオデザインの意思決定をなす際に、与えられた情報の範囲を超えて、いつも

私たちは不必要に大量のデータを収集する。そうではなく、私たちは最大限の効率性を持って、*最小限の関連する*データを取得し、利用すべきである。どれだけ多くのデータが、取得されたか、そして誤用されるか、まったく用いられないかは驚くべきものである。データ取得に対するツールや技法は、私たちの教育や職業的実践の両方においてより形式化でき、またそうすべきである。一方で、これはフィールド調査に対する手順を含み、他方で、最も先端的なリモートセンシング、データ取得、管理技術の知識や利用が含まれる。

私たちのデータセットは、通常は計量的な尺度で相対的に簡単に定義し、計測できる項目に特に焦点が当てられている。GIS内の大部分の空間的なデータは、固有に定義された特徴や測定値を持った見栄えよく定義された多角形、類似した属性を持った規則的な幾何学的境界、その位置が正確に決定されたとされる単一のポイントに基づいている。世界は、実際、曖昧な境界や曖昧な定義に満ちているが、これらの処理の間、それらの曖昧さに出くわすことはほとんどない。私たちが認める以上に、私たちは、特徴付けし、計測するものについて、多くの場合不確かである。そして、（一般に）ジオデザイン、そして（詳細に）デザインする方法において、だれもがこの不確かさを理解しているとは言い切れない。私たちは、感情や感性を記録する社会科学データを扱う経験をほとんど持っていない。しかし、これらがジオデザインの過程、生産、決定を形成するのに重要な意思決定モデルの中に立ち入ることは疑いない。そして、デジタル・データが標準化され、ユビキタス化するにつれて、私たちは多くの地理学的文脈の直接的な経験から得られる場所の意味を失う危険にさらされるだろうか？

また、私たちはジオデザインの技法的な情報管理基盤の全てに対する研究ニーズを特定することができる。情報技術、それら自身が通常でないスピードで改善され拡大している間は、その多くは、協働的なジオデザインに参加しなければならない人々に対する相互作用のための簡単で直感的な方法を不足したままにしていることが多い。デザイナーと科学者は、素早い時間で増加する、大量かつ複雑な地理情報システムを活用することの利点を容易く理解することができる。しかし、それが突然起こったり、すばやく進化したりする時、私たちが行っていることを真に消化し、理解するのにどれほどの時間がかかるかについて、一貫して過小評価している。

プロセス

第5章で議論したように、私たちのプロセス・モデルとインパクト・モデルはほとんどいつも互いに分離したものとみなされている。しかし、私たちはジオデザインに対する地理学的文脈が、図5.32に示したように、互いに連関した複雑な属性を持った相互依存するシステムであるということを知っている。あなたが、ある部分に大きな変化を作ったなら、必然的に複雑な相互作用のチェーンを通して、システムの他の部分を変化させるであろうことを、私たちは知っている。この現実化は、*非空間的な*システム志向モデルを用いる地理科学者の間でよく理解されている。しかしながら、ジオデザイン研究で、相互作用している*空間的*プロセス・モデルの集合を見ることはめったにない。それはある様式で組織化され、その結果、それらは、時空間を通してそれ自身の間で相互作用する。これがまさに、私たちが、研究と実践において開発してきたものである。

評価

　私たちの評価モデルは、圧倒的に計量的な尺度で評価されうるテーマや基準を強調する。しかし、著名な物理学者である Albert Einstein（1879-1955）が「数えられるもの全てが大事なわけではない。大事なもの全てが数えられるわけではない」といったことを思い出してほしい[2]。私たちは、コンピュータベースのジオデザイン活動において、最近行っている以上に環境の質的な特徴を強調し、そして測定し表現するための革新的な方法を発見する必要がある。心理学や知覚科学からの貢献は、ジオデザインのプロジェクトでは大きく不足している。そして、これもまた調査や実践を通して改善する必要がある。

変化

　私たちの変化モデルとそれらを支えるツールや技法は、不必要に不適切で特異なものである。ひとたび、私たちが、与えられた問題に対する少数の「代替案」以上のものがあることを認識すると、私たちは広く多様な総合的なアプローチを受け入れることができる。私が信じる2つの潜在的に、最も有益なもの（そしてまた私たちの教育や専門的実践において表示不足であるもの）は、試行錯誤と最適化である。

　その継続的な改善の追求を伴った試行錯誤は、形式的で迅速なインパクト評価やフィードバック手順がジオデザイン基盤の一部として存在する時、とても役立つものである。これは、変化モデルとインパクト・モデルの間の効果的な連結を要求する。私たちが効果的に試行を評価することができないならば、錯誤を改善することは期待できない。計画試行の効果的な評価に対するコンピュータ・モデリングの適用における最近の発展は、注目に値するものであった。しかし、私たちの教育や専門的な手順は、しばしばこれを未だ非効率なものとみなしている。学生が多くの試行をより簡単なものにしたり、その方法に沿って感情コストを低くすることによって、最終結果をいかに改良することができるかに焦点を当てるよりもむしろ、私は学生の最初の試行（彼らの概念であり、最初の計画である）にとても重点を置いている。これは、ジオデザインの実践においても真実である。ツールと技法を伴った実験に対する機会を増やすことは、与えられた問題に対して多くの試行の回数を加えるために、意思決定と結果のために利益を得るであろう。急速な評価フィードバックを経て良いデザインに向けての「山登り」は、ジオデザイン研究であれ何であれ、不適切な方法の選択の選択肢を減らすかもしれない。

　他方、私は学生や実践者が、特に、産業界や工学分野ですでに広く用いられている、ジオデザインに適用可能な多くのアルゴリズムにもっとよく気づくべきであると信じる。私たちの問題は、それらが、規則による最適化の、あるいはエージェント・ベースの手順に相容れないほど特殊なわけではない。私たちが評価に対してひとたび規則による手順を受け入れたならば、私たちは、変化モデルに対して、より形式的な方法と技法を適用できるより良い立場を得られる。それにより、あなたは一歩下がって出てきた結果が気に食わないといつでも言えるのである。

　変化モデルはめったに記録されないので、別の地理学的文脈に簡単に適合されたり、ジオデザイン過程の異なる段階へ繋げるために変換されない。あらゆる特定の環境に対して、私たちは一面では他のものを超えて、デザインへの選択の潜在的な効果を理解するためにさらに多くの実験と比較調査を必要とする。例えば、私たちは規模とスケールにおいて異なる一連の「ジオデザイン問題」を整理すべきである。そして、異なるグループにデザイニングの最初の方法として全ての8つの変化モデルを用いてデザインを作らせ、結果を比較させることを試させるべきである。私たちは、何回かそのような統一的な方法

論的実験を行い、そして、これらの関係のより大きな理解を達成するまで、私たちは、実際にデザインするジオデザインの方法が重要である（私個人がそれらがとても重要であると信じたとしても）、と言うための根拠を持たない。

インパクト

　私たちは、地理学的な研究地域やデザインのインパクトに関する環境的、社会的、経済的な評価の公式的な手順をより多く習得する必要がある。私は、多くのデザインの教育は、本質的に情報と経験ベースの意見を用いる教員やクライアントによるレビューと批判に基づいているのは奇妙だと感じる。同時に、私の専門的な実践者は、形式的かつ予言的なインパクト・モデルによって評価される特により大きなプロジェクトの仕事や地域的指針の仕事において、彼ら自身のデザインを持っている。予期せず不確定であるほど、私たちのデザインの学生と専門家はこれらのより正確な方法それ自体を習得し、開発し、適用するための教育を受けていない。

　私たちのインパクト・モデルは、大部分のプロセス・モデルの計量的焦点とそれらの基本的なデータのために、徹底的に計量的である。視覚的評価方法のモデルの領域からの単純な事例を考えてみよう。2つの点の間の相互可視化を計測する空間的な数学的手法は、美しさの知覚を評価するものとは同じでない。ジオデザインには両方が必要なのである。

意思決定

　最後に、政策科学の分野内で共通のように、ジオデザインの現実世界における意思決定モデルはほとんどいつも理想的な意思決定モデルに従わない。それらは、しばしば個人的で、高度に政治的で、混乱し、ときどき欲深く、ときどき堕落して、まれに明白で、まれに民主的である。そしてさらに、ジオデザインはより良い未来に向けての方法である（Herbert Simon のデザインの定義）と信じて、私たちがそうしなくてはならないように貫き通す。これが、真剣に努力すべき希望であり、理想である。

研究質問：空間分析の複雑さはどのレベルか？

　第5章で述べた、プロセス・モデルの8つ全ての複雑で累積的なレベルが、水文学、微気候学、人間活動を含む、主要な地理学的プロセスに適用されると仮定すると、私たちは、あらゆる与えられたジオデザイン問題に対して、その複雑さのレベルが与えられるべきかに関するジレンマに未だに直面する。複雑さのレベルを下げるにつれて、公衆の理解が反対の方向に動く間は、要求される科学と努力の量が増加する（図5.46）。私たちは、同様に複雑なプロセスを理解するために複雑な方法を使うべきか、一般的な公衆（と私たち）がそのモデルのより多くの理解を得て、そして可能ならば、意思決定に向けてのより多くの政策的インプットやサポートを提供するために、より単純な方法を使うべきか？

　スケールや規模も確かに問題である。しかし、どのスケールや規模、そしてどのプロセスに対して、どのレベルが実施に適切か分かるだろうか？　私は分かるとは思わない。ある特定の研究において、景観の異なった見方のモデルを結合しようとするとき、知識の不足は特に危険である。ただ1つの答えがあるとは限らない。その最も単純なレベルで、デザイナーの直接的な個人的経験が、あらゆる定式化された空間・時間分析なしに進めるのに十分であるかもしれない。他の大きな規模の極端な場面では、と

ても複雑で、費用のかかる努力が要求されうる。そしてなお、そのプロジェクトは公衆の理解不足に苦しむかもしれない。このジレンマに答え、適切な方法と複雑さのレベルを決定することは、判断と経験を必要とする。現時点で、他の方法や代替はない。

しかしながら、この特定の状況に焦点をおいた潜在的に有益な調査研究がある。私たちは、侵食、水文学、森林遷移、交通、大気汚染、騒音、視覚的選好のようなプロセスに対する多くの存在するモデルを使える。スケールと複雑さのレベルを通して、そのようなプロセス・モデルの効率性と有効性を比較することは、結果として、あらゆるデザイン問題に対して、どの組み合わせが最も適切に適合するかというより良い理解をもたらす。私の仮説は、地理学的な規模と適切なプロセス・モデルの複雑さの間には、曖昧な対角線の関係（外れ値もあるが）があるというものである（図10.1）。

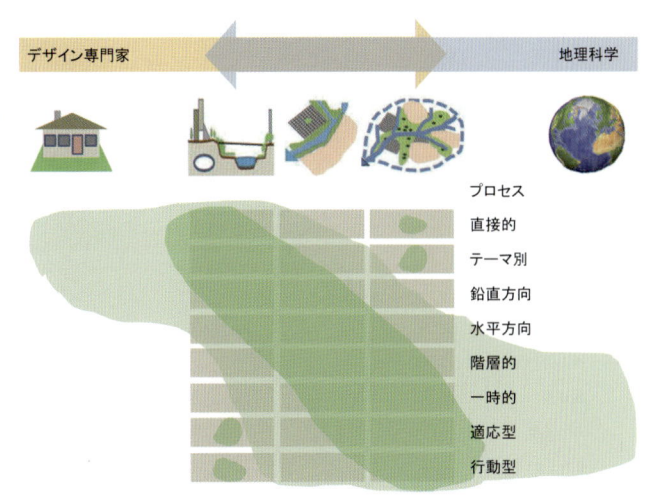

図10.1 地理学的な研究地域（規模とスケール）とプロセス・モデルの複雑さの間の関係に関する仮説（出典：Carl Steinitz）

この種の比較研究を行い、前もって多くの存在する分析的なモデルの適用可能性を分類することは、増加するジオデザインの効率性と有効性に向けての重要なステップであろう。基本的に、私たちがデザイン問題の内容、その規模とスケール、そしてその要求される複雑さを知ったならば、私たちは特定の適用に対して、入手可能で要求される空間分析手法の実行可能性を理解し始めるであろう。私たちは、方法のより情報に基づいた選択を始めることができる。この過程で、私たちはまたジオデザインに対する重要なさらなる研究の必要さも特定できるかもしれない。

研究質問：デザイニングのどの方法？

変化モデル、第5章と関連する事例研究において記述されたデザイニングの8つの方法は、等しく効率的でなく、等しく効果的でもない。さらに、これらの方法のいずれもがそれ自体において典型的に用いられるものでもない。しかしながら、各々はデザインの発展を導く出発点と中心的なアプローチを提供する。その選択は、デザイン問題のスケール、意思決定モデル、インパクト・モデルからの情報に対するその必要、ジオデザイン・アプローチに対して入手可能な技法、そして、ジオデザイン・チームのスキルと経験に大きく依存する。

これらのデザイニングのいくつかの方法の入手可能性は、重要な研究質問を提起する。一般参加型のアプローチがもたらしたデザインは、同じ目的や相対的重みに対して最適化のアプローチを適用して得られたもの、あるいは発展の段階間の全ての評価に対するフィードバック更新があるエージェント・ベース・モデルとどのようにして比較するのか？ そして、もしこれらの結果がかなり異なる場合、それらの相対的なインパクトに対して比較されたとき、なぜそうなるのか？ その時、どのデザインの成果が選択されるべきか？

第Ⅳ部　ジオデザインの未来

再度、私の仮説は、地理学的な規模・スケールと適切な変化モデル（デザインの方法）の間には、曖昧な対角線の関係（外れ値もあるが）があるということで、これは適切なプロセス・モデルの複雑さと連結している（図10.2）。ちょうどモデルの複雑さに関連した研究と同様に、これは地理科学とデザイン専門家の異なる貢献によって影響されるであろう。私が思うに、スケールを通しての対角線関係によって特徴付けられるこれらの相互作用こそ、ジオデザインでの協働の多くの利点が見いだせる場所であり、かつ研究と実験が集中する場所である。

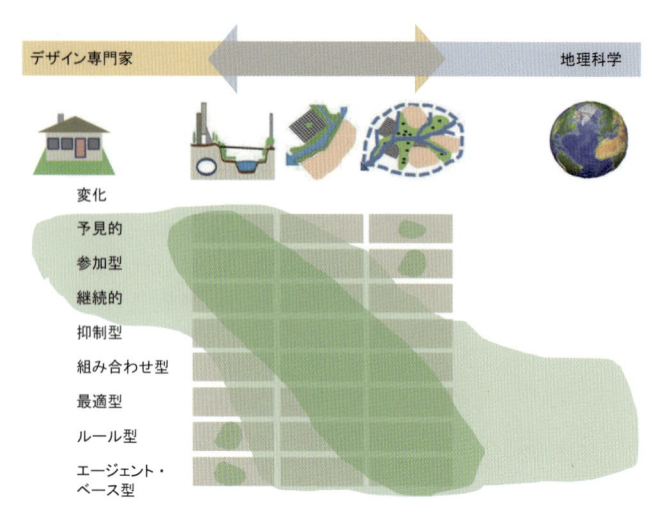

図10.2　地理学的研究地域（規模とスケール）と変化モデルの間の関係に関する仮説（出典：Carl Steinitz）

研究質問：可視化とコミュニケーションのいずれかの方法？

　コミュニケーションは、メッセージ、メディア、意味の3つの基本的な要素を持っている。多くのデザイナー（GISによる地図のデザイナーを含む）は、彼らがメッセージを持ち、それに表現を与える必要があると信じている。メディアは、方針であり、法律であり、投資でありうる一方で、メディアは、デザインが、地図やグラフやアニメーションなどの中で、抽象化され、変換され、可視化される方法でもある。見る人（ビューアー）は、メディアからの印象を得て、（ある人が仮定するに）意味を獲得すると仮定されている。これは、明らかに私たちの学生や専門家の同僚の多くの共通の期待であり、それはコミュニケーションのように、時に機能しない。

　効果的な双方向コミュニケーションは、徐々に、効果的なジオデザインに対して最も必要になるであろう。私たちは、ステークホルダーのような見る人が、どのような意味が探し求められているのかを知っていると仮定しなくてはならない。見る人は、積極的にメディアの印象から意味を探す。そして、ジオデザイン・チームは当該の表現を提供しなければならない。デザイナーのメッセージは最重要であるが、むしろより重要なのは、意思決定者によって探されるメッセージである（図10.3）。

　メッセージが両方向に行き来するときのみ、ジオデザインに対する現実的なコミュニケーションが存在しうる。これは、主題に対する共有された知識、共有された仮定と、可視表現の共有された言語を含む言語に基づかなければならない。統合された情報技術の中心的役割、すなわちメディアは、協働とジオデザイン・チームに対するフレームワークの遂行を可能とするであろう。しかし、より重要なことは、メディアはまたその地域住民との可視化とコミュニケーションを可能とすることである。この関連で私たちは、コミュニケーションの本質的な議論に関して十分な考えなしに、可視化を推進する専門、教育、研究資源の多くに焦点を当てすぎていると考える。ジオデザインにおけるデザイン的な側面には、保全や、ジオデザインの戦略の一手として何もしないという慎重な意思決定のように、可視化が容易でないものも多々ある。

さらに、最新の視覚化技術を用いて、独特で華々しい表現に多くの時間をかけすぎているように思う。私たちは、ただ人々が私たちの可視化を見ているという理由で、人々はそれらを理解するだろうという根拠のない仮定にあまりにも多くの確信を置いている。偉大な英国の画家 John Constable（1776 － 1837）の言葉、「私たちは、それを理解するまでは、実際、何も見ていない」[3]。彼は、あなたは見る前に理解しなければならない、と信じていた。すなわち、あなたがそれを見た結果、あなたがそれを理解する、といった逆を彼は信じていなかったのである。

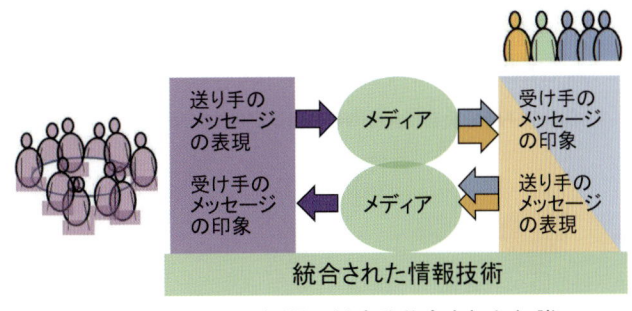

図 10.3 ステークホルダーとジオデザイン・チームの間の双方向のコミュニケーションは本質的である（出典：Carl Steinitz）

　最後に、私たちは、適用可能で、信頼性が高く*統合された*コンピュータベースの技術を必要としている。そして、全ての人が簡単に理解し共有できる言葉、シンボル、土地利用、他のカラーコードのような多くのより標準的なコミュニケーション伝達を適用することが必要である。また、私たちはジオデザイン研究の中に、利用者向けに可視化するより多くのより簡単な方法を必要とする。デザイナーが多く不慣れである地図認知に関する研究分野があり、こうした状況は変わるに違いない。代案として、コミュニケーションのない可視化を考えてみよう。*可視化はコミュニケーションと同じではなく、コミュニケーションはより重要である。*

ジオデザインに対する支援システム[4]

　このセッションは、Stephen Ervin (2011)：A System for Geodesign, in Buhmann, E., Ervin, S., Tomlin, D.,eds. Pietch, M., *TEACHING LANDSCAPE ARCHITECTURE*, Proceedings, Digital landscape Architecture 2011, Dessau, Germany, Anhalt University of Applied Science pp.145-54 の論文から持ってきたものである。

　効率的かつ効果的にフレームワークを進行するために、ジオデザイン・チームは技術サポートのための新しいシステムを要求する。このツールをいかに最もよく創造し構築するのかを決定することは、応用研究の本質的な領域である。そのようなジオデザイン支援システム（GDSS）は、様々な古い技術（CAD、GIS、BIM など）の最も良いものと、オブジェクト指向ダイアグラム－キー・インディケータ「**dashboards**」のような、新しくそして最も良い実践技術を組み合わせるだろう。これらは、ある１つのソフトフェア製品を作りあげることによってではなく、相互運用性を活用し、構成デザインの本質的なモジュールと柔軟性を提供することによって得られる。そのようなシステムは、少なくとも 15 の本質的で相互に関連し合った構成要素を必要とする（図 10.4）。

　これらの 15 の構成要素は、大まかに５つそれぞれの、意味と結合、部分と関連、行動と実行の３グループに分けられる。以下、各々を簡単に概略する。

第Ⅳ部　ジオデザインの未来

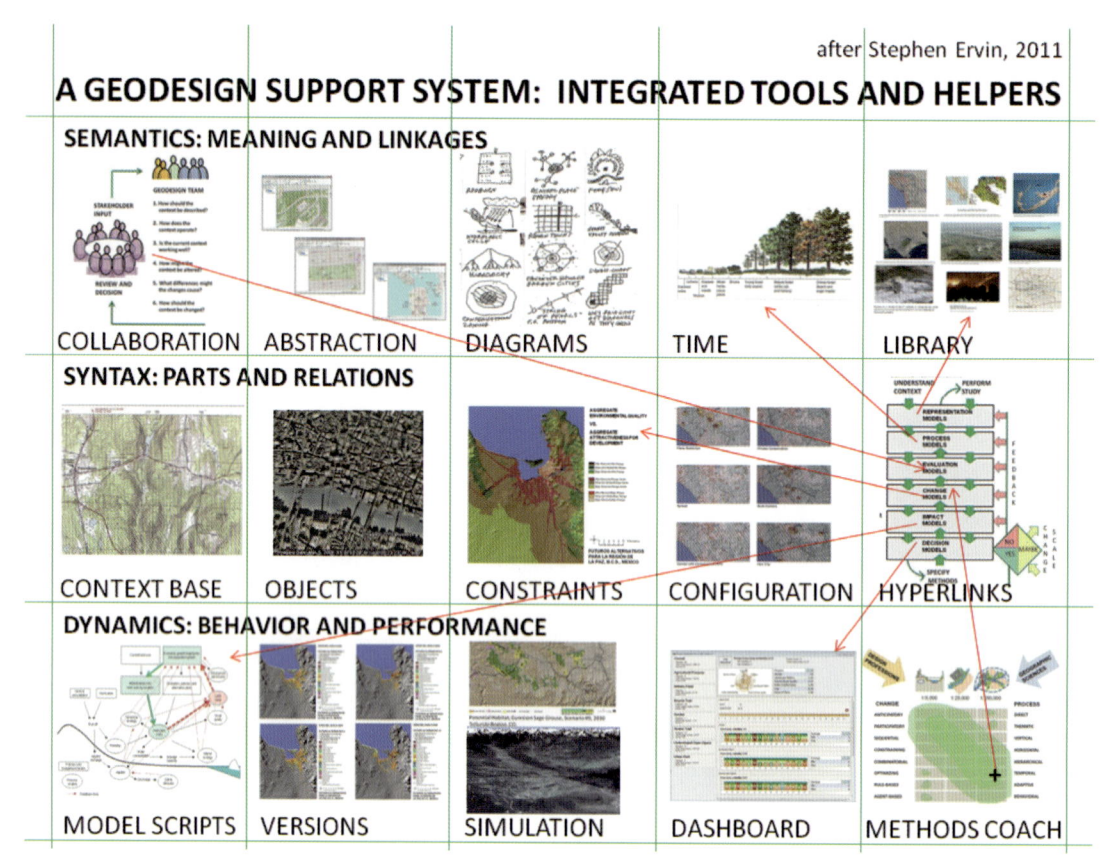

図 10.4　ジオデザイン支援システムの構成要素（出典：Carl Steinitz、Stephen Ervin のアイディアに基づいて）

意義と結合は、ジオデザインを支援するアイディアの資源である。

1. 協働ツール：（地理的に時間的に離れた）参加者のチームが互いに効果的に作業し、文書を共有するために、インターフェース、コミュニケーション、記録保持ツールが必要とされる。
2. 抽象化のレベル（LOA）のマネージャ：高次のレベル、抽象化された図式（制約が主な役割を果たすかもしれない）から、低次のレベル、最も具体的なもの（特別な次元、対象、資料が最も重要な役割を持つかもしれない）までの、抽象化の様々なレベルを区別するためのメカニズムが必要とされる。
3. 図表マネージャ：高い抽象的なデザイン・レイアウトの重要な形態は、「ダイアグラム」のようなものである。その中に、高レベルの主張や制約が、幾何学的よりもよりトポロジカルな配置で埋め込まれる。
4. 時間／動態マネージャ：配置や文脈はいつも静的なものではなく、時間を通して変化するものかもしれない。ジオデザインにおいて、1つの次元として時間を明確に認識することは重要である。
5. 図書館：必要なら引き出され、付け加えられ、蓄えられ、検索可能で、インデックス化され、注が付けられた、要素、配置、研究地域情報などのアーカイブが利用可能であるべきである。これらは個人のあるいは共有されたものであるかもしれない。それは、第7章で述べたように、ジオデザイン・チームの全ての重要な「事例記憶」を支援する。

部分と関連は、ジオデザイン研究の細目である。

6. 文脈－ベース：思慮したり関係することが重要であると期待される。しかし、ジオデザインの活動によって直接的に変わらない地理学的文脈または設定の情報は重要である。これは、GISやCADデータに含まれる地図や人口データなどのような表現モデルからなるかもしれない。
7. 対象：「駐車場」のような集合から「樹木」のような個々のアイテムまで、ジオデザインの「要素」は、各々が検索され、編集される属性を持ち、クラス、インスタンス、メソッド、継承、などのネットワークの中に存在するという「オブジェクト指向プログラミング」での意味合いで例示化されるべきである。
8. 制約：要素に対する、そして要素間で要求される幾何学的そして論理的な関係、あるいは「規則」が実行されるべきである（「住戸単位に1つの駐車場」あるいは「南に向いている玄関ドア」など）。それらは、要素や配置を自動的に発生するために、あるいは適合性に対してそれらを検証するために用いられうる。
9. 配置：デザインの属性を持つ対象の幾何学的配列は、ジオデザインの中心的役割である。配置は、多かれ少なかれ抽象的でありうる（抽象－マネージャ）。「図解のダイアグラム」あるいは「実施設計図」、2次元「平面図」あるいは3次元「モデル」など。
10. テキスト／メディア（ハイパー・リンク）：関係するテキスト、あるいはマルチメディアの記述的資料、そして（インターネットを介して）可能なリンクへ導く、関連する資料をあらゆる対象あるいは配置とつなぐ能力は、豊富なデジタル・デザインの文書に対して重要である。

行動と実行は、私たちがジオデザインで通常行うことである。

11. モデリング／スクリプト作成ツール：繰り返しタスクの自動化、そして、形式と解のアルゴリズム／インタラクティブの発生を可能にするために、Cなどの伝統的な本格的言語、あるいはPython、描画やモデリングのソフトウェアに組み込まれたより簡便なスクリプト作成ツール、が必要とされるだろう。
12. バージョン・マネージャ：時間を通して、デザイン配置の完全に異なるバージョンを成し遂げるための一連の設備（「計画A」「計画B」「Jimの計画、月曜午後5時」など）は、重要である。
13. シミュレーション・ツール：特に時間を通して、デザイン配置の結果（計量的、質的、可視化、その他）を評価し可視化することは、デザインの選択肢の比較に重要である。
14. ダッシュボード：（全体地域、要求される対象に対して、提供される数字、結果としての二酸化炭素排出量、シミュレーションの結果など）キーとなる指標に言及して、時間を通してデザインの状態をモニタリングすることはとても重要である。ダッシュボードは、デザインセッションの間、バージョンを比較するときなどにおいて、本質的なリアルタイム、可視化、そして他のフィードバックを提供する。
15. ジオデザイン方法コーチ：様々な確かなデザイン手法が多くの問題の領域の中に存在していることを認識し、適切性と効果を伴う緊急の経験を利用して、この自動化された「コーチ」は、ジオデザイン過程の一部としてデザインのアプローチにコメントし、批判し、提案することができる。

簡単に統合される方法とツールの開発は、ジオデザイン関連の研究や発展に対して明らかに優先順位が高い。これら無しでは、そして、異なる複雑さのプロセス・モデルの選択の適切さ、デザイニングの異なる方法の選択、（特に、地域住民との）コミュニケーションの効果的な方法、に関するさらなる研究なしには、私たちの努力は、私たちがジオデザインを組織化し運営するようなアドホックな選択に支配されてしまうであろう。私たち全てが直面するこの深刻な議論は、より多くの予測可能で、効率的で、効果的な方法論を必要とし、価値がある。

【注】

1. Adapted from C. Steinitz, "Tools and Techniques: Some General Notes but Precious Few'Hard'Recommendations,"in Proceedings, Council of Educators in Landscape Architecture Conference, 1974.

2. Attributed to Albert Einstein.

3. Attributed to John Constable.

4. S. Ervin, "A System for Geodesign," in *Teaching Landscape Architecture*, eds. E. Buhmann, S. Ervin, D. Tomlin, and M. Pietch (Proceedings, Digital Landscape Architecture, Anhalt University of Applied Sciences. Dessau, Germany, May 2011), 145-54.

第11章　ジオデザインにおける教育と実践に対する含蓄

　ジオデザインと音楽は、独奏者と指揮者の両方に対して調和する必要を共有している。デザイン専門家に対する教育は、独奏者の訓練へ直接的に向けられている。多くの学生が目指す、独奏者でも指揮者でもないと特徴付けられうる雇用、初心者レベルの雇用にも関わらず、学生の多くは（最終的に）独奏者なるものとして、自分自身を見ている。これらの学生にとってのゴールは、目的を識別し、それらを分析し、解決案を提案するために、そしてそれらを自身、クライアント、同僚の満足を満たすために、効果的な専門的活動に必要とされるスキルと知識の全てをマスターすることである。この態度は、ただ普通の自己中心的ではない。それは、デザイン教育の私たちのシステムの反映であり、当該システムの中心的な産物である。専門的な登録手続きのある国において、それは当該の国家承認の前提であり、必要条件である。それは科学においても違わないもので、あるとき専門性の範囲は学生によって選択される。

　全てのデザイン専門家は、問題の意見が与えられ、学生は典型的に個人として作業する。そして、彼らの作業結果は、やや競争的で防御的な発表形式で、専門的評価者によってレビューされ、プロジェクト志向のデザイン教育（スタジオ・システム）の伝統的な形式や構造に慣れ親しんでいる。私たちの全ては、学生として教員として、この過程に参加してきた。私たちの全ては、このシステムの強みと弱みを理解していると考える。この教育法の受講者の何人かは、実際に印象的な独奏者になっている。多くの、おそらく大半の者は、彼らのキャリアを通して、役立つ「第2のトロンボーン吹奏者」のままである。

　ここでの私の目的は、大部分のデザイン専門家の教育の基礎となっている伝統的なスタジオシ・ステムを攻撃することではない。科学における教育パターンを攻撃することでもない。私たちは、一流の水文学者、生態学者、社会学者、地理学者と同様に、建築者、ランドスケープ・アーキテクチャ、土木工学者を必要とする。むしろ、別の質問をすることである。どこから指揮者が出現するか？　だれが、効果的なジオデザインに必要とされる協働を導き、案内するのか？

指揮者を教育すること VS 独奏者を訓練すること [1]

　相対的にほとんどの学生は、指揮するために、すなわち協働的にある事業と、その成功か失敗に対する責任を共有するチームを導くか運営するために、準備するような長期的な目的を理解しない。私の大学院生の大多数は、彼らの前の教育課程の間にいくつかのチームワークの経験を持つ。しかし、これらの経験は、通常、統一的に運営されたり、部分的に成功したりしていないが、それにも関わらず、これらの学生の驚くべき多数が、現在、「指揮者」として専門的な実践についている。彼らは、しばしばプロジェクト・チームのリーダーとして機能するような、大きな会社におけるパートナーや共同経営者である。彼らは、公的な機関の意思決定レベルで活躍している。彼らの何人かは教師である。彼らの専門的成功は、彼らの実際のデザインと生産能力によるのと同様に重要で、判断力があり、組織化し、運営する能力による。彼ら全てはとても頻繁に、最初に訓練され彼らの専門に入っていた役割と、しばしば直接的なデザイン活動と関わらない、現在のより責任のある役割との間の難しく、ときどきとてもつらい変遷を実行してきた。

多くの理由から、私は学生が（しばしば大きな）学際的なチームで仕事をすることを要求する方法で教える。これは、私がハーバード大学デザイン大学院で40年間以上の間一貫してきたことである。私は、そこで大きく、複雑で価値のある景観の変化に関連する問題に焦点を当てるスタジオを率いてきた。そして私は、他の大学で、多数の関連するワークショップを行った。いくつかのものはこの本の中で事例研究として概要が描かれており、他のものは、参考文献にリスト化されている。最近の30年以上の間に、これらのスタジオやワークショップは、私が最初の方の章で記述してきた私の様々なジオデザインのフレームワークによって組織化されてきた。それらは、時には3人ほどの小さな場合、時には「全体のチーム」として活動する12-18人のスタジオ・クラスを含む場合など、多様な研究分野からの参加者からなっていた。

　同様に、スタジオとワークショップにおける参加者は典型的に、大きく学際的なジオデザイン・チームであるように組織化される。この整理は、近い将来のデザイン問題の見方や複雑さ、同様にコーディネートされるべき多くの個々の仕事に対する必要に焦点を置くことに最適である。学生自身に、最大の範囲で、実際のプロジェクトに対して責任があるべきである。学生が、場所、クライアント、プログラムを与えられると、より伝統的に組織化されたスタジオと違って、私のスタジオの学生は、予算の配分や会議やレビューの座長を含む、問題の識別、方法論的アプローチのデザインの多く、作品の製品定義、作成、発表に責任を持つ。この本の中で、パドヴァの事例研究は、私のスタジオでの教育スタイルの事例で、カリヤリの事例研究は、私のワークショップの1つの典型例である。

　学生―教授関係と学生―学生関係の観点から、私のクラスの社会学は、伝統的なデザイン・スタジオのものと全く異なっている。特に重要なことは、他人の作品を公開でレビューし、コメントし、まとめることである。学生は、小さなチームの中での企業を運営する。その結果、学生1人1人はリーダーシップの経験を獲得する。教授の責任は様々である。しかし、「プロデューサー」「コンサルタント」「プレゼンス」の役割を強調している。最終的に、教師と学生の両方に対する教育的な経験は、典型的なものとは異なるかもしれない。しかし、私はこれらの経験を、私の視点、そして、学生の視点の両方から総じてうまくいったもので積極的なものとして特徴付けるであろう（私は、経験は時折痛みを伴うことを認めるが）。明らかに、私の中心的な目的は、何人かの将来の指揮者を教育することを手伝うことである。

　指揮者に要求される教育、スタイル、スキルに対して、独奏者に要求されるそれらとの違いは、私たちのデザイン専門家の教育機関において反映されるべきである。独奏者は訓練し続ける必要がある。結局、彼らは絶対必要なものであり、ジオデザインはより多くの彼らを必要とする。しかしながら、チームでのアプローチを必要とする多くの大きな重要なジオデザイン問題のためだけでなく、そのような不足が私たちの学生の将来の専門的キャリアの深刻な妨げになるので、だれもが指揮者の役割を担うための教育を受けなければならないということも議論する。単純に、私は将来の雇用者を訓練することよりも、将来の雇用主を教育することに興味を持っていると言いたい。ジオデザインは指揮者を必要としている。

歴史と慣例の役割[2]

　私は十分に長くジオデザイン研究で働いているので、達成された新しい仕事の予期しない多くのことは、達成される以前の仕事に基づいているということを知っている。言い換えれば、人々は、過去に取得されたものを含んで、彼らの個人的な経験と、彼らが他人から得ることができる見識全てに基づいて、責任のある意思決定をなす。これが、なぜ歴史と慣例がジオデザインにとって重要なのかの理由の1つである。

　内容が重要であり、なおかつ歴史と慣例の研究は、あらゆるジオデザインに関連した研究分野を教える際に本質的である。ジオデザインの手法とスキルは、あらゆる地理学的志向を持った科学の人々、GISやコンピュータ科学の専門家、そして建築、都市デザイン、ランドスケープ・アーキテクチャ、都市・地域計画学、土木工学などのあらゆるジオデザイン専門家のデザイナーに使えるべきものである。あらゆる共通のカリキュラムを共有し、経験してきたという多くの機会は、将来の生産的な協働の機会を増やすだろう。

　デザインの専門家も、変化（これがより良いものへの変化であることを私たちは希望するのだが）に役立ちたいという願いを、多くの他の学問分野の人々と共有している。さらに、歴史的な慣例と私たちの未来志向の活動との関係は、経済学、政策科学、または法学を含む他の研究分野におけるそのような関係とは全く異なる。それゆえ、ここで私は、特にジオデザインに関心を持つ人々の教育や専門的活動における慣例の研究に対するいくつかの役割を概観する。また、私はジオデザインに関連しうる全ての歴史や慣例の中心的な問題になりうるものにコメントする。最も重要なものとして、私たちが焦点を当てるべき観点は何か？

　ジオデザインのような未来志向型の研究分野における個人の活動は、学生であろうと経験を積んだ実践者であろうと、彼らが活動している間の直感、模倣、調査という3つの人間的な傾向を調和させる。歴史は、それぞれに、必然的で重要な場所を持つ。

　直感、「大躍進」は、あらゆる創造活動において、明らかに価値のある部分である。しかしながら、直観は空っぽの中には存在しない。それが、じっくりと時間をかけて仕込まれ、経験に基づいたものである時に、直観は最もよく作用する。事例の記憶が重要である。これは研究の間に仮説を立てる科学者と同様に、デザイナーにとっても真実である。この直感を導く事例記憶はどこから来るのであろうか？通常その答えは、2つの場所のうちの1つに横たわっている。それは過去から導かれうるもので、歴史的分析における高度に価値付けされ、しばしば個人的な能力に依存する。もしくは、それはより良い未来の展望からくる。それは、それ自体、直観的であるが、生活において過去の明確な展望を持った比較を要求する。これは、あらゆる他の社会的運動とは異なる。もしその将来がその魅力であるならば、それはただ、それがより良い状況を約束する理由からである。最も独創的で先見的であっても、デザインに対する「直感的な」アプローチは、これまで述べたように、基本的に過去の知識に基づいており、慣例が提供してきたものよりもより良い状態の約束を示さないなら、そのアプローチは受け入れられない。

　模倣は、だれもそれを認めないが、デザインにおいて、驚くべきことに共通の視点である。模倣は、独創的な人間と思われることを追求するデザイナー（あるいは研究科学者）の自尊心にそぐわない。それにも関わらず、これまでの多くの分野において、模倣は、標準的で尊敬されるアプローチである。心臓切開手術の事例を考えてみよう。標準的な手順があり（それらの発案者にちなんで名付けられるが）、

事例と手術法の反復可能性は、専門的道徳の基本である。ジオデザインにとって、模倣は、慣例が理解される範囲で受け継がれる、合法的で効果的なアプローチである。デザインに対する模倣アプローチの本質的な側面は、理解し模倣するために意味のある何かを有している。「事例研究」アプローチや「典型」アプローチの両方は、それらの明確な目的として慣例の研究を含んでおり、その結果、デザイナーは過去の経験の長所短所から学び、語彙を構築し、事例の記憶を深め、解が模倣を求める時に、人々の知識の中にある現在の解を適用あるいは反復することができる。

実用的な傾向として調査は、変化に対する提案の創造に向けてのより経験主義的な態度と、独創的な方法論へ向けてのより科学的なものの見方を強調する。私の意見では、問題がより大きく、より複雑に、より多くの人に対してより重要に、より難しくなるにつれて、調査は特に役に立つ。間違いを起こす危険やコストが増加する時、間違いを減らすことの価値が続いて増加し、ジオデザインにおける調査の役割が最も良い解へ到達することと同様に、突然起こることから生じる最悪のケースを避けることになる。調査の間、歴史と慣例の研究は、科学におけるその役割とより類似するようになる。デザイナーは、将来は、過去の活動に基づいてのみ構築されると気づき始める。将来の変化の方向は、フリーハンドではなされない。

歴史と慣例の役割は、この調査の心構えにおいて、やや異なる形式をとる。社会的・環境的な観点から、場所の歴史を理解することが、より重要になる。重要な歴史は、価値観、生活過程、現地の理解、そして、より一般的に、長期的に安定していると思われているものの歴史である。また、問題（例えば、変化に対する必要）は、私たちが理解することを最初に希望することである。調査における歴史と慣例に対する別の役割は、問題を分析し、解決するための方法の研究に横たわっている。明らかに、これは、この本の主要な目的の1つである。私は方法論的なブレイクスルーは可能であると確信しているが、デザイナーが、長きにわたる知的・方法論的な歴史の中に根付いていないという考えは、浅慮であるように思える。

大部分のデザイナーは、直観、模倣、調査を調和させる傾向にある。しかし、もし強いられれば、おそらく、自分自身はこれらの中の1つにより近いと特定するであろう。3つ全てにおいて、歴史と慣例の研究に対する、本質的で必要不可欠な役割がある。簡単に言うならば、ジオデザインは過去を無視して機能しえない。しかし、私たちはどのようにして、歴史と慣例の研究を教育プログラムの中に取り込めるであろうか？　私は6つの異なった方法をあげることができ、それぞれに意義はあるが、私はそのいくつかがより良い価値を持つと考える。

最初のものは、専門的な歴史を強調することである。ジオデザインの歴史、その実践者の歴史、または、彼らの手法の歴史である。私は個人的には、これが実りある道であるとは信じていない。ジオデザインの仕事は、技術的な革新、そして、他分野の仕事、大きくは社会によって、徐々に、影響を受け、変化されるようになるであろう。「専門家の歴史」への焦点は、時期尚早のように思われる。

第2のアプローチは、「期間」への焦点である。建築の学校や歴史の学部で共通に用いられるアプローチである。私の意見では、ジオデザインの長い歴史が、これを、学生が真に試みられ達成されてきたものを理解するための役に立たないアプローチにする。さらに、私は、この方法で、最近のジオデザイン・アプローチの広い範囲に対して最も重要であり、それらに統合されうる、これらの側面を識別できると考えていない。

別のアプローチは、英雄たちを通しての歴史の研究である。私は、「革新的な偉大な人」の理論によって、

次第にあまり魅了されなくなる。私は、効果的なジオデザインの行動に対してはるかに重要であることとして、複雑な制度的そして組織的な努力が必要であることが分かる。私は私を知り、賞賛し、それについて論文を書き[3]、仕事を行ってきた人々によってなされた影響の大きな貢献に価値を与えるが、私はまた、彼らの仕事のどれもが、より多くの参加者なしに遂行されて来なかったと理解する。私は、等しく国連の国立公園サービスの様な機関や、多くの伝統的な文化の匿名の活動のジオデザインの成果に価値を置く。個人の成果を認識することは、完全に無視されえない。しかし、自己中心的で特異体質的なジオデザインの見方に向けて志向された英雄崇拝は、私たちが直面している真に複雑で難しい問題を解決するために必要とされるものではない。

歴史と慣例の研究で高度に価値のある3つの組織化原理は、場所、原型、状態である。場所は、それが1エーカーの住宅地プロジェクトであろうが、地域全体の流域であろうが、ジオデザインの研究地域を紹介することにおいて特に効果的な方法である。その場所の社会的、環境的、経済的、自然的発展の歴史は、デザインがいかに適合するのかを理解するのに必要である。急激な変化を提案するデザインでさえ、その場所の慣例に対して比較される。私が以前にはっきりと述べたように、私たちが研究している地理学的な研究地域の起源を知ることは実質的な手助けとなる。

それらが線状の公園、新しい都市、保全戦略、洪水制御プログラム、効果的な商業分布のネットワークであろうが、もう1つの潜在的に効果的な組織化原理は、内容の原型の考えに焦点を当てる。強調される問題の内容を、そしてその可能な解を、歴史的な研究と抱き合わすことは、デザインの専門家に共通のアプローチである。人々は、ローマの建物を研究することによって2軸の対称について学び、20世紀のロンドンを研究することによって、ニュータウンについて学ぶ。人々は、揚子江を研究することによって氾濫原について学ぶ、などである。共通の言語を広げ、事例記憶を深めることが、最終の目的であり、そしてその途中で、私たちはどの側面を、模倣し、採用し、拒否するにあたるかを学ぶ。

別のアプローチ、そして私が特に重要とするものは、その状態に焦点を当てることである。ある意味において、これは「事例研究アプローチ」と呼ばれうるものである。組織化原理は十分に、解決されるべき問題、研究地域の分析、課題、中心的な行為者、分析の過程、提案された解、意思決定とその遂行、そしてその効果の回顧となりうる。最後の「実際に起こったこと」は、良い事例研究の特に重要な要素である。このアプローチは、私にとって最も大きな魅力を持つもので、この本の中の事例研究の重要な役割から、これは明らかである。

失敗の研究[4]

カリキュラムの内容を選ぶ際、そして、デザイン専門家の間での発表のスタイルにおいて、「成功」への圧倒的な焦点がある。これは、科学においてはただほんの少しかもしれない。大部分の人は、彼らが満足しうる達成や他の成果についての過去の彼らの見方に基づくことを好む。この積極的な焦点は理解しやすい。しかし人々が、事例記憶を、模倣したり採用したりすることが、避けることと同じであると気づいたときに、これは良いだろうか?

私は、いくつかの理由で、私たちが「成功」と同様に「失敗」を研究することを強く進める。まず最初に、それらは提案され、達成された行動の遺産の一部として存在する。特に人々が、かつて「最先端」と高度に積極的に考えられたデザインが、時間がたって、遂行のすぐ後でさえ、高度に否定的なものとして

見られるようになるデザインがどんなに多いのかを考えたとき、失敗は私たちが認める以上に多い。加えて、変化は重要な「定数」である。ジオデザインは時間において固定されない、それはしばしば、その地理学の社会的文脈において、予測できない変化に適用されなければならない。失敗の分析は、成功の歴史が要求する以上に、その文脈において歴史の全体的な意味を要求する。

　失敗の研究は、警告の研究、すなわち社会的、経済的、技術的、他の理由に対する可能性の範囲の制限の研究、そして、「過去の過ちを繰り返さないように」という態度を提示する。私は、経験が私たちがすべきでないことを告げる範囲において、創造的な自由が存在すると信じる。失敗の研究は、警告を指摘する。しかし、「可能性の限度」の中で、私たちはデザインし、行動することは自由である。実際、私たちは「最も良い解」を見つけなければならない。

　私たちは、どのようにしてジオデザインにおける失敗の研究を計画すべきか？　私は戦争歴史家 Eliot A. Cohen と John Gooch[5] によって提案された失敗の分類の解釈を提案する。彼らの本『軍事の不運：戦時中の失敗の詳細な分析 Military Misfortunes: The Anatomy of Failure in War』（1991）は、戦争史を通しての失敗を異なる種類に分類した分析である、そして、ジオデザインに適用可能な教育的な類似点を持っている。私はいくつかのカテゴリと事例を加えてきた。

- 学ぶべき失敗：氾濫原での再建、沿岸州での建設、雪崩地区での建設
- 予測すべき失敗：地震地区での建設、国立公園での火災抑制、オーストラリアでのウサギの導入
- 適用すべき失敗：単一栽培（モノカルチャ）、カリフォルニア砂漠の水生植物園
- 集計の失敗：湿地の客土、高速道路の塩化、生垣の伐採、生態学者 William E. Odum（1942-1991）が生態学的劣化へ適用するような「小さな意思決定の専制」[6]
- 破壊的な失敗：地下水の枯渇、砂漠化、黄塵地帯
- 技術の失敗：費用のかかる機械から安い手工業、安いエネルギーから費用のかかるエネルギーへ、ダムの河川から栄養枯渇
- 主要な要素を除外することの失敗：点灯されていない、したがって不安全で、使用されていない公園
- 予測の失敗：早計な区分、拡大しすぎるインフラ、投機的農業
- 社会組織の失敗：奴隷制の景観、原子爆弾に対する防御物の景観、
- 適合の失敗：高度に専門化された建物、急速な人口学的変化
- 自然的な形態の失敗：格子が対角線を持つ理由、対称性の破壊の理由、多様性が最も持続的である理由、など

　失敗の承認や研究は、自尊心に対して快いものでない。それは英雄を作らない。代わりにそれは、批判と、その批判に基づくかなりの多くの比較研究を行う能力に依拠する。ジオデザインの作品が成功であるということは、失敗の概念、そして評価のための正しいモデルと測定基準を必要とする。失敗（または成功）の選択も価値自由ではない。人はいつも価値の領域で行動している、しかしこれは価値判断の責任を必要とする。私たちはこれをする準備ができているであろうか？

　私は、事例研究の準備、発表、比較が、ジオデザインの関連教育に極めて効果的で、健全で、便利な装置であると分かってきた。この数十年間、学生が参加する事例研究でこのアプローチを、私の「理論と方法」コースの一部として用いてきた。各々の学生は、最近または歴史的な文献から、研究またはプロジェクトを選択し、研究論文を準備し、進行中のクラス単位の問題に対する事例の手法をデジタルに

採用し、(質問時間を含んだ) 図解入りの30分講義をクラスに提供し、コースの最後に適用された事例や方法を比較する長めのクラス議論に参加する。

デザインに関心を持った人々に対して、成功と失敗の研究の間のインタラクションを含んだ、これらの事例研究で見出された多くの重要な授業がある。しかし、私の私見では、事例研究の失敗は、ジオデザインに関わる人々に対して理解される、最も重要な慣例である。

ジオデザインのカリキュラムに向けて[7]

実践に対するジオデザインに関連した教育のためのフレームワークに含まれる意味は何か？ アカデミックな視点から、この本の基礎であるフレームワークは、ジオデザイン関連の教育の異なったレベルに適用されうる、あるいはされるべきである（図11.1）。この図は、6つの質問と教育に必要なレベルは、いかに相互作用すべきか、地理科学、情報技術、デザイン専門家の存在しているカリキュラムに統合されうる学習目的へ想いを巡らすことに向けての段階を図解している。

入学間もない学部生や専門家になる前の学生に対して、その強調は、6つの質問の保守的な経路での理論と手法の基礎にある。修士レベルや専門家になる前のアプローチは、多様な手法と、ジオデザインのアプローチを当該の問題に適合させる必要を認識して、より熟考すべきものである。ここで、その強調は、研究方法論のデザインと選択を、6つの質問を*上へ向かう*ものにする必要を含んでいる。最も高度な博士レベルでは、研究、批判的な学識、創造的な実践が、理論、手法、実践の現状に対して、偶像破壊的な態度で始まる。この視点から、6つの質問のどれもが適切な出発点あるいは焦点である。

	教育のレベル		
探求のレベル	入門的 ↓ 与えられた問題	専門的 ↓ 選択した問題	研究者 ↓ 探求した問題
Ⅰ. 表現モデル	教えられた 初歩的	専門的な 詳細な	発明された 実験的
Ⅱ. プロセスモデル	常識 目安	研究された 概念図的な	実証的 再現可能な
Ⅲ. 評価モデル	指示された 単純な	実験された 専門的判断	探求された 知らされた
Ⅳ. 変化モデル	前例のある 典型的な	経験 適用	仮説 イノベーション
Ⅴ. インパクトモデル	ケーススタディ 妥当な予想	形式モデル 合理的な	実験 証拠
Ⅵ. 意思決定モデル	専門家＋教員 保守的	教員＋助言者 実験的	助言者＋本人 理論的
	↑ 与えられた方法	↑ 選択した方法	↑ 創造した方法

図11.1 ジオデザインのカリキュラムに向けて（出典：Carl Steinitz）

もちろん、ジオデザイン理論、方法、そして実践は、それ自体変化しがちである。質問のそれぞれのレベルと関連するモデルは、明らかにされ、拡張され、追加され、置き換えられうる。時々、履行は、専門家や一般の興味を経て、理論を変更する構築されたプロジェクトをもたらす。ジオデザインの全ての側面は、私たちの知識の拡大を経て変化しうる。特に、ランドスケープ・アーキテクチャや景観計画のデザイン専門家の研究に焦点を当てたカンファレンスに出席し、発表するにしたがって、私はより大きな地域スケールに向けられたいくつかのテーマに焦点の当てられた研究を目にする機会が増えた。

- 郊外スプロール、文化景観、河川修復などのように、大きなスケールでみられる内容の問題
- 地域スケールでの市民参加のような意思決定モデルとその履行
- 視覚選好、景観生態学のように、景観プロセスと、景観プロセスを考えるためのモデルの複雑さの比較研究
- エージェント・ベース・モデリングのような、デザイン手法とその適用
- 現実的な可視化またはリアルタイム・アニメーションのような可視化手法
- 上で議論されたような歴史

　iPhoneやAndroidモバイル装置、データのクラウドベースのソース、3D可視化、スーパーコンピュータなどのような新しい技術は、研究の安定した流れやジオデザインに関連した開発を推進する。

　しかしながら、研究テーマのスケール、規模、方向は等しくない。その多くは、より大きな議論からより小さな議論への影響をたどるように思われる。これらのより大きな研究テーマが重要であると同様に、個人のそしてあるいは社会の関心事でもある。そして、それらがジオデザイン手法や結果の改良に役立つという意味において、そのような研究に多くの努力が注がれる。

ジオデザインの修士レベルでのカリキュラム

　ジオデザイン活動で協働する人々は、必然的に、様々な個人的な経験を持って、多様な学問的バックグラウンドからくるだろう。私は、ジオデザイン・チームを組織化し運営する個人の教育に最も関心がある。私の視点において、彼らは、広い経験と、ジオデザインに対して要求される少なくとも1つの側面におけるかなりの深さの研究の両方を必要とする人々であろう。私が以前に言ってきたように「彼らは、多くのことについての少しのことと、小さなことについて多くのことを知ることを必要とするだろう」。私は、そのような人々に対するジオデザイン教育の適切なレベルは、多様な貢献者の間の協働を支援し育成するために構築された学術プログラムにおける修士レベルと、これが必要な「問題」のスケールであると考える。

　私は、長いアカデミックキャリアを通して、多くの大学でワークショップを講義し教えてきた。そして、私はグローバルな視点から、大学での目的と資産の大きな多様性に気が付いた。多くの優秀な学生は、フルタイムベースで大学に出席することができない。それゆえ、私はここで3つの種類の修士レベルのカリキュラムを提案する：フルタイムの学生のもの、パートタイム社会人学生のもの、インターネットベースのもの。カリキュラムは、私のジオデザインによって構築される（図11.2）。

　彼らが参加するプログラムのバージョンに関わらず、全ての学生は、彼らの過去の学問的そしてまた専門的な経験に基づいて、それに対して重要な何かに貢献する。申請者は、このフレームワークのモデルタイプの少なくとも1つで、上達することが期待されている。したがって、例えば情報技術者ある

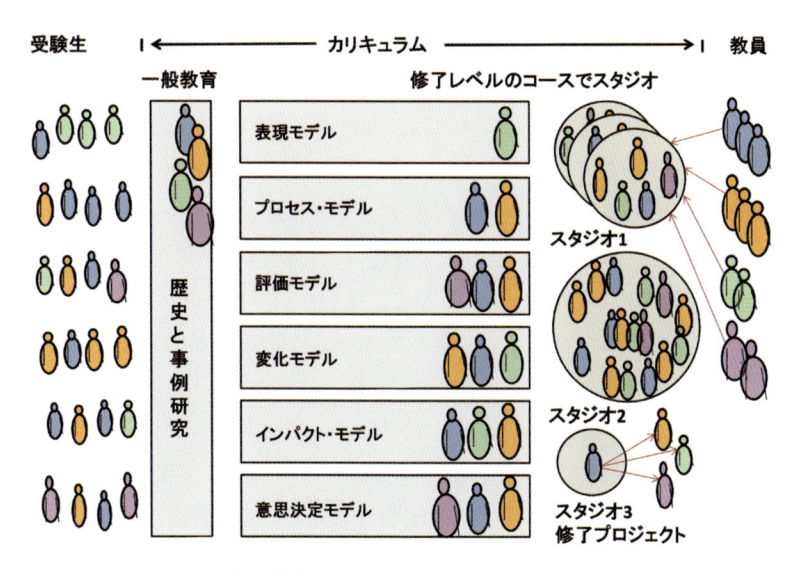

図11.2 ジオデザインのカリキュラム（出典：Carl Steinitz）

いはGIS専門家は、データ操作や表現に熟練していることが期待されるべきである。水文学者、生態学者、または地質学者のような地理学的志向の科学者は、プロセス・モデルやインパクト・モデルの両方で堪能であると期待されるだろう。社会学者は評価モデルを理解するだろう。建築家、ランドスケープ・アーキテクト、都市プランナー、土木工学者は変化モデルが得意である。そして、法律家、銀行家、経済学者、政策科学者、または市長のような選挙で選ばれた役職者は、意思決定モデルを理解するだろう。地理学者は、研究や専門的な実践を通して、自然地理学か人文地理学、あるいは情報技術に焦点を充てているかに依存して、これらの分野のいくつかでその専門性を持つかもしれない。

　このプログラムは、要求された教育の協働的な本質を反映する教員によって教えられなければならない。これは、大学におけるあらゆる単独の学科や特定の学部をベースとするようには思えない。しかし、むしろそれはキャンパスの中から広く導かれうる。多くの機関において、これは大学運営的な想像力を要求するかもしれない。教育（そして研究でも）チームで教員は、昇進や終身雇用のための彼らの制度的なプログラムによって、認識され価値付けされるために、彼らの活動や達成に対する方法を見つけなければならない。このような重要な議論は前もって教えられなければならないが、高等教育において不慣れなものではない。学際的な教育や研究の価値は徐々に共通のものとなり、世界の現実問題を強調する本質的なものとして認識されている。

　この修士プログラムにおけるカリキュラムは、歴史／事例研究、このフレームワークの6つの質問と関連するモデルタイプに焦点を当てたコース、そして応用スタジオの3種類のコースからなるべきである。歴史／事例研究コースは、理論的で応用的な研究からの重要な事例、同様にその多くの学生が親しみを持つ大学の地域的な場所に関連した事例の間で適切なバランスを持って組織化されるべきである。全ての状況において、事例は、いかに研究が組織化されるか、その方法、結果の成功・失敗を強調すべきである。いくつかの環境において、このコースは学部の一般教育のコースであるかもしれないし、あるいは修士プログラムへの進学テストとして役立つかもしれない。

　モデルに焦点を当てたコースは、学問的資産、学生の能力、使える時間のバランスを取るかなりの判断を必要とする。このカリキュラムの提案において私は、表現、プロセス、評価、変化、インパクト、

意思決定の、質問とモデルの種類の1つ1つに対して少なくとも1つのコースがあることという最も単純な仮定をおいた。2つ目の選択は、意思決定と評価、インパクトとプロセス、変化と表現とそれらの必要な関係に基づいて、3つの異なるクラスにモデルのタイプの2つを1つにまとめることもあるかもしれない。学生は、モデルのタイプの各々のコースを履修することが期待される。

　このカリキュラムは、3つの協働スタジオを提案する。それらの地理的文脈や問題・論点は、全ての事例において、現実的で本物であるべきである。最初に、協働は、コアとなる教員によって1人か複数によって導かれた3～5人の小さなチームの中で、他の教員メンバーが相談者や評価者として関わりを持って、行われうる。1つのスタジオで、各々のチームは同じ論点を、可能なら異なる方法で研究するいくつかのそのようなチームがあり得る。

　第2のスタジオは、学生自身によって運営され、教員によって案内されながら、「全体のチーム」として、可能なら10～15人程度で互いに作業しなくてはならない、より大きな学生のグループとなるであろう。

　そして第3の最後のスタジオは、応用論文に匹敵するもので、とても異なった方法で組織される。各学生は、そのプログラムと必ずしも関係する必要のない協働者のチームで作業しながら、1つ前のセメスターの実際の応用ジオデザイン研究を準備し、組織し、デザインすることが、そして、最後のセメスターで、必要ならより長くかけてその研究を実施することが期待されるだろう。

　このカリキュラムは、図11.3に示されるように、異なるスケジュールに収まるように組織化される。

　コースの正規の配置は、学年歴が正規学生の2つのセメスターからなるとの仮定で行うために、2年かかるであろう。パートタイムでの配置は、同等の学問的研究は、他で雇われていたり、何らかの理由で正規の研究に参加できない学生に対しては、3または4年かかると想定される。

　通常のプログラムに加えて、私はいくつかの大学は、インターネットベースのジオデザインのカリキュラムを十分に短い期間で提案するだろうと期待している。いかに学生がスケジュールを組み、そのカリキュラムの様々な側面で参加するかにおいて、より個人に合わせたバリエーションが要求されうる。しかし、オンライン教育はまた学生によって、より柔軟な経験や探索に対する機会を提供する。例えば、歴史と事例研究に焦点を当てた最初のコースは、参加することに興味を持つ全ての人に容易く提供されるし、それは結果的に、さらに先へ進みたいかどうかを考えて、とても多くの人がそのコースを履修す

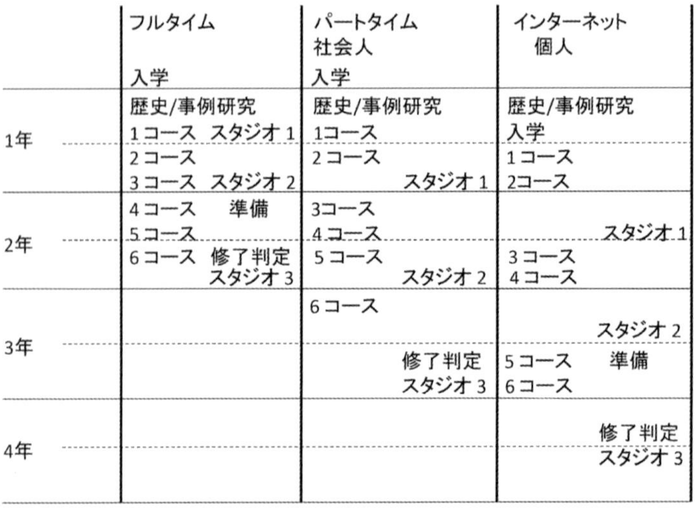

	フルタイム 入学	パートタイム 社会人 入学	インターネット 個人
1年	歴史/事例研究 1コース　スタジオ1 2コース 3コース　スタジオ2	歴史/事例研究 1コース 2コース 　　　　スタジオ1	歴史/事例研究 入学 1コース 2コース
2年	4コース　準備 5コース 6コース　修了判定 　　　　スタジオ3	3コース 4コース 5コース 　　　　スタジオ2	スタジオ1 3コース 4コース
3年		6コース 修了判定 スタジオ3	スタジオ2 5コース　準備 6コース
4年			修了判定 スタジオ3

図11.3　ジオデザインのカリキュラムのスケジューリング　（出典：Carl Steinitz）

るかもしれない。修士プログラムへの正規の入学は、彼らのそうしたコースの中での成功と同様に他の入学基準の両方に基づいた入試で、学生がこのコースを修了、少なくとも他の1つを修了した後に可能となるかもしれない。

インターネット・ベースのジオデザインのカリキュラムは、どのようにして1人の学生を、学生や教員参加が互いに遠隔でコンピュータを用いてつながっている状態で、協働スタジオを教えるかという付加的な課題をもたらす。私は個人的に、ハーバード大学の私の学生が他の大学の学生や教員とリンクされ、1つの協働スタジオに統合されるといった、3つの経験をしてきた。教育のこの方法は、個人的な関係が異なり、教育の活気に影響を与える、しかし、それはうまくいくことがあり得る。離れた協働がより簡単により効果的になされるためのそうした技術が飛躍的に改良されることは間違いない。

私は、いま、この本の冒頭で述べたコメントを繰り返す。私は、「ジオデザイナー」と呼ばれる人を創造すること、あるいは「ジオデザイン」という何かを作ることに興味はない。むしろ私は、複合的なデザインと科学的なバックグラウンドと興味から、人々の間の教育的な協働を促進するこのカリキュラムが、ジオデザインがうまく機能するための本質である理由から、それを提言する。そのようなプログラムの参加者は、協働のための、そして特に、その協働におけるリーダーシップのための、より広い視野とより多くの効果的な能力を獲得するだろう。彼らは、彼らの以前の（そして未来の）専門的なアイデンティティを失うことなしに、これを達成できるし、するべきである。

【注】

1. Adapted from C. Steinitz, "Educating Conductors vs. Training Soloists," in Proceedings, Council of Educators in Landscape Architecture Conference, 1984.

    Revised as "Conductors vs. Soloists." *Studio Works 4: Approaches*, (Graduate School of Design, Harvard University, 1996), 87-88.

2. Adapted from C. Steinitz, "On the Roles of Precedent: A Personal View" (Conference on Teaching The History of Landscape Architecture, Graduate School of Design, Harvard University, April 8-9, 1974).

3. C. Steinitz. "Landscape Planning: A History of Influential Ideas." *Journal of the Japanese Institute of Landscape Architecture*. (January 2002): 201-8. (In Japanese.)

    Republished in *Chinese Landscape Architecture* 5: 92-95 and 6: 80-96. (In Chinese.)

    Republished in *Journal of Landscape Architecture (JoLA)* (Spring 2008): 68-75.

    Republished in *Landscape Architecture* (February 2009): 74-84.

4. Adapted from C. Steinitz, "On the Need to Study Failures As Well As Successes" (Conference on Teaching The History of Landscape Architecture, Graduate School of Design, Harvard University, April 8-9, 1974).

5. E. A. Cohen, and J. Gooch, *Military Misfortunes: The Anatomy of Failure in War* (New York: Vintage Books, 1991).

6. W. E. Odum, "Environmental Degradation and the Tyranny of Small Decisions," *BioScience* 32, no. 9 (1982): 728-29.6.

7. Adapted from C. Steinitz, "On Teaching Ecological Principles to Designers," in *Ecology and Design: Frameworks for Learning*, eds. B. Johnson and K. Hill. (Washington, D.C.: Island Press, 2001).

第 12 章　ジオデザインの未来

ジオデザイン教育の未来

　世界でそして高等教育において、絶え間なく変化する状況は、ジオデザインの未来に向けて深遠な意味を持つ。ジオデザインに関する全てのことを同一のレベルで試みることは合理的でないように思われる。私たちの周りには、専門に深く入り込み、エネルギーを内在化させ、スケール、問題のタイプ、決定過程、そして方法論などの1つあるいはほんの2、3の組み合わせに焦点を絞りたいという誘惑が常にある。世界中のほとんどのアカデミックなデザイン・プログラムは、明確に定義されたクライアント、より単純なプロセス・モデル、そして、伝統的なデザイン方法を用いて比較的小さなスケールでのプロジェクトに焦点を当てて行われている（図12.1の左）。これは明らかに安全な経路であり、建築、ランドスケープ・アーキテクチャ、都市計画学などデザイン教育と実務に関わる長い伝統の中で基礎が形づくられてきた[1]。教育の専門化の同様の傾向は、地理科学でも起こっており、それは、より複雑なプロセスやより計算ベースの方法に依拠する研究を含み、より大きなシステムに焦点を当てる研究であることが多い。

　これらの誰もが認識している、長い間続いてきた違いを前提とすると、協働が必要とされ効果的であると思われる対象としてのスケールと規模に、ジオデザインのカリキュラムの焦点を当てていくことが、最も良い結果を生み出すことができるかもしれない（図12.2）。学生の従前の好みや経験は、彼らの学問上の知識に影響を与えている。学生がその後、生涯にわたって学び続けていこうとする時、その道筋は学問的ラインに沿って継続していくことが自然の流れであろう。もし、全ての学生がデザイナーと科学者の間の組織化された協働の経験を持つならば、教育は最も効果的なものとなるだろう。そして、この協働は、最も簡単で最も適切と考えられる重複する規模とスケールでなされるべきである（図12.1と図12.2）。この視点は、実施可能な多くの機会を生み出すこととなり、その結果、学生は増大した一連の選択肢の中からより広い経路を見つけることができる。このことにより、図10.4に示したように、ジオ

図 12.1　デザイナーと科学者は異なる方向からアプローチする。最も効果的なジオデザインの協働の領域は、それらが重なり合う場所で起こりうる（出典：Carl Steinitz）

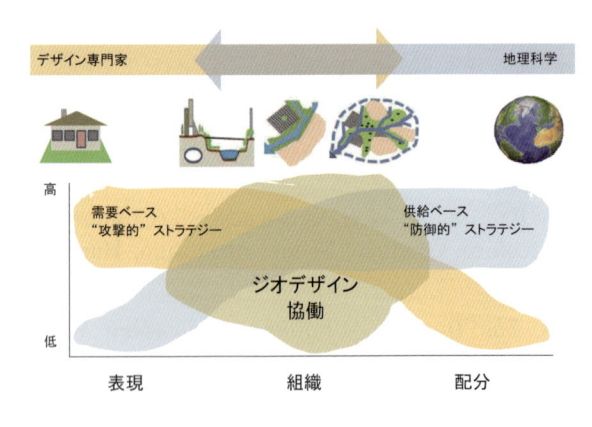

図 12.2　焦点は、最初に協働、そして、専門化。プロジェクトの規模とスケールと、いくつかの主要な影響とが重なり合うところが、ジオデザインの協働が最も必要とされ、効果的な場所であろう（出典：Carl Steinitz）

デザインの協働全体の過程を支える統合された情報技術のさらなる発展が必要となるのである。

実際、科学者とデザイナーの役割は同じではない。そして、彼らの影響は、図12.3で仮定され、示されるように、6つの質問とこのフレームワークを通しての作業の段階で変化するであろう。誰も、ジオデザインにおける協働が、均一化や専門的なアイデンティティの損失へつながるといった恐れを抱く必要はない。学生と同様に経験を積んだデザイナーや科学者に対しても、ジオデザインは参加者全体の意識に広がりをもたせ、そこでは、誰もが自分自身の専門とする知識をテーブルや議論の過程に持ち込み、結果的により多くの事柄を学ぶことになっていく。彼らは、「有用な智慧」の能力を増強させ、理解を広め、他者からの貢献としての「働きかける智慧」を広げるだろう。

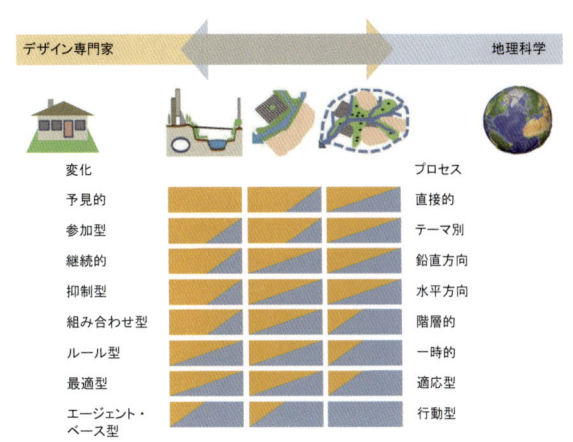

図12.3 デザイナーと科学者の間の影響のバランスは、ジオデザイン研究において用いられる特定の方法によって変化する
（出典：Carl Steinitz）

ジオデザイン実践の未来

ジオデザインの実践は急速に変化している。そして、政治的状況や情報技術が大きく変化しているために、今後もこのように続いていくだろう。例えば、計画、しかも世界的なモデルになる何かについて、ヨーロッパで起こったことの意味することを考えてみよう。2000年10月にフローレンスで、欧州評議会の47メンバー国は、ヨーロッパ景観協定を承認した[2]。ヨーロッパ景観協定の実行計画は、2005年5月17日ワルシャワで、メンバー国の国と政府の長によって承認された。この条約は批准されていて、メンバー国の全てではないがほとんどにおいて法律となっている。国際的な条約としてそれは、この分野での国内法令に優先する。例えば、欧州評議会のヨーロッパ景観協定は、ジオデザインに対して極めて有効なモデルを提供する。

ヨーロッパ景観協定の実行計画の主要な規定は、第5条にある。

第5条の一般法案において、各関係者は以下を約束する。

a. 景観は、法律上、人間環境の不可欠な要素として、共有された文化的・自然的遺産の多様性を表出したものとして、また人々のアイデンティティの基礎であるものとして、認識されるべきこと。
b. 第6条の中で設定され、定められた基準の適用により、景観の保全、マネジメント、計画を目的とした景観政策を樹立し、履行すること。
c. 上のbのパラグラフで言及した*景観政策の定義や履行に関心を持つ、一般大衆、地元や地域の代表者、他の関係者の参加に対する手順を確立すること*（斜体は著者によるもの）。
d. 景観を地域的な土地タウン計画政策や、その文化的、環境的、農業的、社会的、経済的政策、同様に、景観に起こりうる直接的あるいは間接的インパクトを持つあらゆる他の政策と統合すること。

ヨーロッパ景観協定は、ジオデザインに関係する活動に対して、すでに深遠な影響を持ち始めている。なぜなら、この協定は、条約の法的な義務の一部としてこれらの活動を要求しているからである。また、それはヨーロッパ中の、そして間接的には世界中のジオデザインに関連する教育へ大きな影響を

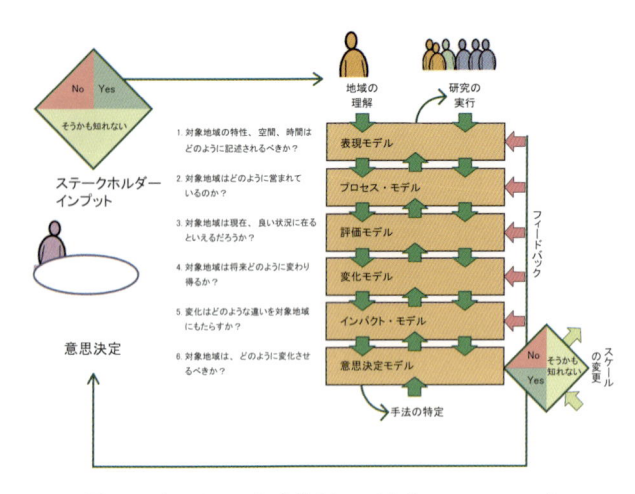

図 12.4　クライアントとデザイナー（出典：Carl Steinitz）

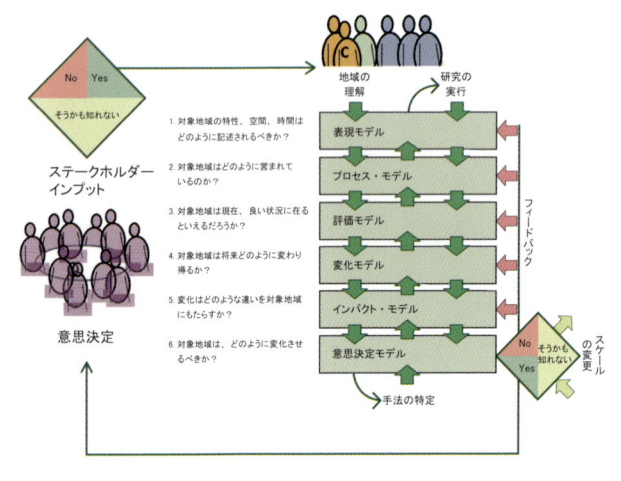

図 12.5　その地域住民とジオデザイン・チーム（出典：Carl Steinitz）

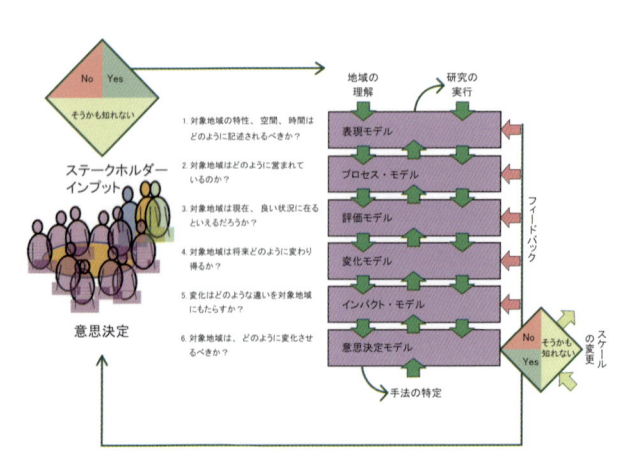

図 12.6　その地域住民による、より深い直接的な関わり
（出典：Carl Steinitz）

持ってきている。なぜなら、*将来の政策やデザインを定義する最初の段階で*、ステークホルダーの考え方を取り入れる必要があることが成文化されているため、デザイン・チームは、一般大衆の意見や意思決定に対する文書を作成するための作業を組織化することを要求されるからである。そこに住んでいる人々は、単なるジオデザインのクライアントだけでなく、ジオデザイン・チームの活動的なメンバーでもある。私は、このことが究極的にどのようにジオデザインが実践されるかを変えていくことになるだろうと信じている。そして、それは私たちに、これまでの教育プロセスのいくつかを再考することを余儀なくさせるであろう。

　私は、この本を通して、ジオデザインは必然的に協働的な活動であることを議論してきた。これは、デザイン専門家の教育の大部分（全てでなく）を支える個人主義的な仮定とは異なる。伝統的なデザイン実践の意味する実践のモデルは、1人のクライアント（テーブルの端にいる人）と、1人のデザイナー（スタッフによってしばしばサポートされることもあるが）がいる（図 12.4）。

　協働がジオデザインの有する明らかな複雑性を取り扱う上で必要であると認識することは、私がこの本で詳述してきたように、ジオデザインのフレームワークの形成に貢献してきた。デザイナーや科学者、そして情報技術者の技術チームは、その研究を実行する責任を持つが、ステークホルダーのグループは、インプットと意思決定において、必要不可欠な役割を持つ（図 12.5）。

　ヨーロッパ景観協定は、その地域住民と、ステークホルダーの責任を広げ、計画チームと彼らの直接的でより深い関わりを合法化する事例である（図 12.6）。

第 12 章　ジオデザインの未来

　この本で示した事例研究において、このフレームワークの 6 つの基本的な質問の各々に、直接的なステークホルダーへの関わりについて少なくとも 1 つの事例がある。

1. 研究地域はどのように記述されるべきか？　アイディルワイルドの山火事モデル研究で、Mike Flaxman は、彼の研究地域の中で直接的に大規模な土地所有に基づくデータセットを取得した。廃棄物集積所の研究は、バミューダの住民によって案内された私の学生により、研究地域内で収集されたデータに完全に基づいたものであった。

2. 研究地域はどのように作用するか？　ラ・パズとテルライドの事例のベースとなった経済プロセス・モデルは、土地を売り買いする個人的なステークホルダーの行為から直接的に引き出された記録から導かれた。

3. 現在の研究地域はうまく機能しているか？　いくつかの事例研究（キャンプ・ペンドルトン、バミューダ、カリャリ、パドヴァ、ラ・パズとテルライド）において、研究地域の代表者といえる、およそ 30 名のアドバイザリー集団は、個々の問題を特定する際に、ジオデザイン・チームを指導した。アドバイザリー集団における関心は一様ではなく、不一致が存在することを認識する一方、この指導はもっぱら、住民や観光客によって直接的に表されるような、積極的に価値付けられた側面の保全や、地域の否定的に評価された側面の変化に焦点を当てた。

4. 研究地域はどのように変えられるのか？　コスタリカのオサ事例研究は、計画区域を知っている普通の人々に望まれる将来が何であるべきかの住民の視点を表現した計画を作ってみようと、強く働きかけた事例である。

5. 変化はどのような差異を引き起こすのか？　ラ・パズとテルライド地域において、可視的な景観は、ツーリズムやレクリエーションに対する地域の魅力の中心的な要素である。そして、変化の状況の下で、高い価値を有する好ましい景観を維持することは、その地域の将来の経済において極めて重要である。これらの両方の研究（そして私が実践してきたより多くの研究）において、住民と旅行者の調査は、可視的選好モデルの基礎となった。これに基づき、研究により予測されたシナリオによって作りだされた比較可能な将来選択肢が導きだされた。

6. 研究地域はどのように変えられるべきか？　この本の中の事例研究は、いくつかの意思決定モデルを示している。キャンプ・ペンドルトンは、軍の階級制度であり、パドヴァの工業地帯は理事会を持ち、カリャリ市は市長と評議員会、テルライド基金は理事会に責任を持つ理事長、アイディルワイルドは多くの独立した住民、そして西ロンドンの歴史は、多くの独立した開発者であった。おそらく最も説得力のあるのは、バミューダで起こったことである。そこでは、首相が選挙により 3 つの計画のどれが良いかを直接的に決めるべきであると決定したのであった。

　これまで述べてきたそれぞれは、ジオデザインにおける直接的なステークホルダーの参加の事例である。また、個々の事例は、その地域住民やステークホルダーが、将来の選択肢としてベストと考えるものが実現されるよう、よりよく情報が伝えられ、意思決定をできるようにすることを狙いとして、市民のコミュニケーションを作り出すことに努力が払われた。

　「なぜ、その地域住民がジオデザインの全体の過程を担ってはいけないのか？」という質問に答えなければならない（図 12.6）。所詮、そこは彼らの場所であり、彼らはデザイン・チームの他のメンバーより確実によりよく知っている。なぜ彼らは、彼らが適切であると思うように、自身の土地を自己責任で変えるべきではないのか？　いくつかの明確かつ限られた理由がある。彼らは、適当な経験が全くな

213

いかもしれないし、自分自身を超えた何ものにも関心がないかもしれない。または、しばしば長く続く、難しい一連の連続する課題に費やす時間とエネルギーを有していないかもしれない。特に、大きな地域において、ガイドなしのジオデザインは、明らかにとても非能率的で扱いにくいプロセスであろう。専門的文献や本書の事例でも、直接的関与はジオデザインのプロセスの全体にではなく、一部への参加が望ましいことを示している。

しかしながら私は、ジオデザインが次の世代になれば、その地域住民によるプロセスの直接的なマネジメントを含んで、全ての側面で市民参加が増加していくであろうことを信じて疑わない。私は、重要な社会的関係の逆転を期待している。典型的に、計画の専門家、科学者、情報技術の専門家のジオデザイン・チームは、その地域住民から分離したチームとして働く。研究を実行する間、私たちは基本的にステークホルダーの代表者に会い、一問一答でコミュニケーションをするが、最終的にそのプロセスは、全体として民主主義的ではなく、もっぱら参加型のものである。私は、更なるジオデザイン研究は、より頻繁で、即時的な参加やコミュニケーションを含むものとなることを期待している。その直接的な参加の程度は、原理的に規模とスケールの関数として変化するだろう。より小さなプロジェクトやより単純な方法は、より直接的な参加を可能とする（図12.7）。一方、より複雑な方法で実施される大きな研究は、デザイン専門家と科学者に対して、より重要な役割を要求する（図12.8）。より広く効率的なコミュニケーションに対する必要が重要になるにつれ、「指揮者」の役割（前章で議論されたような）は、ジオデザインに対してより重要なものとなるであろう。

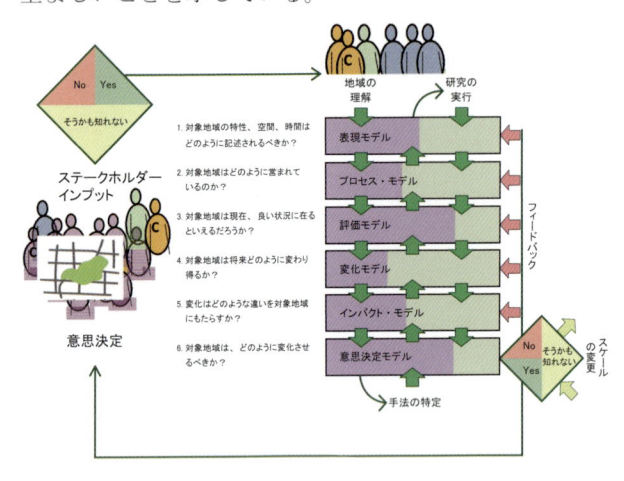

図12.7 その地域住民は、より小さなジオデザイン研究においてより大きな役割を持つであろう。それらの人々のそのプロジェクトの地理的スケールや範囲は、より限定的で管理できるものである。より小さな規模やスケールのプロジェクトはまた、より少ない技術的経験を要求するかもしれない。「指揮者」は、シャツにCの文字を持って示されていて、ジオデザイン・チームにおいてもまた、ステークホルダーの間からも必要とされるであろう（出典：Carl Steinitz）

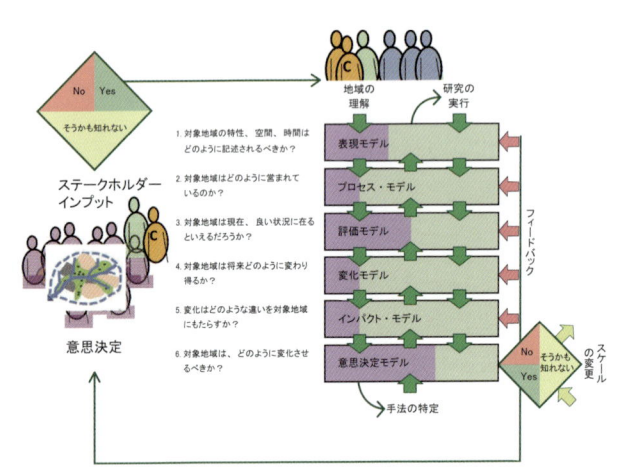

図12.8 将来において、より大きな規模のジオデザインのプロジェクトは、その地域住民からのより大きな関わりを持つだろう。そして、より技術的に優秀な人々に対する必要があるであろう。そして、彼らはより積極的な役割を担わなければならないであろう（出典：Carl Steinitz）

私たちから学んだ学生が指揮する進んだ研究と今日の技術主導の発展を考えると、私たちは、今世紀に急速に発達するであろうジオデザインの新しい萌芽を予測することができる。私たちは、主要なジオデザインの意思決定が、いくつかの規模とスケールで同時に、

相互に影響しあいながら行われる世界に住んでいるであろう。また、私たちはそのプロセスを、（できる限りうまく）成し遂げているであろう。または、最悪の事例のシナリオにおいて、私たち全ては、不統一な意思決定と無秩序の混合の中に暮らすことになるかもしれない。私たちが今日教えている学生が、データと方法論的選択肢を積み上げた場所で、もしくは私たちが行っているよりもより賢明な選択をした場所で実践を行うことを考えれば、どのようなことも起りうるのである。ジオデザインのフレームワークを適用する際に、デザインの専門家と地理科学者の間の活動のバランスは、研究地域の規模とスケールの関数として変化するであろう。また、協働活動はフレームワークのどこにいるかによって、4つの本質的な参加集団の影響が移り変わっていくだろう。しかしながら、1つのことは変えるべきでない。それは、最終の意思決定をし、「何、どこ、いつ」、によって地理的文脈を変化させるのは、その地域住民の責任であるということである。

　私がこの分野で活動してきた何十年の間、私は改良されたデータやモデルを使い、私たちが計画してきた土地をより良く理解することができるようになってきたと思う。民主的な過程において、環境的な政策はよりオープンに、そして複雑になってきたデザインも同様である。あらゆる人、やや穏やかに見ている人でさえ、気候変化、砂漠化、過剰人口、水危機、そして他の潜在的に破壊的な変化に気づくようになるであろう。もし私たちが増加する深刻な環境危機にあるとするならば、私はそうあると思うが、人々がその状態や彼らの選択肢、もしくは環境の死活に関わる変化を生じさせないことを、理解することは極めて重要である。これはすなわち、市民参加を促し、ステークホルダー、地理科学者、情報技術者、デザイン専門家の間の密接な協働を増やすために、ジオデザインをより広範に、容易に理解可能なものにすることは、私たちの最も大きな挑戦かもしれない。目的は明確である。それは、より良いデザインを可能とすること、より順応性のある公正な未来を支援する意思決定に向けてコミュニケーションする能力を改善することである。

【注】
1. C. Steinitz, "Matters of Scale," *Landscape Architecture* (September 2010): 206-8.
2. Council of Europe. Council of Europe Treaty Series no. 176-The Europe Landscape Convention. Florence, October 20, 2000.

いくつかの最後の言葉

　ジオデザイン（全てのデザインと同様）は判断に依存する。
　それは科学ではないが、それは科学に依存する。
　完璧な常とう手段はないが、方法はある。
　万能なツールキットはないが、多くのツールがある。
　あなたは、事例をコピーすることはできないが、あなたは、ジオデザインの協働活動に参加することや、デザインによって地域を変えることによって、経験を得ることができる。
C. S.
2012

文献

Adams, C. W., and C. Steinitz. "An Alternative Future for the Region of Camp Pendleton, CA." In *Landscape Perspectives of Land Use Changes*, edited by U. Mander and R. H. G. Jongman, 18-83. Advances in Ecological Sciences 6. Southampton, UK: WIT Press, 2000.

Batty, M. "Cellular Automata and Urban Form: A Primer." *Journal of the American Planning Association* 63 (1997): 266-74.

_____. *Cities and Complexity*. Cambridge, MA: MIT Press, 2007.

_____. "A Digital Breeder for Designing Cities." In *Architectural Design*, 79, no. 4 (2009): 46-49.

_____. "Generating Cities from the Bottom-Up: Using Complexity Theory for Effective Design." *Cluster* 7 (2008): 150-61.

Bermuda, Department of Planning. *The Pembroke Marsh Plan, 1987*. Bermuda: Department of Planning, Government of Bermuda, 1987.

Brandford, V., and P. Geddes. *The Coming Polity: A Study in Reconstruction*. London: Williams and Norgate, 1917.

Buhmann, E., S. Ervin, D. Tomlin, and M. Pietsch, eds. *Teaching Landscape Architecture*. Proceedings, Digital Landscape Architecture, Anhalt University of Applied Sciences. Dessau, Germany, May 2011.

Chrisman, N. *Charting the Unknown: How Computer Mapping at Harvard Became GIS*. Redlands, CA: ESRI Press, 2006.

Cohen, E. A., and J. Gooch. *Military Misfortunes: The Anatomy of Failure in War*. New York: Vintage Books, 1991.

Council of Europe. Council of Europe Treaty Series no. 176—The European Landscape Convention. Florence, October 20, 2000.

Crain, W. C. *Theories of Development*. New Jersey: Prentice-Hall, 1985.

Dale, V. H., and H. M. Rauscher. "Assessing Impacts of Climate Change on Forests: The State of Biological Modeling." *Climatic Change* 28 (1994): 65-90.

Environmental Awareness Center of the University of Wisconsin, with Steinitz Rogers Associates. *Interstate 57 Corridor Selection Study*. Madison, WI: Environmental Awareness Center of the University of Wisconsin, 1970.

Ervin, S. "A System for Geodesign." In *Teaching Landscape Architecture*, edited by E. Buhmann, S. Ervin, D. Tomlin, and M. Pietsch, 145-54. Proceedings, Digital Landscape Architecture, Anhalt University of Applied Sciences. Dessau, Germany, May 2011.

Escritt, L. B. *Regional Planning: An Outline of the Scientific Data Relating to Planning in the United Kingdom*. London: George Allen & Unwin, 1943.

Fagg, C. C., and G. E. Hutchings. *An Introduction to Regional Surveying*. Cambridge, UK: The University Press, 1930.

Finney, M. A. "FARSITE: Fire Area Simulator—Model Development and Evaluation." Research paper. RMRS-RP-4. Ogden, UT: US Department of Agriculture, Forest Service, Rocky Mountain Research Station, 2004.

Flaxman, M. "Multi-scale Fire Hazard Assessment for Wildland Urban Interface Areas: An Alternative Futures Approach." D. Des. diss., Graduate School of Design, Harvard University, 2001.

Flaxman, M., C. Steinitz, R. Faris, T. Canfield, J. C. Vargas-Moreno. *Alternative Futures for the Telluride Region, Colorado*. Telluride, CO: Telluride Foundation, 2010.

Forman, R. T. T, and M. Godron. *Landscape Ecology*. New York: Wiley, 1986.

Forshaw, H., and L. P. Abercrombie. *County of London Plan, 1943*. Westminster, England: Town Planning and Improvements Committee, 1944.

Galileo Galilei. *Dialogues Concerning Two New Sciences*. Translated by Henry Crew and Alfonso de Salvio. New York: McGraw Hill Book Co., 1914.

Geddes, P. *Cities in Evolution: An Introduction to the Town Planning Movement and to the Study of Civics*. London; Williams & Norgate, 1915.

Haddon, W., Jr., 1970. "Escape of Tigers: An Ecologic Note." *Technology Review* 72 (1970): 44-53.

Hall, P. G. *London 2001*. London: Unwin Hyman, 1989.

Hammond, K. J. "Case-Based Planning: A Framework for Planning from Experience." *Journal of Cognitive Science* 14 (1990): 385-443.

Howard, E. *Garden Cities for Tomorrow*. London: S. Sonnenschein & Co., Ltd., 1902.

Kohlberg, Lawrence. *The Philosophy of Moral Development*. New York; Harper & Row, 1981.

———. *The Psychology of Moral Development*. New York: Harper & Row, 1984.

Kunzmann, K. R. "Geodesign: Chance oder Gefahr?" In Planungskartographie und Geodesign. Hrsg.: Bundesforschungsanstalt fur Landeskunde und Raumordnung. *Informationen zur Raumentwicklung* 7 (1993): 389-96

Lewis, Philip H., Jr. *Tomorrow by Design: A Regional Design Process for Sustainability*. New York: Wiley, 1996.

Lowry, Ira S. "A Short Course in Model Design." *Journal of the American Institute of Planners* 31 (May 1965), 158-165.

Lukacs, J. "The Stirrings of History: A New World Rises from the Ruins of Empire." *Harper's* (August 1990): 41-48.

Lyman, D., Jr. *The Moral Sayings of Publius Syrus, a Roman Slave*. Cleveland, OH: L. E. Barnard & Company, 1856.

Lynch, K. "Environmental Adaptability." *Journal of the American Institute of Planners* 14, no. 2 (1958):16-24.

———. *The Image of the City*. Cambridge, MA: MIT Press, 1960.

———. *A Theory of Good Urban Form*. Cambridge, MA; MIT Press, 1981.

MacEwan, R. "Reading Between the Lines; Knowledge for Natural Resource Management." In *Landscape Analysis and Visualisation: Spatial Models for Natural Resource Management and Planning*, edited by C. Pettit, W. Cartwright, I. Bishop, K. Lowell, D. Pullarand D. Duncan, 19-27. Berlin: Springer, 2008.

Mairet, P. *Pioneer of Sociology: The Life and Letters of Patrick Geddes*. London; Lund Humphries, 1957.

Manning, W. H. "A National Plan Study Brief." *Landscape Architecture* 13 (July 1923); 3-24.

McHarg, I. L. *Design with Nature*. Garden City, NY; Natural History Press, 1969.

Mueller, A., R. France, and C. Steinitz. "Aquifer Recharge Model: Evaluating the Impacts of Urban Development on Groundwater Resources (Galilee, Israel)." In *Integrative Studies in Water Management and Land Development Series. Handbook of Water Sensitive Planning and Design*, edited by R. L. France, 615-33. London: CRC Press, 2002.

Murray, H. A., and C. Kluckhohn. *Personality in Nature, Society, and Culture*. New York: Knopf, 1953.

Niemann, 8., P. Lewis, and C. Steinitz. *Interstate 57 Corridor Selection Study*. Madison, Wl: Environmental Awareness Center, University of Wisconsin, 1970.

Nyerges, T. L., and P. Jankowski. *Regional and Urban GIS: A Decision Support Approach*. New York; Guilford Press, 2010.

Odum, W. E. "Environmental Degradation and the Tyranny of Small Decisions." *Bioscience* 32, no. 9 (1982); 728-29.

Rapaport, A. "Cross-Cultural Aspects of Environmental Design." In *Human Behavior and Environment*, edited by I. Altman, A. Rapaport, and J. F. Wohlwill. Vol. 4. Human Behavior and Environment. New York; Plenum Press, 1980.

Repton, H. *Observations on the Theory and Practice of Landscape Gardening: Including Some Remarks on Grecian and Gothic Architecture, Collected from Various Manuscripts, in the Possession of the Different Noblemen and Gentlemen, for Whose Use They Were Originally Written; the Whole Tending to Establish Fixed Principles in the Respective Arts*. London; Printed by T. Bensley for J. Taylor, 1805.

Rogers, P., and C. Steinitz. *Qualitative Values in Environmental Planning: A Study of Resource Use in Urbanizing Watersheds*. Waltham, MA: Harvard University, Department of Landscape Architecture Research Office and US Army Corps of Engineers, New England Division, 1969.

Schwarz-v.Raumer, H-G., and A. Stokman. "Geodesign—Approximations of a Catchphrase." In *Teaching Landscape Architecture*, edited by E. Buhmann, S. Ervin, D. Tomlin, and M. Pietsch, 106-15. Proceedings, Digital Landscape Architecture, Anhalt University of Applied Sciences. Dessau, Germany, May 2011.

Simon, H. A. "Designing Organizations for an Information-Rich World." In *Computers, Communication, and the Public Interest*, by M. Greenberger. Baltimore, MD: The Johns Hopkins Press, 1971.

_____. *The Sciences of the Artificial*. Cambridge, MA; MIT Press, 1969.

Smith, R. A. "Beach Resorts: A Model of Development Evolution." D. Des. diss.. Graduate School of Design, Harvard University, 1990.

_____. "Beach Resorts: A Model of Development Evolution." *Landscape and Urban Planning* 21, no. 3 (1991); 189-210.

Stanilov, K., and M. Batty. "Exploring the Historical Determinants of Urban Growth through Cellular Automata." *Transactions in GIS* 15, no. 3(2011); 253-71.

Steinitz, C. "Alternative Futures: Development, Environment, and Economics in Hangzhou, China." Proceedings Harvard-ASCI Conference on Transportation, Land Use, and the Environment: China and India. Hyderabad, 2004.

_____. *Defensible Processes for Regional Landscape Design.* Landscape Architecture Technical Information Series vol. 2, no. 1. Washington, D.C.: American Society of Landscape Architects, 1979.

_____. "The DELMARVA Study." Proceedings, Council of Educators in Landscape Architecture, St Louis, MO, July 1968.

_____. "Design Is a Verb; Design Is a Noun." *Landscape Journal* 4, no. 2 (1995); 188-200.

_____. "Educating Conductors vs. Training Soloists." In Proceedings, Council of Educators in Landscape Architecture Conference, 1984.

Revised as "Conductors vs. Soloists." *Studio Works 4: Approaches*, 87-88. Graduate School of Design, Harvard University, 1996.

_____. "Estudio de Paisage Visual de la Comunitat Valenciana/A Study of the Visual Landscape of the Autonomous Community of Valencia." In *La Nueva Politica de Paisage de la Comunitat Valenciana* by A Munoz-Criado, 11-42. Valencia: Generalitat Valenciana, 2009.

Also published in Steinitz, C., and A. Munoz-Criado. "The Visual Assessment of the Autonomous Community of Valencia, Spain." *Chinese Landscape Architecture*, 2 (2011):168-85. (In Chinese and English.)

_____. "A Framework for Theory Applicable to the Education of Landscape Architects (and Other Environmental Design Professionals)." *Landscape Journal* 9 (1990): 136-43.

Revised version in *Process Architecture* 127 (1995). (English and Japanese.)

Revised version in *GIS Europe* 2 (1993): 42-45.

Revised version in *Planning* (2000). (Chinese.)

Revised version in *Environmental Planning for Communities: A Guide to the Environmental Visioning Process Utilizing a Geographic Information System (GIS)*. Cincinnati, OH: US Environmental Protection Agency Office of Research and Development, 2002.

Revised version in chapter 3 of *Alternative Futures for Changing Landscapes: The San Pedro River Basin in Arizona and Sonora* by C. Steinitz, H. Arias, S. Bassett, M. Flaxman, T. Goode, T. Maddock, D. Mouat, R. Peiser and A. Shearer. Washington, D.C.: Island Press, 2003.

_____. "From Project to Global: On Landscape Planning and Scale." *Landscape Review* 9, no. 2 (2005): 117-27.

_____. "Introduction." World Conference on Education for Landscape Planning special issue of *Landscape and Urban Planning*, edited by C. Steinitz.13, no. 5/6 (1986): 329-32.

_____. "Landscape Planning: A History of Influential Ideas." *Journal of the Japanese Institute of Landscape Architecture*. (January 2002): 201-8. (In Japanese.)

Republished in *Chinese Landscape Architecture* 5: 92-95 and 6: 80-96. (In Chinese.)

Republished in *Journal of Landscape Architecture* (JoLA) (Spring 2008): 68-75.

Republished in *Landscape Architecture* (February 2009): 74-84.

_____. "Matters of Scale." *Landscape Architecture* (September 2010): 206-8.

_____. "Meaning and the Congruence of Urban Form and Activity." PhD diss., Massachusetts Institute of Technology, 1965.

_____. "Meaning and the Congruence of Urban Form and Activity." *Journal of the American Institute of Planners* 34, no. 4 (July 1968): 223-47.

_____. "On Scale and Complexity and the Need for Spatial Analysis." Specialist Meeting on Spatial Concepts in GIS and Design; Santa Barbara, California; December 15-16, 2008.

_____. "On Teaching Ecological Principles to Designers." In *Ecology and Design: Frameworks for Learning*, edited by B. Johnson and K. Hill. Washington, D.C.: Island Press, 2001.

_____. "On the Need to Study Failures As Well As Successes." Conference on Teaching the History of Landscape Architecture, Graduate School of Design, Harvard University, April 8-9, 1974.

_____. "On the Roles of Precedent: A Personal View." Conference on Teaching the History of Landscape Architecture, Graduate School of Design, Harvard University, April 8-9, 1974.

_____. "Simulating Alternative Policies for Implementing the Massachusetts Scenic and Recreational Rivers Act: The North River Demonstration Project." *Landscape Planning* 6, no. 1 (1979): 51-89.

_____. "Teaching in a Multidisciplinary Collaborative Workshop Format: The Cagliari Workshop." In 2010 *FutureMAC09: Alternative Futures for the Metropolitan Area of Cagliari, The Cagliari Workshop: An Experiment in Interdisciplinary Education /FutureMAC09 : Scenari Alternativi peri'area Metropolitana di Cagliari, Workshop di Sperimentazione Didattica Interdisciplinare*, by C. Steinitz, E. Abis, V. von Haaren, C. Albert, D. Kempa, C. Palmas, S. Pill, and J. C. Vargas-Moreno. Roma: Gangemi, 2010.

_____. "Tools and Techniques: Some General Notes but Precious Few 'Hard' Recommendations." In Proceedings, Council of Educators in Landscape Architecture Conference, 1974.

_____. "Toward a Sustainable Landscape Where Visual Preference and Ecological Integrity are Congruent: The Loop Road in Acadia National Park." *Landscape and Urban Planning* 19, no. 3 (1990): 213-50.

_____. "The Trouble with 'A Strong Concept, Fully Worked Out.'" *Landscape Architecture* (November 1979): 565-67.

Steinitz, C., ed. *An Alternative Future for the Region of Camp Pendleton, California*. Cambridge, MA: Graduate School of Design, Harvard University, 1997.

_____. *Alternative Futures for Monroe County, Pennsylvania*. Cambridge, MA: Harvard University Graduate School of Design, 1994.

_____. *Alternative Futures for the Bermuda Dump*. Cambridge, MA: Graduate School of Design, Harvard University, 1986.

_____. *Alternative Futures in the Western Galilee, Israel*. Cambridge, MA: Graduate School of Design, Harvard University, 1998.

Steinitz, C., ed., with A. Rahamimoff, M. Flaxman, and T. Canfield. *Coexistence, Cooperation, Partnership: Alternative Futures for the Region of Beit She'an Jenin and Northern Jordan*. Cambridge, MA: Graduate School of Design, Harvard University, 2000. [K. A. Connelly, D. Ford, S. Hurand, S. Kennings, S. Khanna, H. Kozloff, L. MacAulay, J. Mayeux, R. el Samahy, S. Siegel, S. A. Shapiro, E. D. Shaw, C. Teike, J. P. Weesner]

Steinitz, C., H. Arias, S. Bassett, M. Flaxman, T. Goode, T. Maddock, D. Mouat, R. Peiser, and A. Shearer. *Alternative Futures for Changing Landscapes: The San Pedro River Basin in Arizona and Sonora*. Washington, D.C.: Island Press, 2003.

In Chinese, C. Steinitz, et al. "Alternative Futures for Changing Landscapes: The Upper San

Pedro River Basin, Arizona, and Sonora." Beijing: Construction Bookstore/Building Society, 2008, translated by Cheng Bing.

Also in C. Steinitz, et al. "Alternative Futures for Landscapes in the Upper San Pedro River Basin of Arizona and Sonora." US Department of Agriculture, Forest Service, Pacific Southwest Station, General Technical Report #PSW-GTR-191, Bird Conservation Implementation and Integration in the Americas: Proceedings of the Third International Partners in Flight Conference, vol. 1, June 2005, 93-100.

Steinitz, C., M. Binford, P. Cote, T. Edwards Jr., S. Ervin, R. T. T. Forman, C. Johnson, R. Kiester, D. Mouat, D. Olson, A. Shearer, R. Toth, and R. Wills. *Landscape Planning for Biodiversity; Alternative Futures for the Region of Camp Pendleton*, CA. Cambridge, MA: Graduate School of Design, Harvard University, 1996.

In Japanese, C. Steinitz, et al. "Chiri-Joho-Shisutemu ni yoru Seibutu-tayosei to Keikan-Pulan-ningu (Biodiversity and Landscape Planning with GIS). Kyoto/Tokyo: Chigin Shobo, 1999, translated by Keiji Yano and T. Nakaya.

Steinitz, C., H. J. Brown, P. Goodale with P. Rogers, D. Sinton, F. Smith, W. Giezentanner, and D. Way. *Managing Suburban Growth: A Modeling Approach. Summary*. (Of the research program entitled The Interaction between Urbanization and Land: Quality and Quantity in Environmental Planning and Design.) National Science Foundation, Research Applied to National Needs (RANN) Program Grant ENV-72-03372-A06. Cambridge, MA: Landscape Architecture Research Office, Graduate School of Design, Harvard University, 1978.

以下は、技術文書を伴うものである

Bloom, H. S., and H. J. Brown. *The Interaction between Urbanization and Land: Quality and Quantity in Environmental Planning and Design: The Land Value Model Technical Documentation.* Cambridge, MA: Harvard University Graduate School of Design Landscape Architecture Research Office, 1979.

Giezentanner, W., and C. Steinitz. *The Interaction between Urbanization and Land: Quality and Quantity in Environmental Planning and Design: The Legal/Implementation Model Technical Documentation.* Cambridge, MA: Harvard University Graduate School of Design Landscape Architecture Research Office, 1978.

Goltry, D., R. Ewing, H. Wilkins, and H. J. Brown. *The Interaction between Urbanization and Land: Quality and Quantity in Environmental Planning and Design: The Industrial Model Technical Documentation.* Cambridge, MA: Harvard University Graduate School of Design Landscape Architecture Research Office, 1979,

Held, K., H. Wilkins, and H. J. Brown. *The Interaction between Urbanization and Land: Quality and Quantity in Environmental Planning and Design: The Commercial Model Technical Documentation.* Cambridge, MA: Harvard University Graduate School of Design Landscape Architecture Research Office, 1979.

Kirlin, J., and H. J. Brown. *The Interaction between Urbanization and Land: Quality and Quantity in Environmental Planning and Design: The Public Fiscal Accounting Model Technical Documentation.* Cambridge, MA: Harvard University Graduate School of Design Landscape Architecture Research Office, 1979.

Kirlin, J., and H. J. Brown. *The Interaction between Urbanization and Land: Quality and Quantity In Environmental Planning and Design: The Public Expenditure Model Technical Documentation.* Cambridge, MA: Harvard University Graduate School of Design Landscape

Architecture Research Office, 1979.

Rogers, P., and R. S. Berwick. *The Interaction between Urbanization and Land: Quality and Quantity in Environmental Planning and Design: Water Quantity and Water Quality Model.* Cambridge, MA: Harvard University Graduate School of Design Landscape Architecture Research Office, 1978.

Rogers, P., and P. McClelland. *The Interaction between Urbanization and Land: Quality and Quantity in Environmental Planning and Design: The Solid Waste Management Model Technical Documentation.* Cambridge, MA; Harvard University Graduate School of Design Landscape Architecture Research Office, 1979.

Rogers, P., and P. McClelland. *The Interaction between Urbanization and Land: Quality and Quantity in Environmental Planning and Design: The Air Quality Evaluation Model Technical Documentation.* Cambridge, MA: Harvard University Graduate School of Design Landscape Architecture Research Office, 1979.

Smith, F. E. *The Interaction between Urbanization and Land: Quality and Quantity in Environmental Planning and Design: The Vegetation and Wildlife Model Technical Documentation.* Cambridge, MA: Harvard University Graduate School of Design Landscape Architecture Research Office, 1979.

Steinitz, C., and D. Allen. *The Interaction between Urbanization and Land: Quality and Quantity In Environmental Planning and Design: The Recreational Model Technical Documentation.* Cambridge, MA: Harvard University Graduate School of Design Land scape Architecture Research Office, 1979.

Steinitz, C., and C. Barton. *The Interaction between Urbanization and Land: Quality and Quantity in Environmental Planning and Design: The Conservation Model Technical Documentation.* Cambridge, MA: Harvard University Graduate School of Design Landscape Architecture Research Office, 1978.

Steinitz, C., C. J. Frederick, and P. Goodale. *The Interaction between Urbanization and Land: Quality and Quantity in Environmental Planning and Design: The Data Base Model Technical Documentation.* Cambridge, MA: Harvard University Graduate School of Design Landscape Architecture Research Office, 1978.

Steinitz, C., and K. Haglund. *The Interaction between Urbanization and Land: Quality and Quantity in Environmental Planning and Design: The Historical Resources Model Technical Documentation.* Cambridge, MA: Harvard University Graduate School of Design Landscape Architecture Research Office, 1978.

Tyler, M., and S. Cummings. *The Interaction between Urbanization and Land: Quality and Quantity in Environmental Planning and Design: The Transportation Model Technical Documentation.* Cambridge, MA: Harvard University Graduate School of Design Landscape Architecture Research Office, 1979.

Vidal, A. C., and H. J. Brown. *The Interaction between Urbanization and Land: Quality and Quantity In Environmental Planning and Design: The Public Institutions Model Technical Documentation.* Cambridge, MA: Harvard University Graduate School of Design Landscape Architecture Research Office, 1979.

Way, D. S. *The Interaction between Urbanization and Land: Quality and Quantity in Environmental Planning and Design: The Soils Model Technical Documentation.* Cambridge, MA: Harvard University Graduate School of Design Landscape Architecture Research Office, 1978.

Way, D. S. *The Interaction between Urbanization and Land: Quality and Quantity in Environmental

Planning and Design: Land Use Descriptors Model Technical Documentation. Cambridge, IVIA: Harvard University Graduate School of Design Landscape Architecture Research Office, 1978.

Wilkins, H., and H. J. Brown with J. Kirlin, M. Li, and K. Vardell. *The Interaction between Urbanization and Land: Quality and Quantity in Environmental Planning and Design: The Housing Model Technical Documentation.* Cambridge, MA: Harvard University Graduate School of Design Landscape Architecture Research Office, 1979.

Steinitz, C., L. Cipriani, J. C. Vargas-Moreno, and T. Canfield. *Padova e il Paesaggio-Scenarui Futuri peri il Parco Roncajette e la Zona Industriale / Padova and the Landscape—Alternative Futures for the Roncajette Park and the Industrial Zone.* Cambridge, MA: Graduate School of Design, Harvard University, Commune de Padova and Zona Industriale Padova, 2005. [A. Adeya, C. Barrows, A. H. Bastow, P. Brashear, E. S. Chamberlain, K. Cinami, M. F. Spear, S. Hurley, Y. M. Kim, I. Liebert, L. T. Lynn, V. Shashidhar, J. Toy]

Steinitz, C., and R. Faris. "Uncertain Futures? Commentary, Part B." *Environment* 48, no. 1 (2006): 41.

Steinitz, C., R. Faris, M. Flaxman, K. Karish, A. D. Mellinger, T. Canfield, and L. Sucre. "A Delicate Balance: Conservation and Development Scenarios for Panama's Coiba National Park." *Environment: Science and Policy for Sustainable Development* 47 (2005): 24-39.

Steinitz, C., R. Faris, M. Flaxman, J. C. Vargas-Moreno, T. Canfield, O. Arizpe, M. Angeles, M. Carino, F. Santiago, and T. Maddock. "A Sustainable Path? Deciding the Future of La Paz." *Environment: Science and Policy for Sustainable Development* 47 (2005): 24-38.

In Japanese in *Landscape Research Japan* 69, no.1 (2005): 66-67.

Steinitz, C., R. Paris, M. Flaxman, J. C. Vargas-Moreno, G. Huang, S.-Y. Lu, T. Canfield, O. Arizpe, M. Angeles, M. Cariiio, F. Santiago, and T. Maddock III, C. Lambert, K. Baird, and L. Godinez. *Futures Alternatives para la Region de La Paz, Baja California Sur, Mexico/ Alternative Futures for La Paz, BCS, Mexico.* Mexico D. P., Mexico: Fundacion Mexicana para la Educacion Ambiental, and International Community Foundation, 2006.

Steinitz, C., A. Figueroa, and G. Castorena, eds. *Futures Alternativos para Tepotzotlan/ Alternative Futures for Tepotzotlan.* Mexico D.F., Mexico: Universidad Autonoma Metropoiitana, 2010. [S. Y. Lu, A. Cervantes, L. Margolis, J. C. Vargas-Moreno, K. Brigati, I. S. Ramirez, F. Timoltzi, W. Trimble, D. P. Barranco, A. Rivera, C. A. Ortiz, J. Lagarde, J. L. Torres, M. B-Valedon, J. B. Segon, M. Keating, R. Kaufman, P. Curran, A. G. Mendoza, B. B. Sierra, R. Tubon, A. Robinson, J. C. Cruz, E. Schneider, C. L-Chuvala, D. G. Juarez, B. Pons-Glner, G. U. Acevedo, B. Stigge, J. A. Rendon, A. A. Mora, B. Sanchez, I. Gaitan, J. U. Uribe]

Steinitz, C., and S. McDowell. "Alternative Futures for Monroe County, Pennsylvania: A Case Study in Applying Ecological Principles." In *Applying Ecological Principles to Land Management*, edited by V. H. Dale and R. A. Haeuber, 165-193. New York: Springer, 2001,

Steinitz, C., T. Murray, P. Rogers, D. Sinton, R. Toth, and D. Way. *Honey Hill: A Systems Analysis for Planning the Multiple Use of Controlled Water Areas.* Cambridge, MA: Harvard University, Graduate School of Design, Landscape Architecture Research Office, 1971.

Steinitz, C., P. Parker, and L. Jordan. "Hand Drawn Overlays: Their History and Prospective Uses." *Landscape Architecture* 66, no. 5 (1976): 444-55.

Steinitz, C., R. Pasini, M. Golobic, and T. Canfield. *Pensare il Verde a CesenaZ/Envisionlng the Landscape of Cessna (Italy).* Cambridge, MA: Harvard University Graduate School of Design, 2004. [H. H. Chan, C. C. Chang, N. DeNormandie, A. Fargnoli, M. Horn, K. Hoyt,

G. Huang, M. Kametani, S. Y. Kao, H. L. Liu, S. Y. Lu, J. Merkel, E. 0-Douglas,D. Sears, H. Stecker]

Steinitz, C., and P. Rogers. *A Systems Analysis Model of Urbanization and Change: An Experiment in Interdisciplinary Education.* Cambridge, MA: MIT Press, 1970. [N. Dines, J. Gaffney, D. Gates, J. Gaudette, L. Gibson, P. Jacobs, L. Lea, T. Murray, H. Parnass, D. Parry, D. Sinton, S. Smith, F. Stuber, G. Sultan, T. Vint, D. Way, B. White]

Japanese edition, Tokyo: Orion Press, 1973.

Steinitz Rogers Associates, Inc. *Interstate Highway 84 in Rhode Island from 1-295 to Connecticut State Line, Draft Environmental Impact Statement.* Vols. 2 and 3, Appendices. Providence, RI: Department of Transportation, State of Rhode Island and Providence Plantation, 1972.

_____. *The Santa Anna Basin Study: An Example of the Use of Computers in Regional Plan Evaluation.* Port Belvoir, VA: US Army Corps of Engineers, Institute for Water Resources Research, 1975.

Steinitz Rogers Associates, Inc., and Environmedia, Inc. *Natural Resources Protection Study and Airport Development Area Study.* St. Paul, MI: Metropolitan Council of the Twin Cities Area, 1970.

Sullivan, A. L., and M. L. Shaffer. "Biogeography of the Megazoo." *Science* 189 (1975): 13-17.

Thucydides. *History of the Peioponnesian War.* New York: Penguin Books, 1954.

Toth, R. "Theory and Language in Landscape Analysis, Planning and Evaluation." *Landscape Ecology* 1, no. 4 (1988): 193-201.

US Department of Energy, Western Area Power Administration. "Quartzite Solar Energy Project EIS." Scoping Summary Report, Phoenix, Arizona: Western Area Power Administration, 2010.

Vargas-Moreno, J. C. "Participatory Landscape Planning Using Portable Geospatial Information Systems and Technologies: The Case of the Osa Region of Costa Rica." D. Des. diss.. Graduate School of Design, Harvard University, 2008.

_____. "Spatial Delphi: Geo-Collaboration and Participatory GIS in Design and Planning." Specialist Meeting on Spatial Concepts in GIS and Design; Santa Barbara, California; December 15-16, 2008.

Wallace-McHarg Associates. *Plan for the Valleys.* Prepared for the Green Spring and Worthington Valley Planning Council, Inc. Philadelphia, PA: Green Spring and Worthington Valley Planning Council, 1964.

Werthmann, C., and C. Steinitz, eds. *El Renacar del Rio Tajo—Reviving the Tajo River.* Toledo, Spain: Fundacion +SUMA and Communidad de Castilla La Mancha, Espana, 2008. [A. Abdulla, R. Garg, M. J. Hsueh, J. Im, N. Johnson, E. Gettinger, S. Park, A. Peterson, 0. Riano, L. Shi, A. Sponzilli, J. H. Yoo]

Werthmann, C., and C. Steinitz, eds., with J. C. Vargas-Moreno. *Un Futuro Alternativo Para el Paisaje de Castilla-La Mancha/ An Alternative Future for the Landscape of Castilla La-Mancha (Spain).* Toledo, Spain: Foro Civitas Nova, 2007. [K. Bunker, C.-W. Chang, D. Joseph, K. Lucius, S. Melbourne, A.Phaosawasdi, A. Pierce-McManamon, J. Ridenour, R. Silver, J. J. Terrasa-Soler, A. Vaterlaus, J. Watson]

White, D., et al. "Assessing Risks to Bio-diversity from Future Landscape Change." *Conservation Biology*, 11, no. 2: 349-60.

Williams, S. K. "Process and Meaning in Design Decision-making." In *Design + Values* 1992 Council of Educators in Landscape Architecture Conference Proceedings, edited by Elissa Rosenberg, 199-204. Landscape Architecture Foundation/Council of Educators in Landscape Architecture. 1993.

Wright, F. L. "A Conversation with Frank Lloyd Wright." By Hugh Downs, "Wisdom," NBC News, May 8, 1953.

Zipf, George Kingsley. *The Psychobiology of Language*. Boston: Houghton-Mifflin, 1935.

著者について

　Carl Steinitz は、ハーバード大学デザイン大学院ランドスケープ・アーキテクチャ専攻アレクサンダー・ヴィクトリア・ウィリー名誉教授である。1967 年、Steinitz 教授は、マサチューセッツ工科大学（MIT）から、都市及び地域計画・アーバン・デザイン専攻の博士号を取得した。彼はまた、MITからの建築学修士号、コーネル大学からの建築学学士号を取得している。1965 年、彼はコンピューター・グラフィック空間解析研究所のリサーチ・アシスタントとして、ハーバード大学デザイン大学院の一員となった。1973 年以来、彼はデザイン大学院のランドスケープ・アーキテクチャ専攻の教授を務めてきた。

　Steinitz 教授は、長年、学術研究と専門家としての経歴を通して、広大な地域を分析する方法論と、環境保全と開発に関わる意思決定の仕組みについて研究を積み重ねてきた。彼が携わった研究と教育は、環境の変化への重大な圧力が進行している極めて価値のある景観に焦点が当てられている。このような調査研究を、Steinitz 教授は、地域全体を巻き込んで展開してきた。コロラド州のグニンソン、ニューハンプシャー州のモナドノック、ペンシルバニア州のキャンプ・ペンドルトン、ドイツのウェルリッツ庭園、ドイツとポーランドのムスカウ、中国の杭州の西湖、ソナラとアリゾナのサンペドロ川上流域、パナマのコイバ国立公園、カリフォルニア州バジャのラ・パズとロレト地域、メキシコのカグリアリ、スペインのタホ川とヘナレス川の流域、スペインのカタリナ・ラ・マンチャとヴァレンシア地方などである。

　1984 年、ランドスケープ・アーキテクチャ教育会議（the Council of Educators in Landscape Architecture（CELA））は、彼の環境デザイン教育に対する多大な貢献と、特に資源管理と視覚インパクト評価の分野における景観計画へのコンピュータ技術の適用に関する先駆的研究に対して、「卓越した教育者の賞（the Outstanding Educator Award）」を与えた。1996 年、Steinitz 教授は、国際景観生態学協会（the International Society of Landscape Ecology, USA）から、年間の「卓越した実践に対する賞（Outstanding Practitioner Award）」を受けた。2002 年、彼はハーバード大学における極めて優れた教授の 1 人として任命される栄誉に輝いた。

　Steinitz 教授は、「変化していく景観の将来の選択肢」（Alternative Futures for Changing Landscapes）（Island Press 2003）の筆頭著者である。彼は、この他にも様々な名誉教授の称号を有している。Steinitz 教授は、現在、ヨーロッパにおける景観教育を再構築するために立ち上がっているル・ノートル・プログラムの EU 外部学術アドバイザーと、ロンドン大学 UCL の先端空間解析センターの名誉客員教授を務めている。

訳者一覧

編訳者

石川幹子（中央大学・理工学部人間総合理工学科・教授）
矢野桂司（立命館大学・文学部人文学科・教授）

訳者

磯田　弦（東北大学大学院・理学研究科・准教授）
高取千佳（名古屋大学大学院・環境学研究科・助教）
花岡和聖（東北大学 災害科学国際研究所・助教）
松本文子（神戸大学大学院・農学研究科・助教）
三島由樹（東京大学大学院・工学系研究科・助教）
村上暁信（筑波大学・システム情報系・准教授）

訳分担

【第1-2章】 石川幹子
【第3-4章】 村上暁信
【第5章】 三島由樹・高取千佳
【第6章】 松本文子・三島由樹・高取千佳
【第7章】 松本文子
【第8章】 花岡和聖
【第9章】 磯田　弦
【第10-12章】 矢野桂司

　本訳書を出版するにあたり、ESRIジャパン（株）の正木千陽社長には大変お世話になりました。また、校正作業に粘り強くご尽力いただいた（株）古今書院の原光一さんと福地慶大さんに記して感謝いたします。

（訳者一同）

書　名	ジオデザインのフレームワーク －デザインで環境を変革する－
コード	ISBN978-4-7722-4172-4　C3055
発行日	2014（平成26）年7月20日　初版第1刷発行
編訳者	**石川幹子・矢野桂司** Copyright　©2014 ISHIKAWA Mikiko and YANO Keiji
発行者	株式会社古今書院　橋本寿資
印刷所	三美印刷株式会社
発行所	**(株) 古 今 書 院** 〒101-0062　東京都千代田区神田駿河台2-10
電　話	03-3291-2757
ＦＡＸ	03-3233-0303
ＵＲＬ	http://www.kokon.co.jp/ 検印省略・Printed in Japan

いろんな本をご覧ください
古今書院のホームページ

http://www.kokon.co.jp/

★ 700点以上の**新刊・既刊書**の内容・目次を写真入りでくわしく紹介
★ 地球科学やGIS，教育など**ジャンル別**のおすすめ本をリストアップ
★ 月刊『**地理**』最新号・バックナンバーの特集概要と目次を掲載
★ 書名・著者・目次・内容紹介などあらゆる語句に対応した**検索機能**

古今書院

〒101-0062　東京都千代田区神田駿河台 2-10

TEL 03-3291-2757　　FAX 03-3233-0303

☆メールでのご注文は　order@kokon.co.jp　へ